Edition Rosenberger

Die „Edition Rosenberger" versammelt praxisnahe Werke kompetenter Autoren rund um die Themen Führung, Beratung, Personal- und Unternehmensentwicklung. Alle Werke in der Reihe erschienen ursprünglich im Rosenberger Fachverlag, gegründet von dem Unternehmens- und Führungskräfteberater Dr. Walter Rosenberger, dessen Programm Springer Gabler 2014 übernommen hat.

Franz Decker • Albert Decker

Gesundheit im Betrieb

Vitale Mitarbeiter – leistungsstarke Organisationen

2. Auflage

Springer Gabler

Franz Decker
Ravensburg, Deutschland

Albert Decker
Weinstadt, Deutschland

Bis 2014 erschien der Titel im Rosenberger Fachverlag, Leonberg.

Edition Rosenberger
ISBN 978-3-658-07354-1 ISBN 978-3-658-07355-8 (eBook)
DOI 10.1007/978-3-658-07355-8

Die Deutsche Nationalbibliothek verzeichnet diese Publikation in der Deutschen Nationalbibliografie; detaillierte bibliografische Daten sind im Internet über http://dnb.d-nb.de abrufbar.

Springer Gabler

Gedruckt auf säurefreiem und chlorfrei gebleichtem Papier

Springer Fachmedien Wiesbaden ist Teil der Fachverlagsgruppe Springer Science+Business Media (www.springer.com)

Vorwort zur 2. Auflage

Nach der Erstauflage und der Wirtschafts- und Finanzkrise hat sich das Bewusstsein für ein qualitatives betriebliches Gesundheitsmanagement weiter verstärkt. Vitale und leistungsfähige Mitarbeiter mit einer energetisch-psychischen Stabilität und einer geistigen Flexibilität und Qualität sind notwendiger denn je geworden.

Stresseffekte und psychomentale „Aussetzer“ am Arbeitsplatz signalisieren Handlungsbedarf. Ein wirkungsvoller Zugang zu einer solchen Gesundheitsförderung ist die Entwicklung von Führungskräften und einer Führungskultur. Die Arbeitsunfähigkeit und Leistungsminderung aufgrund von psychomentalen Erkrankungen steigt, wie neue Untersuchungen zeigen, seit Jahren erheblich an. Wie aktuelle Forschungen zeigen, befinden sich auch bei anderen Leistungsminderungen von Mitarbeitern und Führungskräften Krankheiten und Gesundheitsstörungen, die psychosomatisch bedingt oder beeinflusst sind, z. B. Rückenleiden, Burnout, Stresserkrankungen. Nur ein vital gesunder Mensch ist leistungsfähig und motiviert.

Die vorliegende 2. Auflage greift diese betrieblichen Gesundheitsprobleme auf und entwickelt Lösungsansätze für ein modernes Gesundheitsmanagement. Schon in der ersten Auflage haben wir den Strukturwandel von der strukturellen, betriebswirtschaftlichen Umgestaltung im Betrieb hin zu individueller Entwicklung und Förderung der menschlichen Lebens- und Gesundheitsqualität in den Vordergrund gerückt. Dieses Buch ist heute auf dem aktuellen Stand der betrieblichen Gesundheitsförderung und bietet viele wirksame Anregungen und Hilfen für eine neue menschliche und betrieblich effiziente Führungs- und Umdenkkultur.

Die praktischen Erfahrungen, auf denen das Buch basiert, haben sich bei den Autoren noch erweitert und vertieft. Das bestätigt unseren Ansatz, Gesundheitsförderung als Grundlage für eine erfolgreiche Betriebsgestaltung zu entwickeln. Betriebliches Gesundheits- und Leistungsmanagement machen heute ein Umdenken in Richtung Gesundheitsführung und Mind Body Life-Coaching notwendig. Dazu möchte Ihnen das vorliegende Buch wertvolle Anregungen und Tipps geben.

Die Autoren wünschen Ihnen viel Kraft und Erfolg für eine solche Zukunftsaufgabe.

Ravensburg, Weinstadt, Juli 2011
Prof. Dr. Franz Decker
Dr. Albert Decker

Inhalt

Wenn wir die Herausforderungen des 21. Jahrhunderts bestehen wollen, müssen wir vor allem anderen eines ändern: unsere Art zu denken.

Albert Einstein

Heute behaupten alle Unternehmen routinemäßig: „Unsere Mitarbeiter sind unser großes Kapital". Doch nur wenige praktizieren, was sie propagieren – geschweige denn, dass sie wirklich daran glauben.

Peter F. Drucker

Gesundheit erflehen die Menschen von Göttern, dass es aber in ihrer Hand liegt, diese zu bewahren, daran denken sie nicht.

Demokrit 460 v. Chr.

Abbildungen

1. Das vital-gesunde Unternehmen

1.1 Gesundheit in der veränderten Arbeitswelt

Wieso sind Unternehmen auch in schweren Zeiten erfolgreich, während andere Verluste einfahren? Weder die traditionellen Managementlehren noch die Betriebswirtschaft haben dazu ausreichende Erklärungen. „Denn die BWL-Lehrer interessieren sich vordergründig für das Rechenbare, die Management-Lehrer mehr für das Durchführbare. Aber das, was hintergründig, unterschwellig wirkt und Erfolge bewirkt, ist ihnen oft nicht geläufig oder jedenfalls nicht einfach erkennbar, schwer hantierbar und ganz bestimmt nicht buchungsfähig“ (PETERS, SEBALD, 1998, S. 11).

Die eigentlichen Kräfte und unsichtbaren Wirkfaktoren für den Erfolg von Unternehmen stehen in keiner betriebswirtschaftlichen Statistik und Bilanz, nämlich:

- Welche innere Einstellung haben Mitarbeiter und Führungskräfte zu sich selbst, zu ihrer Arbeit und Gesundheit?
- Über welche Energien und mentalen Fähigkeiten wie Konzentration, Kreativität, geistige Flexibilität verfügen die Mitarbeiter und Führungskräfte?
- Wie fördern Mitarbeiter ihre Gesundheit, Vitalität und Leistungsfähigkeit durch eine gesunde Lebensweise?
- Welche Ängste lähmen ihren Energiefluss und ihr Engagement?
- Welche „inneren“ Ursachen beeinflussen Leistungsbereitschaft und Krankenstand?
- Unter welchen geistigen, psychologischen und sozialen Bedingungen entstehen Kreativität, Identifikation und Engagement?

Die Zahl der Krankmeldungen und Fehlzeiten belastet die Betriebe und damit ihre Leistungsfähigkeit.

Die Belastungen am Arbeitsplatz – aber nicht nur dort – haben ein Ausmaß erreicht, welches den verlangten vollen Einsatz im Betrieb oft nicht mehr garantiert:

- Stress, chronische Erschöpfung, „Burnout“, innere Kündigung, fehlende innere Anteilnahme,
- verstärkt durch eine hektische, genussreiche, ungesunde Lebensweise (Fast-Food-Ernährung, Alkohol, Freizeitstress u. a.),
- begleitet von sozialen, zwischenmenschlichen Störungen wie Konflikten, Beziehungsstörungen, Mobbing, mit der Folge von
- psychosomatischen Störungen wie Stimmungsschwankungen, Melancholie, depressive Phasen, Ängste u. a.,
- die Angst, den Arbeitsplatz zu verlieren, wirkt sich lähmend und gesundheitsschädigend aus, ebenso wie Überforderung und die Sorge, Veränderungen bzw. Neuerungen nicht gewachsen zu sein,
- fehlende körperliche Bewegung, falsches Sitzen in einem Raumklima mit elektrisch-magnetischer Belastung führen zu Energie- und Vitalitätsverlusten, zu Leistungseinschränkungen. Motivationsverluste, Arbeiten ohne innere Beteiligung oder gar Fehltage sind die Folge.

In der industriellen Zivilisation leben immer mehr Menschen in einem *Zustand der „Halbgesundheit“* (Prof. W. KOLLATH).

Zivilisationskrankheiten, Lebens-, Berufs- und Sinnkrisen mit Gesundheitsbeeinträchtigungen und Alltagsbeschwerden breiten sich immer mehr aus. Umfragen ergeben, dass kaum mehr als die Hälfte aller Menschen sich noch gesund fühlt. Ein erschreckender Zustand. Trotz emsiger Tätigkeit von Ärzten, Wissenschaftlern und Organisationen aller Art sind immer mehr Menschen weder richtig gesund, aber auch nicht krank. Es muss etwas falsch an der Struktur unseres Lebens sein. Lieferant der Krankheitsursachen ist auch die gesellschaftliche Umwelt, z. B. die Technik mit allen ökologischen Folgen (Giften und Strahlen), die Konsum-Mentalität und der psychosoziale Druck.

Hektik, Tempo, Beschleunigung charakterisieren die Arbeitswelt zunehmend. Tempo-Wettbewerb, High-Speed-Mentalität und Dynamik sind entsprechende Schlagworte. Wer keine Zeit hat, verplant ist, besitzt Bedeutung. Zeitmanagement bedeutet in kürzerer Zeit immer mehr erledigen, wenn auch oberflächlicher. Für die Mitarbeiter und Führungskräfte lässt ein solcher Aktivismus in immer mehr verdichteten Zeitabfolgen keine Pausen zu. Jede Leere wird sofort „gefüllt". Nachdenkpausen gelten als Eingeständnis von Schwäche, Langsamkeit und Bedächtigkeit als körperliche Behinderung (HEINTEL, 1999, S. 382).

Vor lauter Tempo kommen wir nicht mehr zum Denken, zum Neudenken, zum Nachdenken über unsere Situation und über uns. Wir handeln nur noch, gefangen in den Sachzwängen, ohne die psychomentalen und die sozialen Dimensionen des Ganzen zu bedenken. An uns selbst denken wir in der Regel überhaupt nicht. Wir laufen Gefahr, uns selbst zu vergessen, die Symptome von Körper, Geist und Seele zu übersehen, bis der Stress sich körperlich bemerkbar macht. Burnout und innere Kündigung sind die Folgen. Wir laufen Gefahr, uns, unsere Gesundheit und Motivation, den Sinn unseres Tuns, aber auch unsere Beziehungen zu vergessen, bis wir plötzlich ausgebrannt sind.

Zeit ist Geld – Tempo gilt als Erfolg im wirtschaftlichen System. Was aber für das ökonomische System gilt, hat sich auch auf unseren privaten Lebensbereich ausgedehnt. Das private Leben, die Freizeit werden immer mehr mit allem Möglichen vollgestopft. Der Gedankenaustausch, persönliche Kommunikation und selbst geschlechtliche Intimitäten kommen zu kurz oder funktionieren nicht mehr.

Auch im politisch-gesellschaftlichen Raum wird die Geschwindigkeit ständig erhöht. Schnell mal quer durch Deutschland, durch die Welt jetten. Die Beschleunigung wird zum Wertmaßstab aller Aktivitäten.

Doch schon die alten Griechen wussten, dass nur ein gutes Leben „Körper, Geist und Seele“ zusammenhält und Gesundheit und Beziehung fördert. Für sie war gutes Leben Glück: „Eudaimonia“. Dazu bedurfte es einer guten Seele und eines guten Geistes. Doch diese sind nicht von selbst da. Sie müssen gepflegt, gebildet, entwickelt, gefördert werden, z. B. durch entspannte Selbstreflexion, durch ein Stopping in der Alltagshektik. „Nur dann, wenn es gelingt, herauszutreten aus der Kette der Ereignisse, innezuhalten im Fluss des Geschehens, um zu sehen, was das Gute ist, sind wir ganz Mensch und Individuum“ (HEINTEL, 1999).

Wesentliche menschliche Eigenschaften wie Nachdenklichkeit, Kreativität, geistige Entwicklung, Energie- und Emotionen-Balance stellen sich nur ein im Zustand der Entspannung, der Ruhe, jenseits des Zeitgeists der Beschleunigung. Die Reflexionslosigkeit und das beschleunigte Leben nimmt uns nicht nur das Bewusstsein von Wohlbefinden und gutem Leben, sondern auch die Gesundheit. Der Wechsel zur Informationsgesellschaft führt zu einer dramatischen Veränderung in der Arbeitswelt, die eine Vielzahl von Gesundheits-, Befindlichkeits- und Leistungsstörungen mit sich bringt.

Was wir also brauchen, ist ein neu verstandenes *Qualitätsmanagement für Leben und Arbeit.* Ein gesundes Unternehmen braucht gerade für die großen Veränderungen im 21. Jahrhundert

- nicht nur gesunde Zahlen und Bilanzen, ein gesundes Erscheinungsbild, sondern
- vor allem gesunde, vitale und kreative Mitarbeiter und
- ein gesundes soziales und ökologisches Klima sowie eine energiefreisetzende Führungskultur (siehe Abb. 1).

Die modernen Restrukturierungsmaßnahmen haben oft ein Klima der Angst und des Stresses erzeugt und damit wesentlich zum Leistungs- und Gesundheitsverfall beigetragen. Fast zwei Drittel dieser Maßnahmen waren ohnehin wirtschaftlich wirkungslos.

Dieses Krankheitsklima gilt es durch eine Gesundheitskultur zu ersetzen (vgl. NEFIODOW, 1996).

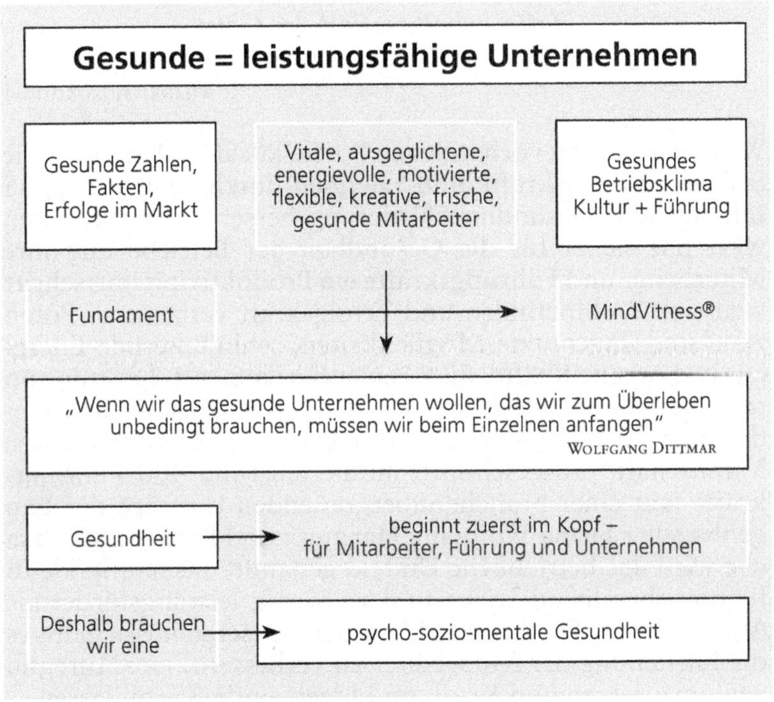

(Quelle: Leo A. Nefiodow, Der sechste Kondratieff, St. Augustin 1996)

Abb. 1: Gesundheit und Leistungsfähigkeit von Unternehmen

Die Leistungsfähigkeit eines Unternehmens hängt in Zukunft verstärkt von der Leistungskraft, von Wohlbefinden, Fitness und Gesundheit der Mitarbeiter ab. Produktivität ist nicht nur kapitalbezogen, sondern in erster Linie eine Mitarbeiter-Produktivität. Es ist deshalb eine zentrale Führungsaufgabe, wenn wir die Kräfte, Energien, Fähigkeiten und Ressourcen der Mitarbeiter in Zukunft noch wesentlich besser ausschöpfen als bisher. Gesundheitsentwicklung ist auch eine Form von *Potenzial-Management.*

Den Wert eines Unternehmens machen nicht Gebäude und Maschinen, auch nicht seine Bankkonten aus. Wertvoll an einem Unternehmen sind nur die Menschen, die dafür arbeiten, und der Geist, in dem sie es tun.

HEINRICH NORDHOFF

Wenn wir nur die vorhandenen Potenziale der Menschen, die Selbstförderungskräfte und Energien durch eine gezielte Vitalitäts- und Gesundheitsförderung besser nutzen könnten, wäre das sicher für die Gesundheit der Betriebe und ihre Mitarbeiter und Führungskräfte ein Produktivitätsfortschritt, weil sich Wohlbefinden und Erfolgskraft verbessern. Potenziale sind ungenutzte Möglichkeiten, schlummernde Energien, verborgene Kräfte, die es zu entwickeln gilt. Leistungspotenziale werden vielfach verschenkt. Durchschnittlich werden nur 50 bis 60 Prozent des Leistungspotenzials „ihrer Mannschaft“ ausgeschöpft, monierten rund 400 Führungskräfte laut einer branchenübergreifenden Umfrage der Langenhagener Firma Wolfgang Harmuth und Partner. Als Ursache wird das betriebliche Umfeld genannt, das häufig identifikationshemmend wirke und zu wenig leistungsfördernde Anreize biete. Für bessere Unternehmensergebnisse gelte es, die Einstellung der Mitarbeiter zu verbessern, ihre Anregungen umzusetzen und Kritik und Ideen einfließen zu lassen.

Damit Unternehmen und Mitarbeiter gesund und leistungsfähig sind, brauchen wir eine Gesundheits- und Mentalentwicklung.

Gesundheit beginnt im Kopf.

Mentale Einstellung und Umstellung sind wichtige Einflussgrößen. Das gilt für Mitarbeiter und das Unternehmen gleichermaßen. In diesem Bereich herrscht großer Beratungsbedarf.

Nur wenn wir uns mental auf die Herausforderungen und Veränderungen in der dynamischen Welt einstellen, Kreativität, Energien und Vitalität entwickeln, können wir gesund und erfolgreich bleiben.

1.2 Betriebliches Gesundheitstraining zwischen Wunsch und Realität

Gesundsein besitzt in unserer Gesellschaft einen hohen Stellenwert. Auch im Betrieb?

Die überwiegende Mehrheit der Teilnehmer von Führungsseminaren hat bei der persönlichen Standortbestimmung der eigenen Gesundheit höchste Priorität eingeräumt. Gesundheit steht bei den Werten, Zielen und Wünschen der Mitarbeiter immer an erster Stelle.

Bei der praktischen Umsetzung dieser Gesundheitsabsichten rückt Gesundheit dann aber schnell von Platz eins auf den letzten Platz. Die Umsetzungsmöglichkeiten, aber auch der Realisierungswille im Betriebsalltag sind nicht allzu groß. Der betriebliche Alltag lässt nur wenig Spielraum z. B. für

Körpertraining, erst recht nicht für Mentaltraining, für emotionale und Psychohygiene.

Es fehlt das Bewusstsein, dass Gesundheit mit Leistungskraft, mit Motivation, Energie, mit Kreativität und Wohlbefinden in Zusammenhang steht, was ja wissenschaftlich längst erwiesen ist. Der Körper hat einfach zu funktionieren, der Verstand bzw. der Kopf erst recht und Gefühle hat man, aber darüber spricht man nicht. So die weit verbreiteten Meinungen. Auch das Bewusstsein, für die Gesundheit finanzielle Investitionen vorzunehmen, fehlt beim Einzelnen und erst recht in der betrieblichen Organisation. Die kostspielige Inspektion unseres geliebten Autos ist selbstverständlich, nicht jedoch der Gesundheits-TÜV. Den Check-up nehmen wir höchstens für unseren Körper vor, nicht jedoch für Geist, Seele und Umfeld.

Als Gründe für die Passivität in Sachen Gesundheit gelten nach einer Studie in Schweizer Klein- und Mittelbetrieben (Petersen u. a., 1999, S. 26): Bei zwei Drittel der Betriebe werden keine Gesundheitsmaßnahmen durchgeführt, weil

- wichtige andere Prioritäten vorliegen,
- zu wenig Zeit und
- zu wenig finanzielle Mittel vorhanden seien,

obwohl 87 Prozent der Befragten die betriebliche Gesundheitsförderung als wichtiges Anliegen betrachten. Gesundheitsförderung bewegt sich also zwischen Wunsch und Traum.

Nach einer Untersuchung an der Universität Ulm macht nur eine kleine Minderheit der Arbeiter und Angestellten von betrieblichen Gesundheitsprogrammen Gebrauch. Die Kurse, die meist außerhalb der Arbeitszeit lagen, dienten in 9 von 10 Fällen der Förderung des Bewegungs- und Stützapparates, seltener Fragen der Ernährung, Sucht oder des Herzkreislaufs.

Fragen der psycho-sozio-mentalen Gesundheit z. B. im Zusammenhang mit der persönlichen, geistigen Leistungsfähigkeit, des produktiven sozialen Miteinanders, der Verbesserung des Betriebsklimas spielen praktisch keine Rolle. Veränderungs- und Konfliktlösungsstrategie sowie MindVitness® würden jedoch nicht nur der Gesundheit, sondern auch der betrieblichen Leistungsfähigkeit dienen.

Neben den körperorientierten Verfahren, wie z. B. Bewegung, finden also die „weichen" Faktoren der Gesundheit wie Stressmanagement und Entspannung, Mind-Power, Kriseninterventon und emotionale Intelligenz viel zu wenig Beachtung.

1.3 Der betriebliche Gesundheitszustand

Heute (2011) treten eine Vielzahl von Gesundheitsstörungen in Betrieben in großem Maße auf. Die Gesundheit von Mitarbeitern und Management ist ganz erheblich angeschlagen. Das Karlsruher Institut für Arbeits- und Sozialhygiene schaute bereits in den Jahren bis 2000 in die Führungsetagen deutscher Unternehmen. Die Ergebnisse von 6000 Untersuchten in den Jahren zwischen 1998 und 2000 sind alarmierend (Apotheken Umschau 3/2000, S. 62).

- Es leiden 85 Prozent der untersuchten Manager an Beschwerden wie
  - Schlafstörungen
  - Reizmagen
  - Verdauungsstörungen
  - Herzbeschwerden
  - Muskelverspannungen
  - Erschöpfungsgefühlen
  - Nervosität

- 75 Prozent weisen einen erhöhten Cholesterinspiegel auf
- 73 Prozent klagen über Rückenschmerzen

Eine Studie der Universität Modena, Italien, (ebenda) kam zu vergleichbaren Ergebnissen. Die italienischen Wissenschaftler erkannten als erste Alarmsignale:

- Überlastung
- Gedächtnislücken
- Angstzustände
- verstärkten Haarausfall

Auch Alkoholabhängkeit im Sinne eines vermehrten „Sozial Drinking“ und das Burnout-Syndrom sind zu beobachten.

Nach einer Studie der internationalen Arbeitsorganisation ILO, Genf, gilt Arbeitsstress als „Jahrhundert-Epidemie“.

Neben den Gesundheitsbelastungen durch die Arbeit selbst bringen Mitarbeiter und Manager Gesundheitsbelastungen mit in den Betrieb, wie Freizeitstress, Sozialstress und Stress aus Verkehrsbelastungen, wie z. B. aus der morgendlichen Anfahrt zum Betrieb.

Das *„Guten-Morgen-Syndrom“* lässt sich wie folgt beschreiben:

Viele Mitarbeiter kommen morgens in den Betrieb
- übernächtigt, mit zu wenig Schlaf, Schlaflosigkeit ist weit verbreitet,
- ohne Frühstück,
- noch nicht wach, der Kreislauf ist noch nicht in Schwung, Morgengymnastik fehlt,
- noch nicht auf die Arbeit eingestellt („Oh weh, was mich heute alles erwartet!“),
- abgehetzt, wegen des vielen Verkehrs.

Was sind die Ursachen für kläglichen Gesundheitszustand?

Gesundheits- und Vitalitätsstörungen sind vielfach bedingt (Abb. 2):

- Persönlichkeitsbedingt
  Sie hängen mit der Vitalität von Körper, Geist und Seele des einzelnen Mitarbeiters, von seiner Balance, z. B. zwischen Energieverbrauch und Energie-Regeneration zusammen.

- Lebensbedingt
  Gesundheit und Krankheit hängen heute stark mit dem Lebensstil, der Ernährung und Freizeitgestaltung, der sinnvollen gesundheitsfördernden Lebensqualität zusammen, aber auch von der sozialen Beziehungsqualität und der ökologischen Balance ab.

- Arbeitsbedingt
  Gesundheit und Vitalität hängen eng mit den Arbeitsbedingungen, dem Betriebsklima, dem Geist des Unternehmens und mit Führung und Management zusammen.

- Umweltbedingt
  Die Gesellschaft, der Wettbewerb, der Markt, das soziale und ökologische Umfeld, die Arbeits- und Lebensbedingungen beeinflussen Gesundheit und Krankheit.

In Anbetracht dieser vielseitigen Belastungen des Menschen in Betrieb und privatem Lebensbereich spricht Alain Ehrenberg vom "Erschöpften Selbst" (Frankfurt 2004). Stress, Depression, Burnout, Konsum von Antidepressiva und andere Zivilisationskrankheiten sind oft die Folge.

In den Top-Etagen der Wirtschaft sind der Stress durch steigende Leistungsanforderungen, aber auch das mangelnde Bewusstsein für die eigene Gesundheit als Hauptgründe zu nennen.

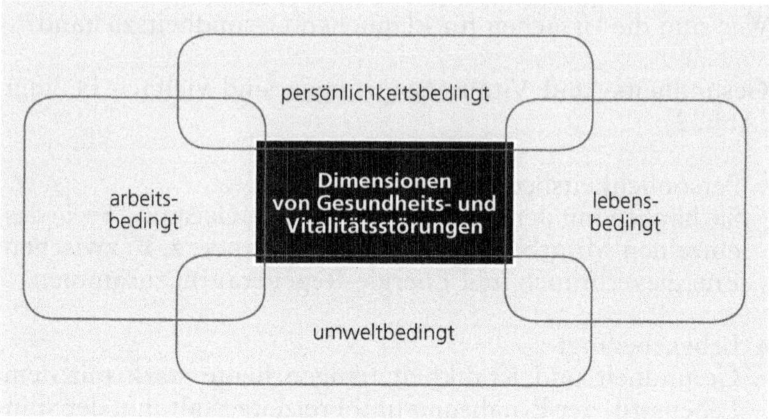

Abb. 2: Aspekte von Gesundheitsstörungen

Durch Umorganisation in den Betrieben müssen immer weniger Manager immer mehr leisten. Die Anforderungen an die persönliche und betriebliche Flexibilität steigen. Mehr Leistung und Druck, aber auch mehr Konkurrenzkampf, mehr Mobbing – bei sinkender Arbeitsplatzsicherheit – führen zu Stress und Erschöpfungszuständen.

Nach außen hin gibt man sich in den Büros gelassen, ruhig und erfolgsorientiert. Doch unter der Oberfläche brodelt es gewaltig, und das auch schon bei den Jüngeren: Neben diesen Gesundheitsstörungen kommen auch noch die persönlichen alltäglichen Sorgen und Nöte. Lebenshilfe täte hier gut, sie gehört in den USA zur betrieblichen Fürsorge.

Durch fehlende Gesundheitsförderung werden Leistungspotenziale verschenkt. *Jeder Vierte schleppt sich nur aus Sorge um seinen Arbeitsplatz an den Schreibtisch ...*

Nicht mehr die Fehlzeiten sind das Problem, sondern die Leistungsfähigkeit und Motivation der anwesenden Mitarbeiter, auch ihre Arbeitsproduktivität.

Von dieser mentalen und psychoenergetischen Gesundheit der Mitarbeiter hängen Qualität und Kosten des Unternehmens ab. Die Gesundheit eines Unternehmens hängt von der Gesundheit seiner Mitarbeiter ab. Gesunde Mitarbeiter sind die Basis für Erfolg und Langlebigkeit. Leistungsstärke der Mitarbeiter hängt von deren Gesundheit und Wohlbefinden ab.

Während noch die WHO 1946 Gesundheit etwas allgemein als „Zustand vollkommenen körperlichen, seelischen und sozialen Wohlbefindens" definierte, wird in der Ottawa Charta der WHO die Entwicklung der Persönlichkeit als besonders wichtiger Aspekt von Gesundheit hervorgehoben. Menschen sollten „die persönlichen Fähigkeiten voll zum Einsatz bringen können". (WHO 1986, S. 7).

In der ersten Hälfte unseres Lebens
opfern wir unsere Gesundheit, um Geld zu verdienen.
In der zweiten Hälfte unseres Lebens
opfern wir unser Geld,
um unsere Gesundheit wiederzuerlangen.

1.3.1 Engpass Körperfitness

Unsere heutige Arbeitswelt fordert die Mitarbeiter und Manager körperlich einseitig. Sie sind zu „Sitztieren" geworden: Surfen im Internet, der Cursor rennt über den PC-Schirm. Wir sitzen und sitzen: im Auto, im Bürostuhl, in Meetings, im Flugzeug und daheim auf der Couch. Die Zeit ist knapp und im gestressten Tagesablauf bleibt nach Meinung der Manager kein Freiraum für Körpertraining, für körperlichen Ausgleich. Der Wandel von den Produktionsberufen zu den Wissens- und Dienstberufen verändert auch die Körperbelastungen.

> „Im Büroalltag mutiert der Gang an den Kopierer oder Telefax zum echten körperlichen ‚Highlight' des Tages. Ansonsten arbeiten wir primär mit dem Kopf, sind – wie der Volksmund mittlerweile sagt – ‚kopflastig', wobei wir uns bemühen, möglichst logisch und rational zu denken. Gefühle haben am Arbeitsplatz genauso wenig verloren wie Signale und Probleme des Körpers" (PETERSEN u. a., 1999, S. 27)

Aufgrund des Rückganges der traditionellen Belastungen ändern sich auch die Berufskrankheiten. Immer mehr Berufstätige suchen den körperlichen Ausgleich morgens vor der Arbeit oder abends und am Wochenende durch Joggen, Walken, in Fitness-Studios. Neben den klassischen Kraftmaschinen werden in solchen Studios verschiedene Gruppenaktivitäten angeboten. Ob dadurch der Bewegungsmangel ausgeglichen werden kann, lässt sich bezweifeln, zumal für viele Besucher von Fitness-Centern das Hauptziel in Figurverbesserung und im Fettverbrennen liegt.

1.3.2 Engpass MindVitness®

Die moderne Arbeitswelt braucht primär nur noch Kopf- bzw. Wissensarbeiter, Menschen mit geistigen Fähigkeiten wie Konzentration, Flexibilität, Umstellungs- und Veränderungsfähigkeit, Kreativität, Einfühlungsvermögen u. a. MindVitness®, d. h. Vitalität und Fitness des Geistes werden zum Erfolgsfaktor Nr. 1 für den Lebens- und Betriebserfolg.

Auch hierfür gilt das abgespeicherte Verhaltensmuster der Leistungsgesellschaft: immer schneller, immer mehr, immer dynamischer. Führungskräfte und Mitarbeiter geraten immer mehr unter Druck, mentaler Stress und Mentalkrankheiten nehmen dramatisch zu. Auch nach Feierabend oder gar im Bett können viele Mindworker ihren Denkapparat nicht mehr abstellen. Gehirn-Jogging ist angesagt.

Gesundheitspflege bedeutet in Zukunft also nicht mehr nur eine schweißtreibende und anstrengende körperliche Betätigung, sondern auch MindVitness®-Training.

Geistige Fitness, z. B. konzentriert arbeiten, sich schnell entspannen können, kreativ sein, sich wohlfühlen, soziale Spannungen aushalten können u. a. verlangt in Zukunft ein spezielles *Mindcoaching*. Denn alles beginnt im Kopf, auch Gesundheit, Produktivität und betrieblicher Erfolg. Mind- und Denkpflege entwickelt sich zur Führungsaufgabe. Wir brauchen mehr Mindmanager, die sich selbst und Mitarbeiter zur Selbstmotivation, zum Umdenken, zur Selbstverantwortung, zu entspanntem produktiven Denken, zum Wohlfühlen initiieren und führen.

MindVitness® ist aber nicht nur eine produktive Kraft, sondern sie kann auch die Fehlzeiten herunterfahren. Ein gesunder Geist erhält auch einen gesunden Körper, er kann für Ener-giebalance und Wohlbefinden sorgen, Stress abbauen und Gesundheit erhalten. Er kann ein soziales Überdruckventil sein und Spannungen im Betrieb abbauen.

Der Erfolg und die Leistungsfähigkeit eines Betriebes hängen in Zukunft von der Mind-Kultur des Managements und der Mitarbeiter ab. Wirkliche Denkleistungen, Kreativität und damit MindVitness® sind jedoch nur in einem spannungs- bzw. stressfreien Betriebsklima möglich. Gesundheit und Leistungsfähigkeit rücken immer enger zusammen.

1.3.3 Engpass Sozialenergie

Führungskräfte laufen ihren Unternehmen immer häufiger davon. Schuld daran sind nicht die Entlohnung, sondern vor allem der Frust, die Konflikte mit Kollegen und Chefs, die giftige Kommunikation.

Aber auch andere Störungen belasten Mitarbeiter und Unternehmen gleichermaßen.

Psychoterror am Arbeitsplatz

Für die Mehrzahl der Beschäftigten in Deutschland ist *Mobbing* ein persönliches Problem. Die Hälfte aller Stellenwechsel ist u. a. darauf zurückzuführen.

Druck, Stress, Burnout
Fast die Hälfte der Arbeitnehmer empfindet eine zu hohe belastende Verantwortung. Für zwei von drei stellt der Zeitdruck das größte Problem dar.

Psychische Störungen
Jeder Dritte leidet einmal im Jahr unter einer psychischen Störung. Verschiedene Formen von Angst, Depression sind am häufigsten. Hinzu kommen Missbrauch und Abhängigkeit von Alkohol und Drogen.

Psychische Störungen keine Bagatellerkrankungen
Studienbefunde weisen die eingeschränkte Arbeitsproduktivität bei diesen Störungen nach. Depressive Arbeitnehmer sind durchschnittlich zwei Tage völlig arbeitsunfähig sowie nahezu 8 Tage pro Monat in ihrer Arbeitsproduktivität eingeschränkt. Auch bei Angst liegen die Werte bei einem Arbeitsunfähigkeitstag bzw. bei 4-6 Tagen eingeschränkter Leistungsfähigkeit pro Monat. Es handelt sich bei diesen Störungen nicht um seltene Einzelerscheinungen, sondern sie besitzen eine große gesundheitsökonomische Bedeutung, die in der Regel unterschätzt wird. Die Kosten dafür sind hoch.

Wenn die Seele unter der Arbeit leidet
Der Körper leidet unter den seelischen, emotionalen und psycho-mentalen Belastungen ebenfalls und streikt bald: Jeder zweite Arbeitnehmer hat Rückenschmerzen, jeder Dritte leidet unter Kopfschmerzen, Erschöpfung, Wutanfällen,

emotionalen Abstürzen. Jeder Vierte quält sich tagsüber mit Lustlosigkeit und Motivationsverlust und schläft nachts schlecht. Konzentrationsschwäche, Müdigkeit, Stimmungsschwankungen, Denkblockaden, mentale Irritationen und migräneartige Beschwerden stellen sich bei vielen schon am späten Vormittag ein. Die Energie des Gehirns ist dann schon aufgebraucht. Oft ist auch das falsche bzw. das fehlende Frühstück schuld. Anstrengende geistige Arbeit verlangt auch vitalstoffreiche Nahrungsenergie.

Verspannt, genervt, gestresst

Oft stellen auch die Arbeitsbedingungen, wie z. B. schlechte ergonomische Arbeitsplätze, schlechte Sitzgelegenheiten, Computerarbeit, Strahlenbelastungen, Lärm, Rauchen am Arbeitsplatz die Ursache für Leistungs- und Qualitätsmängel bzw. Gesundheits- und Vitalitätsstörungen dar. Vor allem der Bürofrust quält viele: Zu viel Druck, zu wenig Bewegung, fordernde Chefs, intrigante Kollegen. Jeder Dritte leidet unter Stress-Syndromen. Stress am Arbeitsplatz ist ein Überlastungssyndrom. Er entsteht aus dem Ungleichgewicht zwischen dem, was gefordert wird und dem, was der Einzelne leisten kann. Entscheidend ist jedoch meine mentale Bewertung. Welche Einstellung habe ich zu der Herausforderung und meiner Leistungsfähigkeit? Welche Rolle bin ich bereit in meinem Betrieb zu spielen?

Fit im Job, krank in der Freizeit

Vor allem Arbeitnehmer, die sich im Beruf engagieren, sind fit am Arbeitsplatz oder halten dort angeschlagen noch aus. Am Wochenende oder in ihrer Freizeit sind sie dann erschöpft, ausgepowert, haben Schnupfen, Fieber, Rückenschmerzen. Unser Körper entwickelt bei akutem Stress eine erhöhte Widerstandskraft gegen Störungen. Kommt der Arbeitnehmer dann zur Ruhe, lässt die körperliche Abwehr wieder nach. Erschöpfung und Gesundheitsstörungen stellen sich ein. Viele Berufstätige machen schlapp, wenn sie nicht unter Stress stehen.

Das Überforderungssyndrom

Oft entsteht ein Überforderungssyndrom in Form eines Kreislaufes (Abb. 3):

- Durch Überforderung, Belastung, Zeitdruck, schlechtes Betriebsklima entstehen
- Stress, Müdigkeit, Burnout, Gesundheitsstörungen, Krankheit.
- Daraus entwickeln sich verringerte Arbeitsproduktivität und Fehlzeiten
- Für die verbleibenden Kollegen entsteht Mehrarbeit bzw. die Arbeit muss nach der Fehlzeit selbst erledigt werden.
- Das erhöht wieder den Druck und das Gefühl der Überforderung. Oft verschlechtert sich auch dadurch das Betriebsklima.
- Eine solche Überlastung führt dann oft zu nachlassender Leistungskraft, zu Konzentrationsschwäche, Nachlässigkeit, zu innerer Kündigung.
- Dadurch erhöhen sich die gemachten Fehler, das Fehlverhalten. Die Qualität der geleisteten Arbeit sinkt.
- Dadurch entsteht oft eine Unzufriedenheit bei Kunden, Kollegen, Vorgesetzten. Mobbing, Konflikte und soziale Spannungen entstehen.
- Dies verstärkt wieder das Gefühl der Überforderung, verschlechtert das Betriebsklima und den Druck auf den Mitarbeiter.

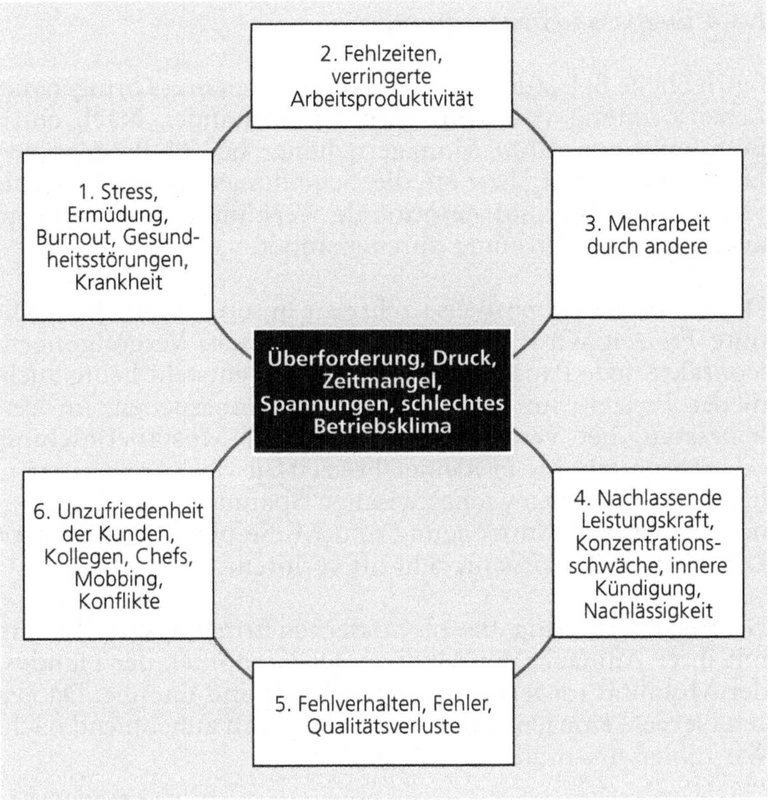

Abb. 3: Das Überforderungssyndrom

1.3.4 Engpass Lebensordnung

Betriebliche Belastungen, aber auch Freizeitstress bringen die Lebensordnung von Managern durcheinander. Nach einer Befragung von 4000 Managern hängt bei 84 Prozent der Haussegen schief, beträgt die Scheidungsrate 36 Prozent. Stress, Burnout und emotionale Verkümmerung bringen auch die Lebensordnung durcheinander.

Die hektische Lebensweise zehrt an unserer Kraft. Jede Minute Freizeit wird genutzt für Aktivitäten, Vergnügungen, Kontakte, jede Pause ist verplant, Stress entsteht heute auch in der Freizeit: im Gedränge, bei Pflichtbesuchen, im Verkehrsstau, bei Veranstaltungslärm, bei Musikberieselung oder wenn ich mir in meiner Freizeit zu viel vorgenommen habe. Das Gleichgewicht zwischen Spannung und Entspannung, zwischen Anstrengung und Muße bleibt gestört. Der Lebens- und Arbeitssinn geht oft verloren.

Die Reizüberflutung unserer modernen Erregungsgesellschaft mit ihrer Allmacht der Medien, der Computer, der Handys, der Mobilität fordert viel geistige Kraft und Energie. Da lassen Nerven, Konzentration und Spannkraft zunehmend nach. Wir fühlen uns müde und abgeschlagen.

Der zeitliche Druck im Betrieb führt dazu, dass geregelte Mahlzeiten, ruhiges, vollwertiges Essen nicht mehr zur Tagesordnung gehören. Auch in den Betriebskantinen wird nur selten auf eine ausgewogene, abwechslungsreiche und energiespendende Ernährung geachtet. In manchen Betrieben stehen gewinnbringende Verpflegungsautomaten mit Fast-Food-Snacks, die von einem guten Nährwert und ausreichenden Vitaminen weit entfernt sind. Solche Snacks belasten also vielfach den Organismus, z. B. durch zu viel Fett, und legen das Gehirn auf Stunden lahm, statt es optimal mit neuer Energie zu versorgen.

Hier wären Aufklärungskampagnen und Ernährungsberatung sehr sinnvoll. Beispiel dafür ist ein Pionierprojekt in Großbritannien. In einem mittelgroßen Betrieb wurden die Mitarbeiter – um mit dem Dauerdruck im Betrieb klarzukommen – aufgerufen, zwei Monate statt der belastenden Pommes frites, Sandwiches, Chips, Süßigkeiten und statt Kaffee eher Früchte, Salate, Gemüse, Nüsse, Joghurt und Wasser zu sich zu nehmen. Die Resultate sprachen für sich:

> „Nach kurzer Zeit fühlten sich alle rundum wohler und ausgeglichener, glaubten über mehr Energie zu verfügen, Termine ließen sich besser einhalten und das Arbeitsklima wurde wesentlich entspannter als zuvor. Die Kosten für die Beratung seien alleine durch den Rückgang der Absenzen wettgemacht worden, ließ die Unternehmensleitung verlauten“ (zit. nach PETERSEN u. a., 1999, S. 14)

1.4 Wirtschaftliche Effekte durch Gesundheitsförderung

Beispiele für erfolgreiches Gesundheitsmanagement durch Unternehmen zeigen, dass sich sowohl die Leistungsfähigkeit wie die Bereitschaft der Mitarbeiter und die Kreativität und Produktivkraft der Unternehmen erhöhen.

Gesundheitsförderung im Betrieb kann also profitabel sein, obwohl wichtige Ergebnisse solcher Maßnahmen wie Energie und Vitalität der Mitarbeiter, Motivation und produktives Denken sowie soziales Miteinander der Mitarbeiter nicht oder nur schwer quantifizierbar sind und in einer solchen Rechnung nicht einbezogen werden können.

2. Gesundheit im 21. Jahrhundert

2.1 Die neue Gesellschafts- und Ökonomiephase

Wie wissenschaftliche Analysen zeigen – Langwellen-Ökonomie nach KONDRATIEFF (NEFIODOW, 1996) – wird die Weltwirtschaft in diesem Jahrhundert primär von der Erschließung psychosoziomentaler Potenziale angetrieben, also vom *Megatrend Gesundheit* getragen.

Gesundheit im umfassenden Sinne gilt als Voraussetzung für Produktivität, Leistungs- und Entwicklungsfähigkeit. Sie wird verstanden als

- menschliche, persönliche Gesundheit,
- gesellschaftliche Gesundheit, als Vitalität und Wohlergehen breiter Bevölkerungskreise und in Zusammenhang damit als
- ökonomische Gesundheit, d. h. betriebliche und auch volkswirtschaftliche Vitalität, Initiative und Aktivität.

Ohne Gesundheit, Vitalität und Engagement besteht die Gefahr, dass

- der Einzelne
- die Gesellschaft und auch
- die Wirtschaft (Betrieb und Volkswirtschaft)

in einen Zustand der Entropie verfällt. Entropie wird verstanden als Grad der nicht verfügbaren Energie, bedeutet also Energieverlust.

2.2 Die Entropie der Gesellschaft

Die inneren, menschlichen Störungen moderner Gesellschaften haben inzwischen einen Umfang erreicht, der die Lebens- und Arbeitsqualität erheblich beeinträchtigt und große soziale Kosten und Gesundheitsstörungen verursacht (vgl. NEFIODOW, 1996).

Die folgende stichwortartige Übersicht nach NEFIODOW über die Entropie-Erscheinungen in der gegenwärtigen Wirtschaft und Gesellschaft erklären die depressive Stimmung und Stagnation am Ende der Industriegesellschaft bzw. des fünften Kondratieffs.

- *Gewalt, Kriminalität, Drogen*
  Kriminalität wächst ständig. Gefängniskosten, Drogenumsätze, Kosten für Polizeieinsätze steigen ständig. Mafia, verbrecherische Unternehmen entwickeln sich zunehmend in Wirtschaft und Gesellschaft.

- *Gesellschaftliche Konflikte*
  Arbeitslosigkeit, Streiks, Zerfall der Familien

- *Gesundheitsschäden*
  - Falsche Ernährung verursacht in Deutschland jährlich zahlreiche ernährungsbedingte Erkrankungen.
  - Jeder 4. Patient, der einen Arzt aufsucht, leidet vorwiegend an psychischen Störungen.– 60 Prozent der deutschen Führungskräfte leiden unter Neurosen.
  - Angst und Mobbing breiten sich aus. (Vgl. Barmer GEK, Gesundheitsreport 2010).
  - Alkoholmissbrauch: Für Alkohol wird mehr ausgegeben als für die Forschung.
  - Krankheitskosten durch schlechte Wasserqualität, Schlafstörungen, Luftverunreinigungen, Medikamentenmissbrauch usw.

- *Umweltzerstörung und Energieverschwendung*
  - Jährliche Umweltzerstörung entspricht ca. 10 Prozent des Weltsozialproduktes
  - Verschwendung: 80 Prozent aller fertigen Produkte werden nach einmaliger Benutzung weggeworfen. Das bedeutet:
  - Jährlich Rohstoff- und Energievergeudung ist groß.

2.3 Gesellschaftliche Entwicklung durch Innovation und Produktivitätsfortschritte

In der Phase des Übergangs zum sechsten KONDRATIEFF-Zyklus werden Wirtschaft und Gesellschaft

- nicht mehr von Rohstoffen und Energieverbrauch bestimmt, sondern vom
- produktiven und kreativen Umgang mit den geistigen Kräften, mit Wissen und Informationen.

> „Das Herz der Marktwirtschaft ist ihre hohe Innovationsfähigkeit". Es kommt zu Krisen, wenn der Innovationsprozess unzureichend ist. Die wichtigste Quelle des Innovationsprozesses sind Produktivitätsfortschritte. Bleiben sie in ausreichender Höhe aus, [...] dann sind Rezessionen nicht zu vermeiden". (NEFIODOW, 1997, S. 15)

Produktivitätssteigerungen sind für die Wirtschaft und Gesellschaft eine zentrale Möglichkeit der Weiterentwicklung auf dem Weg in eine neue Zeit.

Die Lebensqualität einer Gesellschaft wird sowohl von der betrieblichen, aber besonders der volkswirtschaftlichen Produktivität bestimmt. Innovations- und Produktivitätsfortschritte hängen aber in besonderer Weise von

- der seelischen, mentalen und sozialen Energie und Gesundheit, von der Bewusstseinsentwicklung auf Zukunftsziele ab,
- und da von Phänomenen wie mentaler Stärke, Motivation, Kreativität, Vertrauen und Zusammenarbeit, also von psychomentaler Vitalität, von Mind- und Sozialfitness. Das sind wichtige Erscheinungsweisen der Seele und des Geistes, die man als wesentliche Entwicklungsfaktoren für die Zukunft auf dem Weg des 21. Jahrhunderts begreifen muss.

Nur durch eine *Verbesserung der psychosozialen und mentalen Vitalität und Gesundheit* lassen sich eine resignative Stimmung und die destruktiven, produktivitätshinderlichen Verhaltensweisen vermeiden sowie die kreativen und produktiven Veränderungspotenziale beim Einzelnen und in der Gesellschaft erst richtig mobilisieren.

Basis für die Lösung der gesellschaftlichen und betrieblichen Probleme der Übergangszeit ist also eine psycho-soziomentale Vitalität.

Durch eine bessere Entwicklung bzw. Beherrschung der psycho-soziomentalen Kräfte

- lassen sich große Einsparungen erreichen und
- jene Ressourcen freisetzen, die für den gesellschaftlich-ökonomischen Strukturwandel und die Erschließung neuer Märkte nötig sind.

In der Gesellschaft und Wirtschaft des 21. Jahrhunderts geht es um eine grundlegende Verschiebung, einen Umbruch von der Optimierung der materiellen Güterwelt, der organisatorisch-hierarchischen dinglichen Welt zu einer Optimierung der menschlichen Energieflüsse, der Mind-Qualifikationen, der emotionalen und psychosozialen Schlüsselfähigkeiten, der immateriellen Leistungen (Dienste, Pflege, Betreuung).

2.4 Umdenken: Gesundheit und Produktivität steigern

Ein großes Umdenken ist also überall in der Gesellschaft, in den Betrieben, der Mitarbeiterführung und Gesundheitsförderung notwendig, weil

- die inneren Störungen moderner Gesellschaften und der betrieblichen Wirtschaftsweise
- inzwischen einen Umfang erreicht haben, der die mentale Verfassung, die Innovations- und Sozialprozesse- und damit auch die Lebensqualität erheblich beeinträchtigen.

Die inneren Konflikte und Verluste moderner Gesellschaften können und dürfen nicht länger ignoriert werden“ (Nefiodow, 1997, S. 15).

„Fortschritte im Menschlichen“ sind also notwendig. Das bedeutet aber nach Nefiodow

- nicht nur Förderung und Sicherung einer guten psychosomatischen und mentalen Gesundheit bzw. eine bessere Vernetzung von Körper, Geist und Seele,
- sondern darüber hinaus eine möglichst störungsfreie, kreative und produktive Beziehung zum sozialen Umfeld,
- eine Gesellschaft, die den Menschen Sinn stiftet, Arbeit schafft und die Produktivitätsfortschritte gerecht verteilt.

Das 21. Jahrhundert, die neue Megabranche „Gesundheit“ und das neue sozioökonomische Zeitalter werden wesentlich ein „Reparatur-Kondratieff“ sein.

> „Es wird ein Langzyklus sein, bei dem wir die Umwelt und uns selbst werden reparieren müssen, denn wir und die Umwelt sind inzwischen das größte Innovationshindernis“. (Nefiodow, 1997, S. 48)

Um zu verhindern, dass der entropische Sektor sich als

- unerwünschte Begleiterscheinung, als
- Schönheitsfehler des modernen Fortschritts weiterentwikkelt und
- den größten Teil jener Ressourcen verschlingt, die zur Lösung der Strukturprobleme unserer Zeit dringend benötigt werden, ist eine verstärkte menschliche Entwicklung von Gesundheit und Qualifikation notwendig.

Die großen Produktivitätsreserven der Gesellschaft und der Betriebe schlummern derzeit nicht in der Sachgestaltung, der Betriebsorganisation, dem Reengineering und erst recht nicht in der Arbeitslosigkeit.

Jetzt kommt es darauf an, „das Humanpotenzial, möglichst der ganzen Gesellschaft – auch derjenigen, die die Verluste des entropischen Sektors verursachen – wieder zu entdecken und in die Gesellschaft zu integrieren.

Ernüchternd ist diese Erkenntnis, weil wir mit einer Herausforderung konfrontiert werden, auf die wir schlecht vorbereitet sind. Wie kann man die großen Produktivitätsreserven des entropischen Sektors in produktive Bahnen lenken? Mit dem Rückgriff auf früher einmal bewährte Law- und Order-Strategien wird es wohl kaum möglich sein" (NEFIODOW, 1997, S. 17).

Partizipative, energetische Menschenführung, Mindcoaching und Entwicklung der Selbstkompetenz wie Selbstständigkeit, Selbstorganisation, Selbstverantwortung sind absolute Schlüsselqualifikationen des 21. Jahrhunderts im Rahmen einer neuen psychosoziomentalen Kompetenz.

2.5 Gesundheitsförderung und Erschließung der menschlichen Ressourcen

Seelische, mentale, soziale und körperliche Gesundheit ist Voraussetzung für die Entfaltung produktiver Kräfte wie Kreativität, Mindfitness, Motivation, Leistung, Sozialfähigkeit, Lern- und Einsatzbereitschaft. Schlüsselbegriffe für diese Entfaltung heißen deshalb Gesundheitsförderung, Menschenführung, Mind Management und psycho-soziomentale Kompetenz. Neben der Förderung und Weiterentwicklung des herkömmlichen Gesundheitssektors (Ernährung, Pflege, Gesundheitsdienste, Krankendienste) treten verstärkt

- betriebsinterne Gesundheitsdienste: Gesundheitsmanagement, persönlichkeitsbezogene Personal- und Organisationsentwicklung
- Mentalberatung, Mind Management, Mindcoaching, Change Management, Sozialmanagement
- Emotionale Fitness, Psychohygiene
- Gesundheitsvorsorge und -therapie, z. B. Angst- und Mobbingprävention

Die Bedeutung der Gesundheit in der kommenden Gesellschaft wird also weiter zunehmen. Das lässt sich auch quantitativ begründen. „Eine Produktivitätssteigerung von 10 Prozent beim Humankapital würde ein Wirtschaftswachstum von 7 Prozent, die gleiche Steigerung beim Sachkapital würde nur 3 Prozent Wachstum bringen", errechnete NEFIODOW (1996, S. 21). Wirtschaftswachstum und gesellschaftlicher Fortschritt werden in Zukunft in erster Linie von neuen Produktivitätsfaktoren bestimmt: menschlich-soziale Entwicklung, Lernen und Bildungsarbeit. „Was die Unternehmen und Volkswirtschaften in Zukunft unterscheiden wird, ist die Qualität ‚weicher' Faktoren wie Zusammenarbeit, Einsatzbereitschaft, Kreativität, Angstfreiheit, Verantwortungsbewusstsein, Loyalität." (NEFIODOW, 1997, S. 22).

2.6 Lebensweise im 21. Jahrhundert

2.6.1 Der Kampf um die Gesundheit

Der Alltag in unserem Leben ist geprägt von Hektik, Tempo, Telefon und Handymanie, von Lärm, Computerarbeit, Überstunden. Wir haben den Kopf voll mit Terminen, Plänen und Gedanken, und dann täglich die Horrormeldungen in Presse und Fernsehen. Wir erfahren, wie viel Umweltgifte uns gefährden, wie sehr unser Trinkwasser schon verseucht ist, dass wir uns zu wenig bewegen, zu viel rauchen, zu viel Alkohol und zu wenig Flüssigkeit trinken. Wir hören von den Gefahren des Elektrosmogs und anderen Giften, von den Risiken in Gebäuden durch Asbest, Blei und andere Gifte, davon wie viele Karzinogene in der Nahrung enthalten sind. Das ganze Leben ist zu einem Minenfeld geworden. Am liebsten würden wir den Risiken davonlaufen, joggen oder walken, in den Fitness-Club gehen oder zur Klärung in einen Volkshochschulkurs. Der Stress bedrängt mich – meine Energie geht langsam zu Ende. Ich stehe an einem Scheideweg – was soll ich tun, um mich und meine Gesundheit mehr zu leben? (Vgl. Antonio Damasio, Selbst ist der Mensch, München 2011, S. 70f).

In dieser Situation passt die folgende Legende aus Asien: Ein berühmter Wissenschaftler aus der westlichen Welt besuchte einst einen Zen-Meister. Er versprach sich davon, bei ihm die wahren Geheimnisse der Meditation und Entspannung zu erfahren. Der Meister bat den Gelehrten darum, zuerst mit ihm eine Tasse Tee zu trinken. Diesen schenkte er aus einer großen Kanne in die Tasse des Gastes ein. Er schien dabei gar nicht zu bemerken, dass die Tasse des Professors voller und voller wurde und bald überzulaufen begann. Nachdem bereits das ganze Tischtuch nass war, konnte der Gelehrte sich nicht mehr zurückhalten und sagte: „Sehen sie denn nicht, dass meine Tasse schon längst überläuft?" – „Doch, doch", antwortete der Zen-Meister ganz ruhig. „Genau so sieht es auch in deinem Kopf aus: Er ist randvoll mit Gedanken, Erklärungen und Theorien. Bevor du ihn nicht leerlaufen lässt, wirst du nichts Neues aufnehmen können, nicht umdenken können."

So geht es auch uns in der gegenwärtigen Situation. Wir stehen in Sachen Gesundheit vor einem gewaltigen Umbruch. Wir müssen von alten Denk- und Verhaltensmustern Abschied nehmen, loslassen, um uns Neuem zu öffnen. Loslassen und Entspannen wird in unserer Erregungsgesellchaft zu einem zentralen Gesundheitsfaktor.

Gesundheit im 21. Jahrhundert besitzt „Reparaturcharakter". Die aufgrund der Industrialisierung vernachlässigten menschlichen Tugenden und Gesundheits- wie Lebensbedingungen erhalten jetzt eine größere Bedeutung. Neben den äußeren Gesundheitsfaktoren geht es im 21. Jahrhundert jedoch schwerpunktmäßig um die Entwicklung der *inneren Gesundheitsfaktoren,* um die menschlichen Potenziale, Ressourcen, Fähigkeiten und inneren Kräfte, um eine Gesundheit des Menschseins (Abb. 4). Für diese inneren, menschlichen Entwicklungsaufgaben brauchen wir auch neue methodische Hilfen für die Persönlichkeits- und Gesundheitsentwicklung, wie z. B. Gesundheits- und Mentalberatung.

Durch die Industrialisierung ist unser Leben unnatürlicher, chemischer, hektischer geworden, aus der Balance geraten. Die Zivilisation macht uns krank. Sie hat einen hohen Standard von materiellem Wohlstand geschaffen: Das Leben ist technischer, produktiver, künstlerischer und damit oft auch gesundheitsgefährdender geworden.

Unsere industrielle Lebensweise, unser unbedachtes Lebens- und Konsumverhalten schädigt unsere Gesundheit. Schon Hippokrates, der Urvater der Naturheilkunde, wusste davon und forderte die Menschen auf, selbst aktiv zu werden und die Lebensführung natürlich zu gestalten.

Gesunde Lebensweise heißt, sich ausgewogen und vollwertig zu ernähren, nicht zu rauchen, für regelmäßige Bewegung zu sorgen (mindestens 30 Minuten täglich), sein Gewicht zu halten und nur gelegentlich Alkohol zu trinken.

Diese moderate Lebensführung reduziert nach wissenschaftlichen Untersuchungen z. B. das Risiko einer Herzerkrankung um 82 Prozent (Harvard School of Public Health, 1,2000, S. 7). Die Auffassung, Gesundheit sei mit größerem zivilisatorischen Wohlstand, mit Fortschritten in der technischen Medizin und mit unserer bisherigen Lebensweise zu fördern und zu erhalten, erweist sich als falsch. Die ernährungs- und lebensbedingten Beschwerden und Krankheiten nehmen immer mehr zu. Es wird Zeit, dass wir uns ändern und unsere Gesundheit mehr pflegen (Gesundheitspflege), was schon das Ziel der traditionellen Heilkunde mit ihrer Diätetik, der Lehre vom gesunden Leben, war.

Wenn du nicht bereit bist, dein Leben zu ändern, kann dir nicht geholfen werden.

HIPPOKRATES

„Viele Gesundheitsstörungen und Krankheiten sind durch die modernen Lebensbedingungen verursacht. Durch einen ungünstig veränderten Lebensstil lebt man heute nicht gesünder, sondern sorgt für eine früh einsetzende Schädigung von Körper, Geist und Seele" (DOUWES, 1986, S. 47). Heute erkranken Menschen durchschnittlich 20 bis 30 Jahre vor ihrem Tod an den Zivilisationskrankheiten. Die falsche Ernährung ist eine der Hauptursachen für die zivilisatorischen Gesundheitsstörungen und Krankheiten.

Abb. 4: Innere und äußere Gesundheitsfaktoren

2.6.2 Ernährung als Basis

Unsere Nahrungsmittel stehen uns in den Industrienationen reichlich zur Verfügung. Sie sind in ihrer Ernte bzw. Produktion nicht mehr von den natürlichen Witterungsverhältnissen abhängig, sie werden größtenteils industriell hergestellt als Design-Food, Fast Food, bereits vorgefertigt oder als Fertignahrung haltbar gemacht, ultra-hocherhitzt, vielleicht auch genmanipuliert. Die Nahrungsmittel sind oft keine Lebensmittel mehr, sondern eher Krankheitsmittel. Konzentrationsstörungen, Müdigkeit, Hautprobleme wie Allergien, Neurodermitis, schlechte Zähne u. a. sind oft Folgen der Zivilisationskost, hier speziell die Folge des fehlenden Säure-Basen-Gleichgewichts. Wir sind aufgrund der Lebensweise, der Zivilisationskost übersäuert. Die Folgen sind Abgeschlagenheit, Müdigkeit, Kopfschmerzen, Schlafstörungen, Konzentrationsschwäche u. a. Das Kranksein beginnt häufig schon in frühester Jugend und dauert ein Leben lang. Ernährungsfehler und Bewegungsmangel schon bei Kindern verursachen in Deutschland hohe Kosten.

Der Vollwert der Nahrung

Eine der wichtigsten Grundlagen unseres Lebens ist die vollwertige Ernährung. Die heutige Durchschnittsernährung wird aber dieser Aufgabe nicht mehr gerecht. Unsere Nahrungsmittel sind durch die üblichen Verfahren der industriellen Lebensmittelverarbeitung und durch die belastete Umwelt in ihrem Wert wesentlich gemindert.

Der Wert einer Nahrung bemisst sich nicht mehr primär nach ihrem Gehalt an Kalorien und Nährstoffen, sondern nach ihrer Lebendigkeit und Natürlichkeit. In einer naturbelassenen Nahrung sind nicht nur alle Nährstoffe, sondern auch, was viel wichtiger ist, alle Vitalstoffe enthalten (Vitamine,

Mineralstoffe, Spurenelemente, Enzyme, ungesättigte Fettsäuren, Aromastoffe und Faserstoffe). In begründeten Fällen sind auch Nahrungsergänzungsmittel sinnvoll.

Grundlage für eine solche gesundheitsfördernde Ernährung sind die wissenschaftlichen Arbeiten des Schweizer Arztes BIRCHER-BENNER, des Ernährungsforschers Prof. WERNER KOLLATH sowie die moderne Ernährungswissenschaft (z. B. M. OTTO BRUKER, CLAUS LEITZMANN).

Nero fragt Seneca:
„Woher kommen die vielen Krankheiten?"
„Herr, zähle die Köche."

Die folgende Checkliste kann erste Orientierung für eine gesundheitsbewusste Ernährung geben.

Essen Sie gesund?

Sie können anhand der folgenden Fragen ermitteln, ob Sie sich gesund ernähren.

- Essen Sie täglich viel frisches Gemüse und Obst?
- Bevorzugen Sie fettarme Kost?
- Benutzen Sie naturreine Ölsorten, z. B. kaltgepresstes Olivenöl?
- Vermeiden Sie fritierte Gerichte oder Mikrowellenkost?
- Essen Sie bevorzugt Fisch und Geflügel anstatt Rind- und Schweinefleisch?
- Essen Sie höchst selten Torten, Kuchen, Gebäck?
- Essen Sie Vollkornnudeln, -brot und -reis?
- Essen Sie regelmäßig Hülsenfrüchte und Bohnen?
- Würzen Sie Ihre Speisen mit Kräutern statt mit Salz?
- Frühstücken Sie regelmäßig?

3. Die neue Lebens-, Arbeits- und Gesundheitsqualität

Traditionelle Auffassungen von Gesundheit basieren oft auf einer eindimensionalen Sicht und verstehen „Gesundheit" als bloße Abwesenheit von körperlichen und geistigen Gebrechen. Neuere Ansätze sind eher ganzheitlich und dynamisch, beziehen Körper, Geist, Seele (Emotionen), Ökologie, soziale Beziehungen, aber auch die Umfeldsysteme wie Familie, Unternehmen, Gesellschaft mit ein und sehen *Gesundheit als Prozess*. Gesundheit ergibt sich dann erst in der produktiven Balance all dieser Einflussfaktoren.

Ein solcher Prozesscharakter schließt dann auch das Stärken von Gesundheit, das Vermeiden von Ungleichgewichten (Disbalancen) und das Regenerieren bzw. Bewältigen von Ungleichgewichten ein. Vermeiden und Regulieren von privatem und beruflichem Stress, von Stimmungsschwankungen, von Konzentrationsstörungen, von körperlichen Überbeanspruchungen, von sozialen Spannungen, aber auch von Lebenskrisen gehören dazu. Insofern lässt sich Gesundheitsentwicklung auch als Potenzial, als Fähigkeit, als Ressource verstehen. Auf diese Selbstgestaltungsfähigkeit kann man bei Gesundheitsstörungen und Krankheiten zurückgreifen, um zu regulieren, Energien und mentale Kräfte zu mobilisieren, sich für Ausgleichsprogramme zu entscheiden.

3.1 Das neue betriebliche Gesundheitsverständnis

Weder einseitige betriebliche Körpertrainings noch punktuelle Ernährungspflege dienen der Gesundheit. Da der Mensch aus Körper, Geist und Seele besteht und in ein soziales Umfeld eingebettet ist und diese Lebensfelder sich wechselseitig bedingen und beeinflussen, muss auch betriebliche Gesundheitsförderung von einem ganzheitlichen Konzept ausgehen. Das Wechselspiel von Körper, Geist, Seele, Umfeld bestimmt auch die Arbeitsleistung. Gesundheitsförderung bezieht sich also nicht nur auf betriebliche Störfelder, sonder auch auf private und sozial-ökologische.

Soziale Beziehungen, aber auch ökologische Belastungen wie z. B. Elektrosmog beeinflussen die Gesundheit.

Das folgende Modell zeigt die drei wichtigsten Lebensbereiche der Gesundheitsförderung und -beratung (Abb. 5).

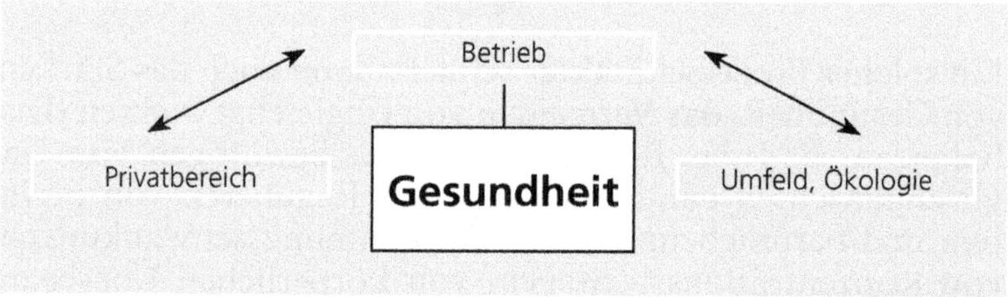

Abb. 5: Gesundheit als komplexes System

Ein solches Modell der Gesundheitsförderung geht weit über die medizinische Hilfe hinaus, hin zur Lebens-, Sozial- und Mentalberatung. Gesundheit versteht sich heute als ein komplexes System, wie es auch schon die Ottawa Charta der Weltgesundheitsorganisation (WHO) formuliert.

Die Ottawa-Charta wurde 1986 auf der ersten internationalen Konferenz der Gesundheitsförderung der WHO verabschiedet. Sie dokumentiert ein neues Denken (siehe Abb. 6), nämlich nicht mehr Krankheiten und Risikofaktoren zu bekämpfen, sondern ganzheitliche Gesundheitsvorsorge und Gesundheitsförderung zu betreiben.

Die Charta definiert folgende Zusammenhänge:

- „Gesundheit steht für ein positives Konzept, das in gleicher Weise die Bedeutung sozialer und individueller Ressourcen betont wie die körperlichen Fähigkeiten;
- Menschen können ihr Gesundheitspotenzial nur dann weitestgehend entfalten, wenn sie auf die Faktoren, die ihre Gesundheit beeinflussen, aktiv und selbstverantwortlich Einfluss nehmen können;
- veränderte Lebens-, Arbeits- und Freizeitbedingungen haben entscheidenden Einfluss auf die Gesundheit;
- Gesundheitsförderung zielt darauf ab, Arbeits- und Lebensbedingungen zu schaffen, die sicher, anregend, befriedigend und angenehm sind."

Die Siemens AG beispielsweise haben damals das Projekt „Top in Form" zur Gesundheitsförderung und Leistungsentfaltung ihrer Mitarbeiter gestaltet, welches auf diesen Grundsätzen aufbaut. Aber auch andere deutsche Firmen haben eine Deklaration zur betrieblichen Gesundheitsförderung in oben genanntem Sinne unterschrieben.

„Wer von seinen Mitarbeitern Leistung und immer mehr Leistung fordert, der muss bereit sein, deren Gesundheit zu schützen und zu fördern ..."

Bodo Marschall

Gesundheits-Potenzial ist nach der Definition von Peters (1998, S. 11)

> „die Summe der brachliegenden, unausgeschöpften Ressourcen aller Leistungsträger, die körperlich, geistig und seelisch gesund sind, sich in jeder Hinsicht fit fühlen, keine Zeit für den Besuch von Ärzten und Therapeuten aufwenden, nicht durch betriebliche Vorgänge oder soziale und private Probleme psychisch belastet sind

und deren Leistungsfähigkeit auch nicht durch den Krankenstand anderer eingeschränkt ist. Das Gesundheits-Potenzial bezeichnet den Teil des gesamten Leistungs-Potenzials, der auf den (optimalen) Gesundheitszustand aller Mitglieder einer Organisation zurückzuführen ist. Gesundheits-Management hingegen ist die Summe der organisationalen Maßnahmen, Hilfen und Instrumente, die dieses Potenzial unablässig und konsequent zu fördern, zu stabilisieren und zu mehren versuchen."

Gesundheit wird hier als Potenzial eines Lebensentwurfs begriffen, der persönliches, soziales und ökologisches Handeln einbezieht. Gesundheitsförderung versteht sich also als *Personalentwicklung* und *Organisationsentwicklung,* liegt einmal in der Eigenverantwortung der Mitarbeiter (Verhaltensprävention) und der Verantwortung des Betriebes (Verhältnisprävention).

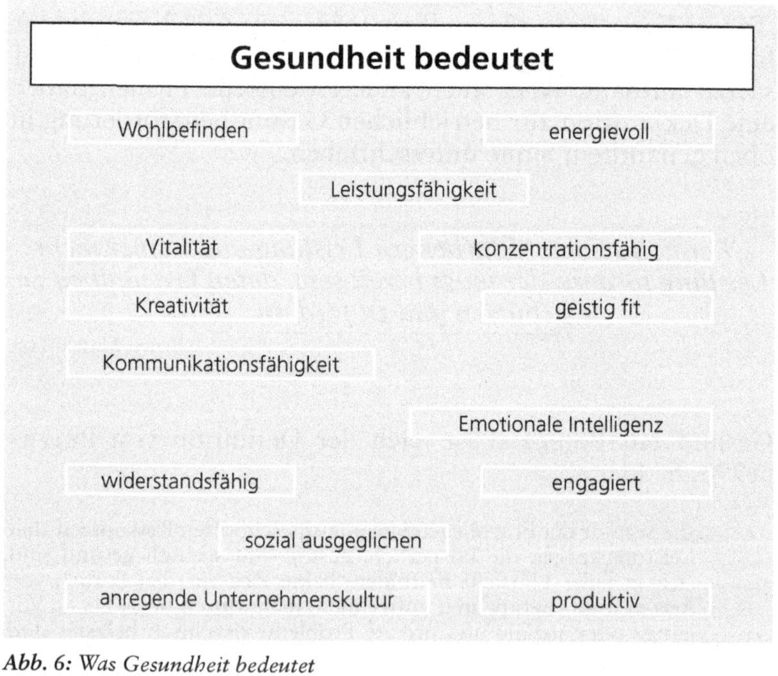

***Abb. 6:** Was Gesundheit bedeutet*

Maßnahmen in einem Bereich wirken sich auch auf andere Bereiche aus. Das Wechselspiel der drei Lebensbereiche macht deutlich:

- Es genügt nicht mehr zu behaupten, Gesundheit sei Privatsache der Mitarbeiter, diese hätten im Betrieb nur zu funktionieren,
- notwendig sind ganzheitliche Programme für eine aktive Gesundheitsförderung.

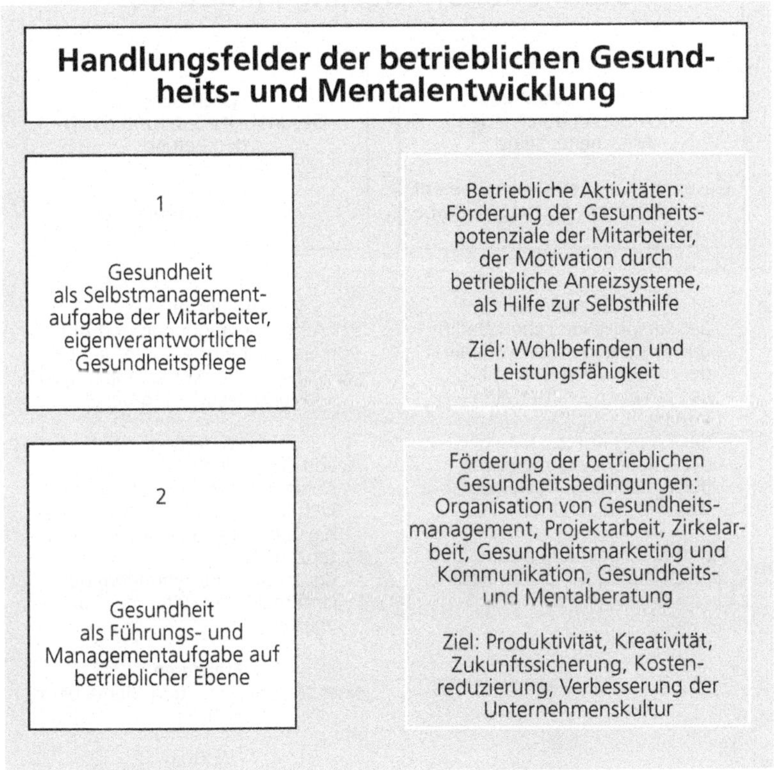

Abb. 7: Handlungsfelder der betrieblichen Gesundheits- und Mentalentwicklung

Ein modernes Gesundheitsförderungskonzept, wie es in den USA und Japan weiter verbreitet ist, geht davon aus, dass Gesundheit sowohl eine Selbstverantwortungs- bzw. Selbstmanagementaufgabe ist, als auch eine betriebliche Führungs- und Managementaufgabe (Abb. 7). Betriebliche Gesundheitsentwicklung fördert

Handlungsfelder der dualen Gesundheitsförderung im Betrieb

Persönliche Gesundheitsentwicklung durch jeden Mitarbeiter selbst Gesundheit als Selbstmanagement und Selbstverantwortungsaufgabe	Systemische Gesundheitsförderung durch den Betrieb Gesundheit als Führungsaufgabe
Verbesserung – der persönlichen Lebensbedingungen und der Lebensqualität, – der persönlichen Potenziale, – der geistigen Kräfte (Mind-Vitness®), – der Körperfitness, – der emotionalen Intelligenz, – der Widerstandskräfte gegen Gesundheitsgefahren durch Methodenkompetenz (z. B. Stress-Abbau, Mind-Kompetenz)	Verbesserung der Arbeitsbedingungen und Abbau von Gesundheitsgefahren, um Leistungsfähigkeit, Wohlbefinden und Produktivität zu fördern. Förderung – von Gesundheitsfaktoren wie Kreativität, Konzentrationsfähigkeit, Flexibilität, Veränderungsfähigkeit und andere Mind-Kompetenzen – der sozialen Beziehungen, der Unternehmenskultur, der Sozialenergie Etablieren einer Gesundheits- und Mentalberatung Aufbau von Gesundheitsmanagement

Abb. 8: Handlungsfelder der dualen Gesundheitsförderung im Betrieb

- die Eigenverantwortlichkeit der Mitarbeiter, unterstützt diese z. B. durch Bewusstseinsbildung und Anreizsysteme (Abb. 8),
- sie entwickelt darüber hinaus auf der systemischen Ebene, d. h. auf Arbeitsplatz- und Unternehmensebene, eigene Konzepte, Projekte und Führungsaktivitäten.

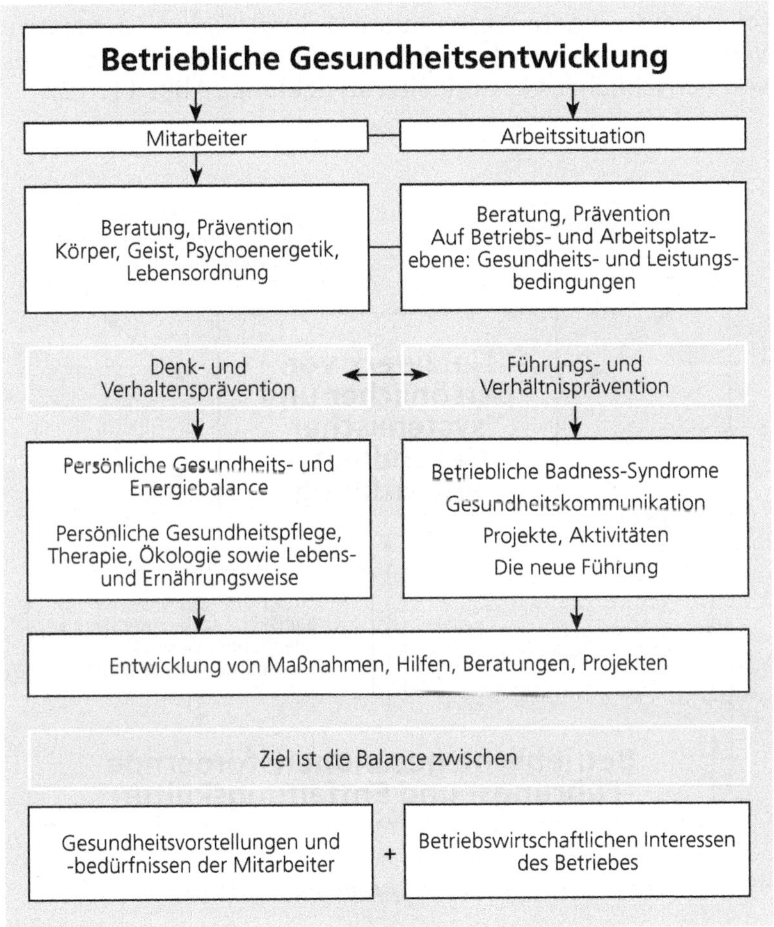

Abb. 9: Betriebliche Gesundheitsentwicklung

Betriebliche Gesundheitsförderung ist also ein Netzwerk von persönlicher und systemischer Gesundheitsentwicklung, von Personal- und Organisationsentwicklung, von mitarbeiterorientierter Gesundheitspflege und von betrieblichem Gesundheitsmanagement (Abb. 9, 10). Das Krankheitspanorama hat sich erheblich verändert. Neben der erhöhten Zahl so genannter Muskel- und Skeletterkrankungen („Kreuzweh") nehmen die chronischen Erkrankungen (z. B. Diabetes, Herzkreislauf) und die psychomentalen Gesundheitsstörungen (Nervosität, innere Anspannung, Schlaflosigkeit, depressive Verstimmungen u. a.) zu. Es entsteht ein neues Verständnis von betrieblicher Gesundheitsentwicklung (Abb. 11, 12).

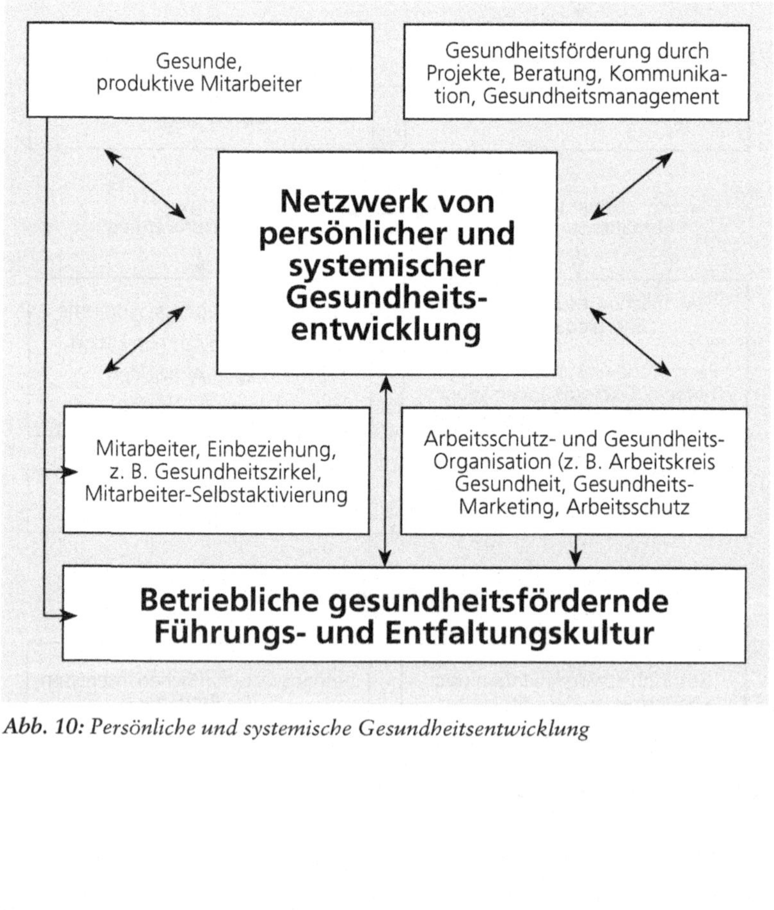

Abb. 10: Persönliche und systemische Gesundheitsentwicklung

Die traditionellen Instrumente des Arbeits- und Krankheitenschutzes („Unfallverhütung“) versagen gegenüber den Herausforderungen der unspezifischen, multifaktoriell verursachten Gesundheitsstörungen. Um diesen gerecht zu werden, brauchen wir mehr

- präventive Aufklärung über Lebensweise und Gesundheitsschutz am Arbeitsplatz
- Förderung der Selbststärkungskräfte und der Fähigkeit, frühzeitig Belastungen selbst auszugleichen (z. B. Stressbalance, Energiebalance), bevor es zu einer funktionellen Störung bzw. zum Krankheitsausbruch kommt.

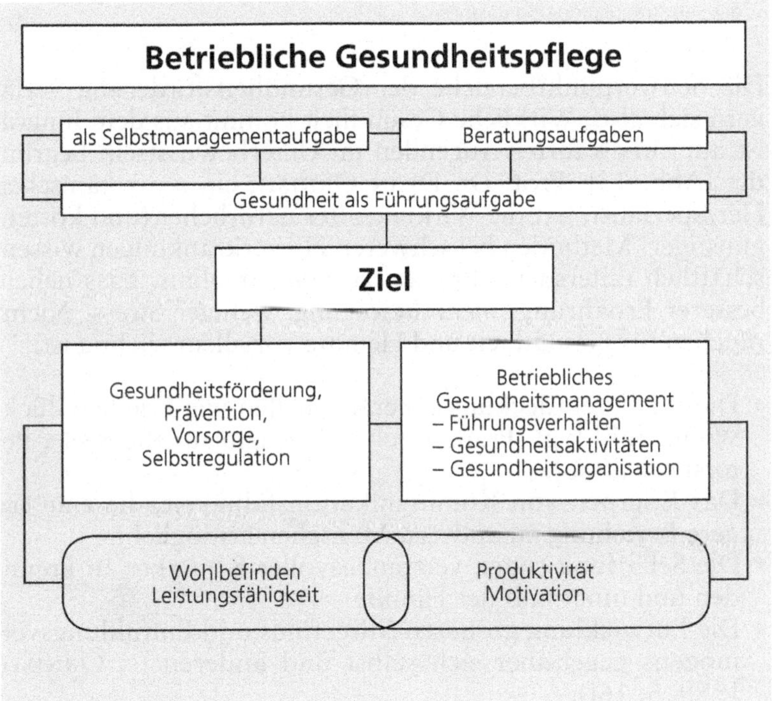

Abb. 11: Betriebliche Gesundheitspflege

- Selbstcoaching, MindVitness®, Psychohygiene, Mentaltraining sind entsprechende Methoden eines regulativen Selbstmanagements bzw. einer neuen Gesundheits- und Mentalberatung, die Hilfe zur Verhaltensprävention und zum persönlichen Wachstum geben will.

Das neue Konzept von Gesundheitsförderung umfasst also sowohl Verhaltensentwicklung als auch Verhältnisprävention.

Verhaltensprävention und Persönlichkeitsentwicklung	**Verhältnisprävention**
Förderung des individuellen, persönlich gesunden Lebensstils und der Persönlichkeit, der Selbstregulation und Balance	Förderung von gesundheitsgerechten Arbeits- und Umweltbedingungen

Die Schwerpunktbereiche der Gesundheitsförderung verlagern sich also. Wirkliche Gesundheit kommt aus dem Innern, ist auf altbewährten Tugenden im Unterbewusstsein begründet (Abb. 13). Prof. Dr. Dean Ornish, ein amerikanischer Herzspezialist, hat die Wirkung alter natürlicher (und kostengünstiger) Methoden bei schweren Herzerkrankungen wissenschaftlich untersucht. Er kam zu dem Ergebnis, dass neben besserer Ernährung, mehr Bewegung, weniger Stress, Nichtrauchen für Gesundheit und Heilung vor allem wichtig ist:

- Die Wiederentdeckung innerer Quellen wie Friede, Glück, Wohlgefühl (vgl. Franz Decker, Medizin für die Seele, Petersberg 2008).
- Das Erlernen von Kommunikationsfähigkeit, die eine engere Beziehung zu anderen Menschen ermöglicht
- Die Schaffung enger, vertrauensvoller Kontakte zu Freunden und innerhalb der Familie
- Die Entwicklung größeren Mitgefühls und Einfühlungsvermögens gegenüber sich selbst und anderen (s. Ornish, 1999, S. 16f).

Das alte Paradigma von Gesundheit und Krankheit betrachtet ausschließlich den Körper und diesen mehr oder weniger als Maschine, die sich entweder in gutem oder schlechtem Zustand befindet. – Das neue Paradigma betrachtet den *Körper als ganzheitliches dynamisches System* unter vielfältigen Einflüssen, als Energiefeld. Das feinstoffliche Unterbewusste wird in seiner Bedeutung erkannt. Der Geist spielt bei Gesundheit und Heilung eine zentrale Rolle (MindVitness®).

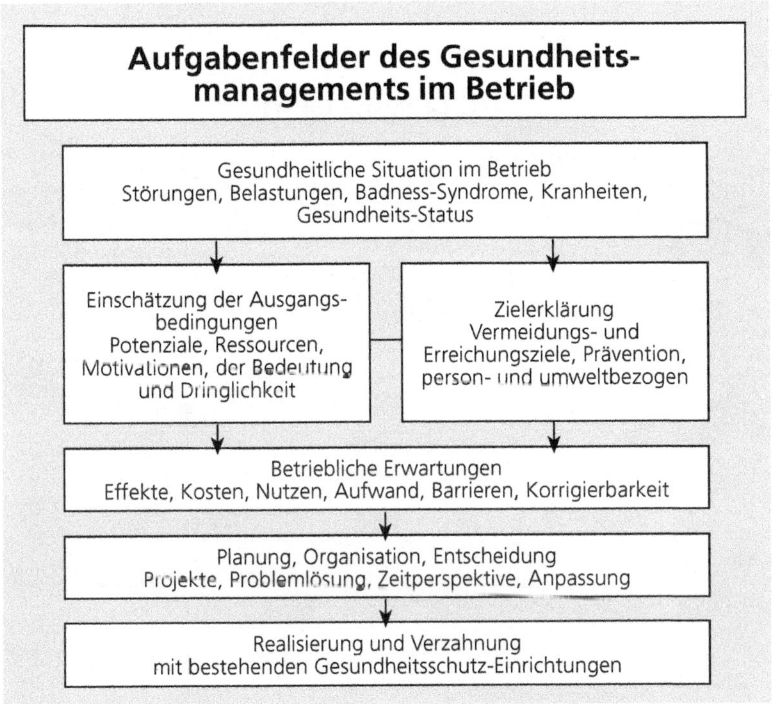

***Abb. 12:** Aufgabenfelder des Gesundheitsmanagements im Betrieb*

Das alte Paradigma versteht Vorbeugung als Vermeiden von speziellen Krankheiten und Risiken. – Das neue Paradigma versteht Prävention als *Förderung der menschlichen Ressourcen,* der Selbstförderungs- und -heilungskräfte, als Aktivierung der energetischen Kräfte.

Zentrale Bedeutung besitzen die Veränderungen im Lebensstil, ferner Lebenslust und Wohlbefinden, Stressabbau, persönliche Weiterentwicklung und -veränderung. Selbstpflege und Selbstsorge für Körper, Geist, Seele und Ökologie sind entscheidende Wirkkräfte in der Gesundheitsentwicklung (Salutogenese), Gesundheitsbildung und -beratung erhalten

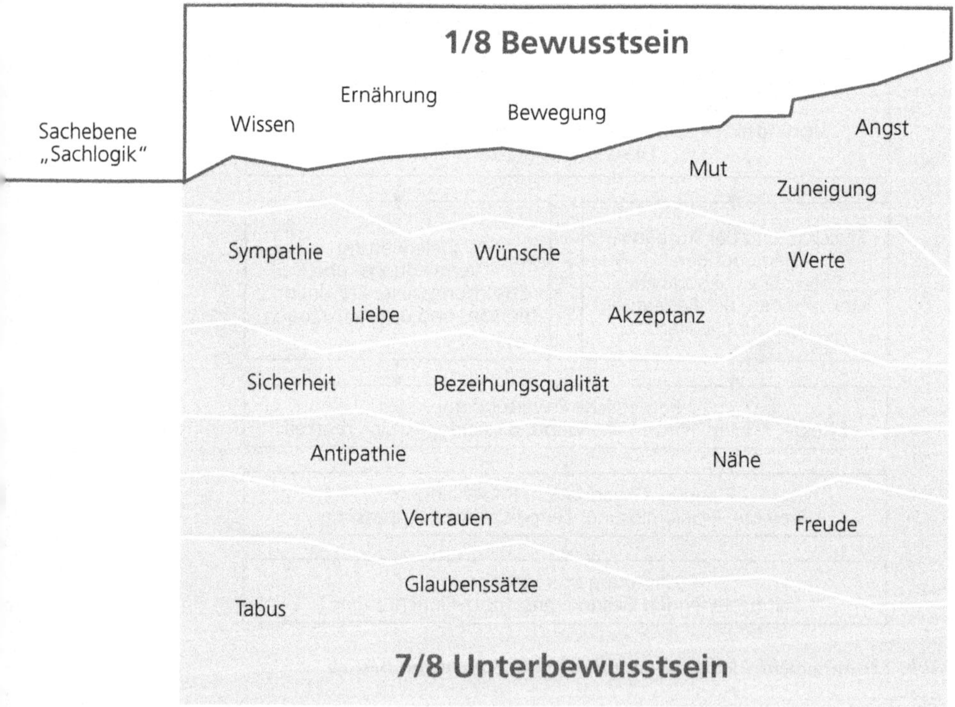

Abb. 13: Persönliche Ansätze zur Gesundheitsförderung

eine zentrale Bedeutung als Hilfe zur Selbsthilfe, zur Bewusstseinsbildung und zur geistig-mentalen Entwicklung (Mindcoaching). Die gesundheitsschädigenden Verhaltensweisen (z. B. schlechte Ernährung, zu viel Fett, Rauchen, wenig Bewegung, Bindungsdefizite) sind tief im Menschen verankert und lassen sich nur schwer ändern. Viele unausgelebte und verdrängte Konflikten, die sich im Laufe des Lebens verdichtet haben, machen krank.

Im Zentrum einer zukünftigen Gesundheitsförderung und auch Beratung steht also ein *Prozess der Selbstveränderung*. An die „inneren Kerne“ unseres gesundheitsschädigenden

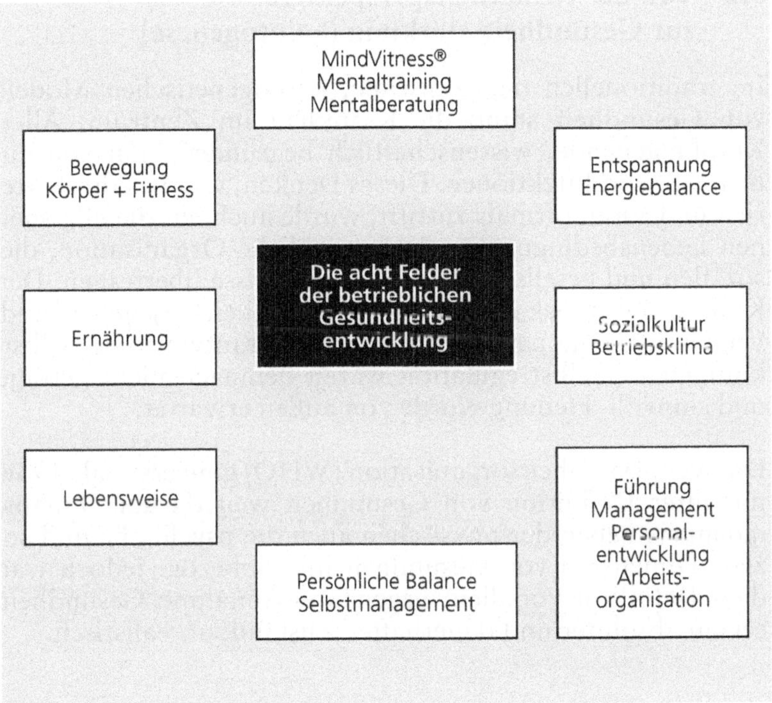

***Abb. 14:** Die acht Felder der betrieblichen Gesundheitsentwicklung*

Verhaltens heranzukommen, das ist die eigentliche Aufgabe des Menschen. Denken ändern, neue Vorstellungen von Lebensweise sowie die eigenen inneren Kräfte entwickeln sind wichtige Ziele der Gesundheitsförderung. Mentaltraining, Mindcoaching werden zu wichtigen Methoden für die Gesundheitsentwicklung. Eine solche ganzheitliche Gesundheitsentwicklung überschreitet die bisherigen Grenzen der Therapie und Beratung erheblich. Zusammenfassend lassen sich acht Aufgabenfelder betrieblicher Gesundheitsentwicklung erkennen (Abb. 14).

3.2 Von der Krankheitsperspektive zur Gesundheitsstärkung (Salutogenese)

Im traditionellen medizinischen, pathogenetischen Modell von Gesundheit stand die Krankheit im Zentrum. Alles Krankmachende, wissenschaftlich begründet, kam von außen z. B. von Infektionen. Dieses Denken, welches für Bakterien und Viren oftmals zutrifft, wurde auch auf die allgemeinen Lebensbedingungen, die betriebliche Organisation, die sozialen und gesellschaftlichen Verhältnisse übertragen. Der Kranke selbst bekam in diesem Krankheitsgeschehen und -verständnis eine passive Rolle. Selbstverantwortung, Selbstkompetenz, Selbstregulation waren demnach nicht gefragt und sinnvoll. Heilung wurde von außen erwartet.

Die Weltgesundheitsorganisation (WHO) ging erstmals 1946 mit ihrer Definition von Gesundheit weit darüber hinaus, indem sie neben der physischen auch die psychische und soziale Dimension von Gesundheit mit einbezog. Jedoch war diese Definition vor allem wegen ihrer Annahme, Gesundheit sei ein absoluter und dauerhafter Zustand, unrealistisch.

Den Paradigmenwechsel vom pathogenetischen, medizinischen Modell hin zu einer positiven Auffassung von Gesundheit als Ressource leitete AARON ANTONOVSKY (1979, 1987) mit seinem Begriff der Salutogenese ein.

ANTONOVSKY stellt die Frage: Unter welchen Bedingungen bleiben Menschen gesund? Er kommt u. a. von der Stressforschung her und sieht ein Potenzial bzw. Widerstandsressourcen, die mobilisiert werden können, um gesund zu bleiben.

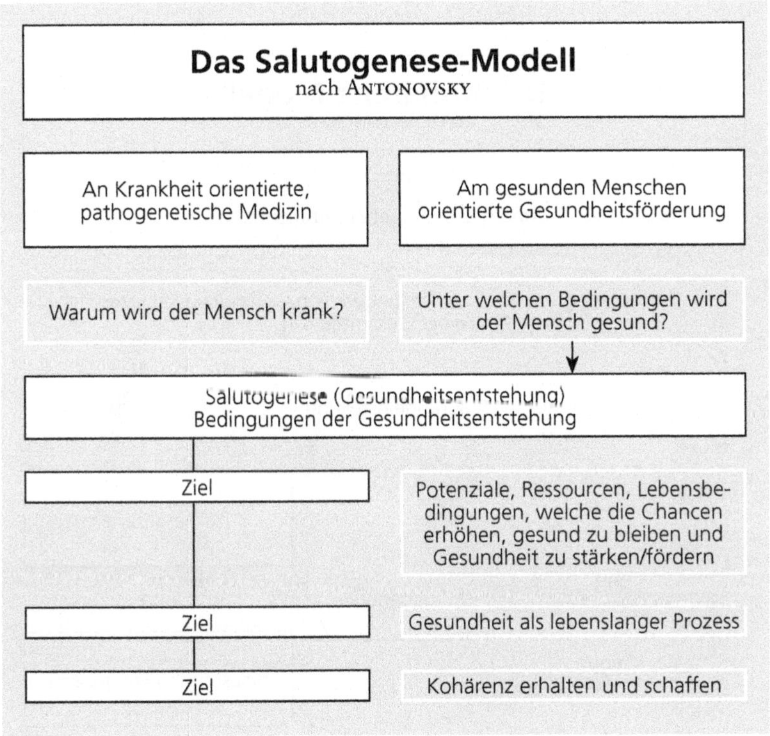

Abb. 15: Das Salutogenese-Modell nach ANTONOVSKY

Salutogenese sucht also nach den Bedingungen der Gesunderhaltung. ANTONOVSKY stellt also die positiven Faktoren heraus und begreift Gesundheit als Ressource, als Schutz gegenüber endogenen, im Körperinneren vorhandenen und exogenen, aus der Umwelt, den Arbeits- und Lebensbedingungen einwirkenden Belastungen. Gesundheit ist nach diesem Modell ein lebenslanger Prozess der Auseinandersetzung, der Balance zwischen den gesundheitsfördernden und den bedrohenden Faktoren.

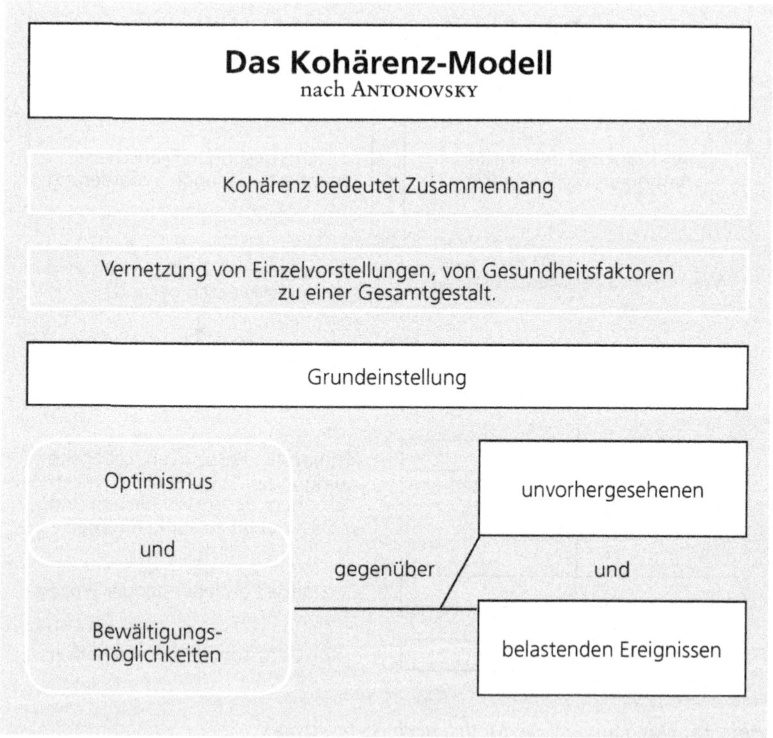

Abb. 16: Das Kohärenz-Modell nach ANTONOVSKY

Zu den Quellen der Widerstandskraft, der Vermeidungs-, Regenerations- und Bewältigungsfähigkeiten zählen sozioemotionale Bedingungen (Selbstvertrauen, Rückhalt in der Familie und Freundeskreis, Betriebsklima, Geborgenheit im Betrieb) aber auch mentale Fähigkeit (Veränderungs- und Wachstumsfähigkeiten, Energiemobilisierung u. a.). Als das Gemeinsame alles Gesunden ermittelten ANTONOVSKY und Mitarbeiter die *Kohärenz* (s. Abb. 16). Kohärenz wird verstanden als „eine allgemeine Einstellung, die das Ausmaß eines umfassenden, dauerhaften, zugleich aber dynamischen Vertrauens beschreibt, dass die innere und äußere Umwelt vorhersagbar ist und dass sich die Dinge so gut entwickeln werden, wie vernünftigerweise erwartet werden kann." (ANTONOVSKY, 1989, zit. in SCHÜFFEL u. a., 1998, S. 326).

Mit dem salutogenetischen Verständnis von Gesundheit kam es zu einer wichtigen Neubestimmung. Galt das Interesse vorher mehr den (körperlichen) Risikofaktoren (z. B. Blutdruck, Fettwerte u. a.), die das reibungslose „Funktionieren" des Organismus negativ beeinflussen, rücken jetzt die Gesundheitsfaktoren („Protektivfaktoren") in den Vordergrund (z. B. geistige Balance, MindVitness®, emotionale und soziale Intelligenz, Körperaktivitäten, Energiebalance), aber auch gesundheitsfördernde Unternehmenskultur, Betriebsklima, energetische Führung.

3.3 Vermeiden und stärken ist besser als heilen

Ziel der Gesundheitsentwicklung im Betrieb ist das Stärken der gesundheitsfördernden Kräfte, die Gesundheitspflege und die Krankheitsverhütung (Prävention). Am Arbeitsplatz ergeben sich dafür zwei Ansätze:

- Mobilisierung der gesundheitsfördernden, personalen Ressourcen, Energien, Verhaltensweisen, der inneren, subjektiven Widerstandskräfte, der mentalen Fähigkeiten, um so Blockaden, „falsches Denken“, Körperfaulheit, emotionale Instabilitäten, Energietiefs, Fehl- und Risikoverhalten zu vermeiden bzw. zu reduzieren (persönliche Gesundheitsentwicklung)

- Mobilisierung der situativen, äußeren gesundheitsfördernden Einflüsse, Bedingungen. Dazu gehören die sozialen, ökologischen, institutionellen- und organisatorischen Einflussfaktoren (systemische Gesundheitsentwicklung).

Die Gesundheitsreform von 1989 hat diesem Ressourcenkonzept der Gesundheitsförderung eine besondere Bedeutung beigemessen und den gesetzlichen Kranken- und Unfallversicherungen als auch den Unternehmen den Auftrag für entsprechende Maßnahmen erteilt. Das wurde in späteren Reform z. T. wieder zurückgenommen.

Vorbeugen ist besser als heilen. Dieser Grundsatz sollte mit entsprechenden Programmen und Maßnahmen betriebsnah umgesetzt werden, durch Maßnahmen zur Aktivierung der Ressourcen und durch Reduktion von Belastungen und Gefährdungen. Im Folgenden einige Beispiele:

Ziel	**Persönliche Gesundheitsentwicklung**	**Systemische Gesundheitsentwicklung**
Aktivierung von Ressourcen	Qualifizierung und Kompetenzerweiterung, Anleitung zum selbstverantwortlichen Ausgleichstraining, Gesundheits- und Mentalberatung	Vergrößerung des gesundheitsbezogenen Handlungsspielraums. Soziale Unterstützung, Gesundheits- und Mentalberatung, Verbesserung des Betriebs- und Sozialklimas
Reduktion von Belastungen, Gefährdungen	Angemessener Stress-Abbau, Entspannungs-Übungen, Sozialhygiene, Gesundheits-Checks	Führen durch Visionen, Entwickeln von mentalen Modellen, angemessene Arbeitszeitgestaltung, ergonomische Arbeitsplätze, energetische Führung, Aufbau von Gesundheitsmanagement, Gesundheitsprojektion u. a.

3.4 Work-Life-Balance

Unser Leben wird vor allem geprägt durch ein zentrales Spannungsfeld, bestehend aus Hektik, Anspannung, Belastungen und Arbeitsdruck, Bewegungsmangel, emotionalem Stress und geistiger „Überladung" und Irritation. Auf der anderen Seite stehen die Defizitbereiche: seelischer Hunger, innere Verkümmerung, soziale Störung, fehlendes Privatleben. Immer mehr Menschen führen kein er-fülltes Leben, sondern ihr Alltag ist ständig mehr ge-füllt mit energiezehrenden Aktivitäten (vgl. LOTHAR J. SEIWERT, 2001, S. 7). In diesem Spannungsfeld gehen uns die Ausgeglichenheit, die Energie und Spannungs-Balance, die Vitalität, Gesundheit und Leistungsfähigkeit verloren.

Um diesem reduktionistischen unausgeglichenen Leben entgegenzuwirken, hat sich aus USA kommend ein neuer Trend entwickelt: „Balance". Ziel dieses Ansatzes ist Vitalität, tiefe Entspannung, Fitness und Gesundheit, um so zu einer qualitativ größeren Leistungsfähigkeit, zu mehr innerer Kraft und zu Wohlbefinden zu gelangen. Dabei geht es sowohl um einzelne Balancen, wie z. B. Körper-Balance, seelische Balance, Mind-Balance, Arbeits-Balance, als auch um die Beziehung zwischen den einzelnen Balancen, um die Lebens-Balance und die Work-Life-Balance.

3.4.1 Konflikt zwischen Arbeit und Privatbereich

Die Belastungen werden für viele Arbeitnehmer zunehmend größer: die Arbeitsfülle, die Komplexität, die Konflikte am Arbeitsplatz, die emotionalen Erregung, Mobbing u. a. Viele stehen auch in einem sozialen Konflikt in Beziehung zu Familie, Partner, Kinder. Habe ich heute Abend noch Zeit für meine Kinder? Muss ich auch zum Wochenende in den Betrieb? Kann ich mir heute einen freien Tag im Betrieb nehmen, weil ich dringend private Dinge erledigen muss? Die Work-

Life-Balance gerät aus dem Gleichgewicht. Bei der Suche nach einem erfüllten Leben kommen zunehmend die persönlich-privaten Bedürfnisse zu kurz. Neben dem Bedürfnis nach Kontakt und persönlicher Nähe (Familie, Freunde) kommen auch die Gesundheitspflege zu kurz, das Bedürfnis, sich körperlich fit zu halten, sich tief zu entspannen, noch eine kurze Auszeit, ein Stopping zu gönnen, sich mal in aller Ruhe zurückzunehmen, zu meditieren, etwas zu lesen, um so neue Kraft zu tanken und neue Ideen zu entwickeln.

In Anbetracht der Non-Stop-Gesellschaft, der vielfältigen Anforderungen und Bedürfnisse wundert es nicht, dass immer mehr Menschen Probleme damit haben, die Balance zwischen den vier Lebensbereichen „Arbeit/Leistung", „Körper/Gesundheit", „Familie/Soziales" sowie „Sinn/Kultur" zu wahren. Regelmäßig zwingen uns unsere Lebensumstände, den Fokus einseitig auf einen der vier Bereiche zu verlagern (Seiwert, 2001, S. 8).

Ziel des Lebens und auch der betrieblichen Gesundheitsentwicklung muss es jedoch sein, die Gesamt-Balance zwischen den vier Bereichen zu fördern.

3.4.2 Förderung der Work-Life-Balance

Ziel der betrieblichen Gesundheits- und Leistungsentwicklung muss die Förderung der Work-Life-Balance sein.

Mitarbeiter, die Familie und Gesundheit dem Unternehmen opfern, vermindern nicht nur ihre persönliche, sondern auch die betriebliche Produktivität. Künftig müssen Unternehmen die Privatsphäre, die innere Welt und die Bedürfnisse ihrer Mitarbeiter stärker fördern als bisher, weil Arbeit und Privatbereich, Anforderungen und Bedürfnisse, Vitalität und Leistung, Individualität und Soziabilität Spannung und Entspannung nicht mehr zu trennen sind. Deshalb sind Work-

Life-Programme unumgänglich.

Work-Life-Balance als ein Ansatz zur Förderung der Gesundheits- und Leistungsentwicklung ist jedoch nicht nur Sache des Betriebes, sondern auch jedes Einzelnen (s. Abb. 17).

Selbst-Balance (Persönliches Selbstmanagement)

Jeder Einzelne hat zuerst selbst dafür zu sorgen, dass seine Körper-, Energie-, Emotions-, Mind- und Sozialbalance stimmt. SEIWERT (2001, S. 111ff.) nennt sechs Basics für die persönliche Balance:

- Die Balance in unserem Leben fällt nicht vom Himmel. Wir müssen sie selbst herstellen.
- Wenn wir die gewünschte Balance in unserem Leben herstellen oder aufrechterhalten möchten, müssen wir wissen, was uns wirklich wichtig ist.

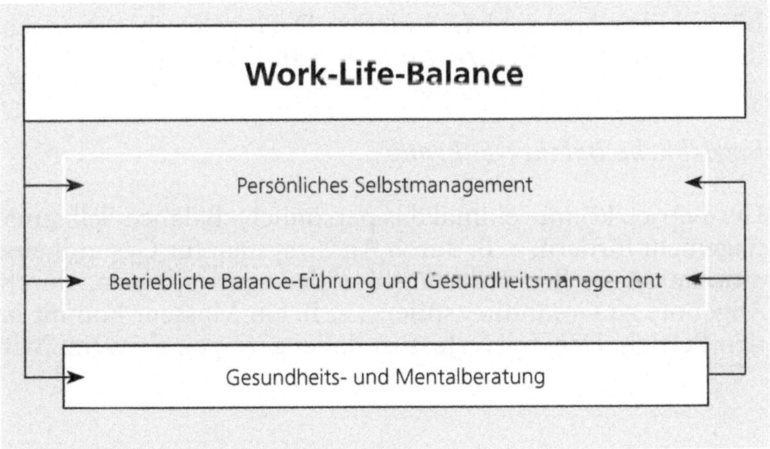

***Abb. 17:** Work-Life-Balance*

- Dazu soll eine Antwort gesucht werden.
- Die Suche nach dieser Antwort erfordert Zeit.
- Wir brauchen dafür eine Vision von unserem (künftigen) Leben.
- Das Realisieren unserer Lebensvision und die Suche nach der Realisierung.

SEIWERT nennt ein Beispiel. Als Vision könnte z. B. gelten: Ich will als 50-Jähriger körperlich ähnlich fit sein wie heute als 35-Jähriger. Dazu sollen nun die Voraussetzungen geschaffen werden, z. B. gesunde Ernährung, nicht rauchen, ausreichend Bewegung, wenig Dauerstress. In einer To-do-Liste sollen dann die Maßnahmen genannt werden, womit man beginnt, wie z. B. Ernährung umstellen, Alkoholkonsum reduzieren, mit Rauchen aufhören, Sport treiben, Gesundheitscheck durchführen lassen.

Bei diesen To-do-Maßnahmen kommen jedoch die mentalen, psycho-energetischen und sozialen Balancemaßnahmen zu kurz, wie z. B. einen Kurs in Tiefenentspannung mit autogenem Training, Yoga oder Meditation beginnen, zu einer Gesundheits- und Mentalberaterin bzw. -berater gehen oder Bücher über Stressabbau zu lesen. Dazu gehören aber auch, der Familie mehr Zeit zu widmen (vgl. F. DECKER, 2000a).

Betriebliche Balance-Führung

Der Betrieb könnte einmal das persönliche Balance-Selbstmanagement fördern, z. B. durch Anreizsystem für Gesundheitsaktivitäten, z. B. Förderung der Bewegungspausen, durch Angebote zu Gesundheitspflege, z. B. ein Masseur kommt in den Betrieb. Der Zeitverlust ist dabei geringer, als wenn Mitarbeiter in eine Massagepraxis gehen. Sinnvoll sind auch Entspannungsangebote oder Bürogymnastik. Denkbar sind soziale Entlastungs- und Unterstützungsmaßnahmen wie in der Kinderbetreuung (z. B. Betriebskindergarten). Sinnvoll ist auch die Einrichtung von Gesundheits- und Mentalberatung im Betrieb als Angebot für Veränderungen, Umstellungen in Lebenskrisen, bei Suchtproblemen, bei Ernährungsumstellung und dem Beginn mit Jogging oder Fitnesstraining.

Alles beginnt im Kopf, deshalb ist eine Anleitung zum Mentaltraining als Basis für die Veränderungs- und Entwicklungsprozesse im Privatleben und im Betrieb sehr wichtig. Gesundheits- und Mentalberatung kann hier wichtige Hilfe zur Selbsthilfe leisten.

Work-Life-Balance kann aber auch durch die Individualisierung der Arbeitszeitgestaltung und durch eine persönlich-energetische Führung gefördert werden. In den weit verbreiteten Fördergesprächen zwischen Mitarbeitern und ihren Führungskräften könnte auch mentale, körperliche, soziale, ökologische Fördermaßnahmen besprochen bzw. angeboten werden.

Ein solches Bemühen um Work-Life-Balance ist nicht nur für den Einzelnen, sondern auch für die Unternehmen von Bedeutung für Vitalität und Leistung, für Lebensfreude und Motivation. „Unternehmen sind heute auf das innere Engagement und die Kreativität ihrer Mitarbeiter angewiesen." (Erler, 2001, S. 14).

Gesundheit und Vitalität sind die Voraussetzung dafür. Gesundheit ist ein ständiger Balance-Akt.

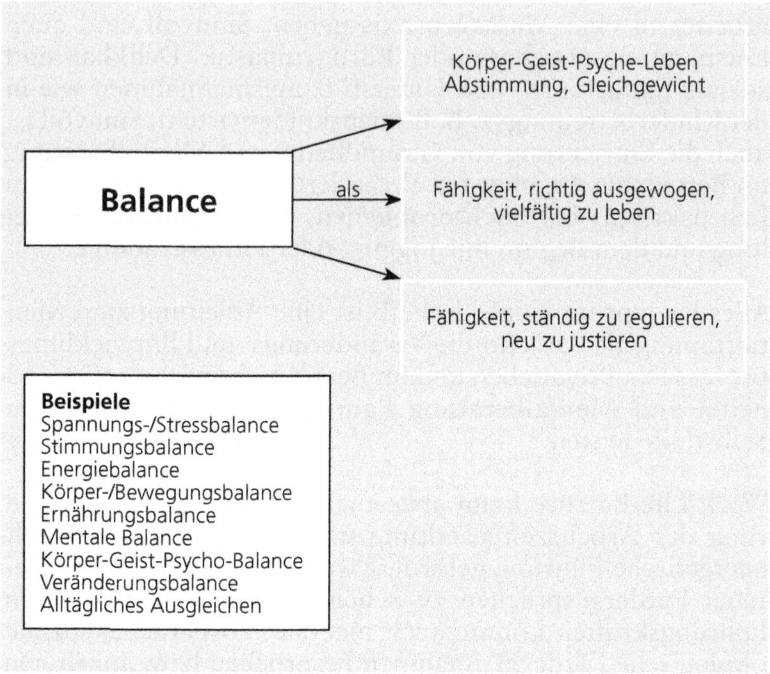

Abb. 18: Gesundheit als Balance-Akt

3.5 Gesundheit als produktives Potenzial

Der Veränderungs- und Innovationsbedarf der Unternehmen, der aus der Dynamik des gesellschaftlichen und betrieblichen Strukturwandels resultiert, ist groß. Dieser Wandlungs- und Wettbewerbsprozess wird primär von den Menschen im Betrieb initiiert und getragen, von immer älteren, zunehmend qualifizierten, gegenüber Belastungen und Gesundheitsrisiken zunehmend sensibleren Arbeitnehmern und Führungskräften. Die veränderten Anforderungen an die Arbeitnehmerschaft lassen sich wie folgt zusammenfassen:

1. Der Gesundheits- und Vitalitätszustand der Menschen verschlechtert sich, z. B. aufgrund der Lebens- und Ernährungsweise (weniger Bewegung, mehr Stress u. a.). Eine betriebliche kompensatorische Gesundheitsentwicklung wird notwendig.

2. Unternehmen sind in Zukunft auf das innere Engagement, die Kreativität, das geistige Potenzial und die persönliche Veränderungsbereitschaft angewiesen. Geistige Qualifizierung, MindVitness®-Förderung, die geistige Stärke und Flexibilität, geistige Ausdauer und Koordination (Multitasking-Fähigkeit) werden immer wichtiger.

3. Psychosoziale Stabilität und Fitness werden in Zeiten der verstärkten betrieblichen Zusammenarbeit, der Teamarbeit, aber auch der Individualisierung, von zunehmenden sozialen Spannungsfeldern immer bedeutsamer (vgl. DEKKER, 2001).

4. Es kommt in Zukunft verstärkt auf die Arbeitsproduktivität an. Gesundheit, Vitalität, psycho-soziomentale Stabilität und MindVitness® werden zu produktivem Potenzial. Von Führungskräften und Mitarbeitern wird ein Mehr an entspannter Leistung und Arbeitsmotivation, an Engagement und Initiative verlangt. Unabhängig vom Arbeitsmarkt und ökonomischer Lage wird Gesundheit zu einem entscheidenden Gestaltungsproblem. Äußeres Zeichen dafür sind Krankenstand und Fluktuation. Sie sind sichtbare Indikatoren von Gestaltungsdefiziten, ebenso wie Motivationskrisen, Leistungsverweigerung und Qualifikationsdefiziten. Mehr Produktivität und geistige Kompetenz in der Wissensgesellschaft sind nicht zum Nulltarif zu erreichen, nicht ohne Gesundheits- und Mindentwicklung und eine bessere Sozialkultur. Gesundheitsförderung wird Teil der Arbeits- und Organisationsgestaltung und -entwicklung und Grundlage einer neuen Wirtschaftlichkeit.

Wirtschaftlichkeit bedeutet dann nicht nur Rendite und Unternehmensprofit. Wirtschaftlichkeit ist auch eine Frage des Gesundheits- und Geistkapitals, der Gestaltung und Veränderung von Unternehmenszielen, von Produktions-, Dienstleistungs- und Arbeitsorganisationen. Gesundheit, Geistkapital und Vitalität sind in Zukunft mitzukalkulieren und auch Zeichen des wirtschaftlichen Denkens. Die größte Innovations- und Produktionskraft, die größte Wettbewerbsfähigkeit besitzen Unternehmen mit vital-gesunden Mitarbeitern.

Zusammengefasst lässt sich der produktive Nutzen der Gesundheits- und Mentalentwicklung für das Unternehmen und die Mitarbeiter wie folgt darstellen.

Nutzen der Gesundheitsentwicklung

Für den Betrieb	Für den Beschäftigten
Erhöhte Arbeitsproduktivität Höhere Kreativität Innovation, MindVitness® Größere Veränderungsbereitschaft Höhere Arbeitszufriedenheit Bessere Kommunikation, Kooperation Weniger Konflikte, Mobbing Senkung des Krankenstandes Höhere Leistungsfähigkeit Bessere Produkt- und Arbeitsqualität Besseres Image für den Betrieb	Mehr Vitalität, geistige Frische Größere Energiepotenziale Weniger Arbeitsbelastung Besseres Gleichgewicht von Arbeit und Privatleben Geringere Gesundheitsstörungen und Fehltage Mehr Wohlbefinden und Arbeitsfreude Bessere soziale Kontakte und gegenseitige Unterstützung Mehr Lebens- und Arbeitsqualität

4. Betriebliche Gesundheitsförderung als Führungsaufgabe

Wirtschaft und Gesellschaft befinden sich in einem Umbruch, der durch Umstrukturierungen und durch die Auflösung traditioneller Sicherheiten, Bindungen und Orientierungsmuster geprägt ist. Die Arbeit verlagert sich von körperlichen zu mehr mentalen, nervlichen, sozialen und seelischen Belastungen. Genauso verschieben sich die Schwerpunkte der Gesundheitsförderung und der Gesundheitsstörungen.

Mit den veränderten betrieblichen und gesellschaftlichen Belastungen verschiebt sich auch das Krankheitsbild zu den chronisch-degenerativen Krankheiten wie Muskel- und Skeletterkrankungen, Herz-Kreislauf-Erkrankungen, Diabetes. Die Krankheitsentstehung kann bei diesen Zivilisationserkrankungen oft Jahrzehnte zurückliegen und sich vorher als Gesundheitsstörung äußern. Deshalb erhält Gesundheitsförderung als die menschliche Kompetenz, Störungen der Gesundheit frühzeitig zu erkennen, die eigenen Widerstandspotenziale zu mobilisieren (Potenzialförderung) und die Krankheit durch eine qualifizierte Gesundheitsförderung zu vermeiden (Prävention), einen großen Stellenwert.

Vor diesem Hintergrund entwickelt sich auch ein neues Verständnis von Gesundheit.

Gesundheit versteht sich demnach

- als Befähigung, als Kompetenz zu einer aktiven Lebensbewältigung zum Erkennen und Lösen von Problemen
- zur Regulation von Ungleichgewichten (körperlichen, mentalen, emotionalen und sozialen)
- Aber auch durch Inanspruchnahme unterstützender Interventionen, Beratungen sowie Lern- und Entwicklungsfördermaßnahmen

Es lassen sich vier Führungsaufgaben in der betrieblichen Gesundheitsentwicklung ausmachen (Abb. 19). Grundvoraussetzung für die persönliche und betriebliche Gesundheit, für deren physische, mentale, soziale und ökonomische Vitalität ist die Balance der beteiligten Kräfte, die persönliche und betriebliche Ausgewogenheit. Gesundheit bedeutet Balance, beim Einzelnen und im Unternehmen. Daher besteht die zentrale Führungsaufgabe in der Forderung der Balance beim Einzelnen und im Gesamtsystem Unternehmen.

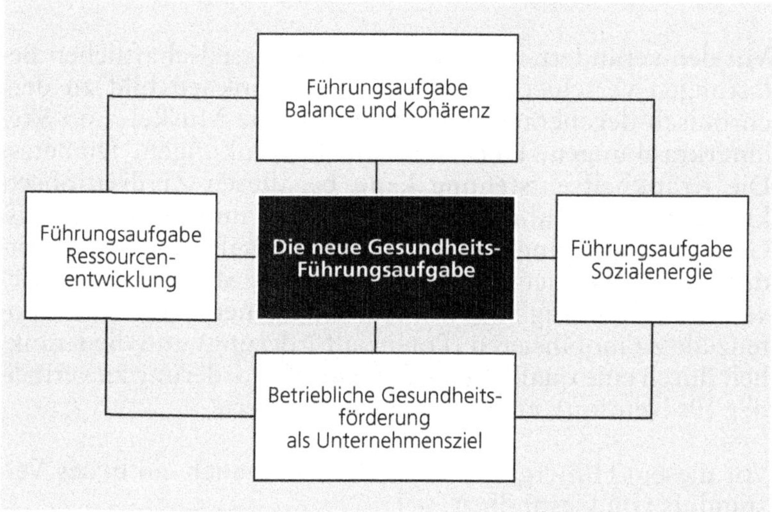

Abb. 19: Die vier Führungsaufgaben zur Gesundheitsentwicklung

4.1 Führungsaufgabe: Balance

Ausgewogenheit und Balance ist die zentrale Eigenschaft für gesunde Unternehmen. Alle Organisationen und Unternehmen sind lebende Systeme, die aus Menschen bestehen, die denken, fühlen und handeln. Jedes Unternehmen ist ein komplexer Organismus, der in seiner Gesundheit, Widerstandsfähigkeit und Entwicklung von den vielen mentalen, physiologischen, emotionalen und ökologischen Faktoren abhängt. Die gleichen Faktoren beeinflussen auch die Gesundheit und das Gleichgewicht der einzelnen Mitarbeiter.

Balance ist ein natürlicher Zustand der Synchronisation, der überall, z. B. bei Vogelscharen, Fischschwärmen, aber auch im menschlichen Körper und Leben zu beobachten ist. Balance oder auch Kohärenz bedeutet dann: synchrones Funktionieren, gut geordnet sein, abgestimmt sein. Komplexe Systeme wie Unternehmen brauchen „kohärente“ Mitarbeiter. Ohne Kohärenz, Balance, Harmonie braucht das System zu viel Energie für nicht zielorientierte Aufgaben. Es treten Konflikte, Abstimmungsschwierigkeiten, Koordinationsmängel auf. Das gilt für den Organismus eines Einzelnen ebenso wie für ein Unternehmen.

Die Führungsaufgabe des Managements ist also sowohl auf die Personalentwicklung als auch auf die Sozial- und Unternehmensentwicklung gerichtet, um so mehr Gesundheit zu ermöglichen. „Was ist [...], wenn ein Unternehmen viel von seiner Effektivität durch innere Verzerrung, Stagnation und Stress zunichte macht? Glühbirnen brennen durch, ebenso Menschen und Unternehmen“ (Childre, Cryer, 2000, S. 32). Balance bzw. Kohärenz ist der Weg, in unserer chaotischen, komplexen Privat- und Arbeitswelt Energie zu sparen.

Die neue Qualität der Unternehmen besteht also darin, Gesundheit für die einzelnen Mitarbeiter und das System Unternehmen herzustellen durch das Fördern des emotionalen, mentalen, sozialen, ökologischen, organisatorischen Gleichgewichts und durch das Ausbalancieren, Abstimmen, Regulieren der einzelnen Faktoren.

4.2 Führungsaufgabe: Ressourcenentwicklung

Wenn Menschen in Unternehmen neue Fähigkeiten, Ressourcen, ein besseres Denken, Fühlen und Lernen entwickeln, werden auch die Unternehmen produktiver, kreativer und wettbewerbsfähiger. „Unternehmen können in der heutigen Geschäftswelt kein langfristiges, nachhaltiges Wachstum erwarten, wenn sie keine Umgebung schaffen, die das mentale und emotionale Gleichgewicht unterstützt und die nötigen Informationen sowie Motivationen bietet, um neue Fertigkeiten im Umgang mit sich selbst entwickeln zu können". (Childre u. a., 2000, S. 28).

Ressourcenentwicklung bezieht sich auf die materiellen Ressourcen (z. B. finanzielle, technische, physische) und auf die immateriellen. Die materiellen Ressourcen, die es in Zukunft stärker zu beachten und zu fördern gilt, umfassen folgenden Teilbereich:

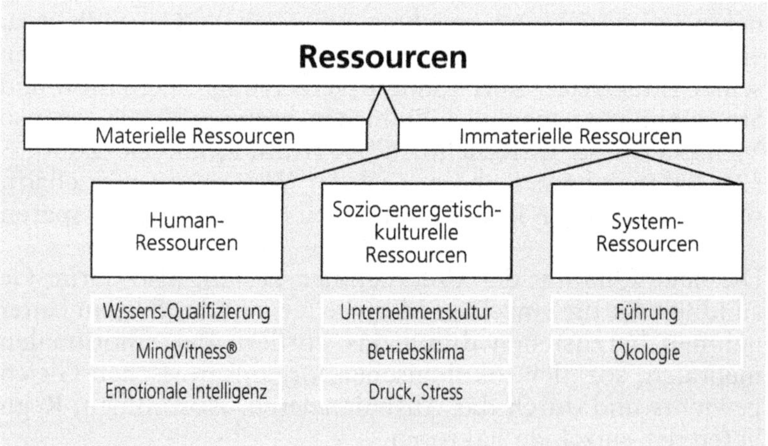

Abb. 20: Führungsaufgabe Ressourcenentwicklung

MindVitness®

Ressourcenentwicklung ist sowohl die Aufgabe eines jeden Einzelnen (Selbstmanagement) als auch der betrieblichen Führung. Moderne Forschung hat gezeigt, dass die Unfähigkeit, sich selbst gut zu managen, seine Gesundheit immer wieder in die Balance zu bringen, gut mit sich umzugehen, zu Gesundheitsstörungen, Verlust an Vitalität, zu geringer mentaler Fitness und emotionaler Stabilität führen. Für eine solche persönliche Ressourcenentwicklung hat Führung Anreize zu schaffen, Motivation zu fördern, Hilfen bzw. Angebote zu machen.

Neben die Wissensqualifizierung im Rahmen der Aus- und Weiterbildung hat die Personalentwicklung die mentalen Fähigkeiten zu fördern, zu entwickeln und MindVitness-Training anzubieten. Die Felder eines solchen Trainings zeigt folgende Tabelle:

Geistige Stärke	**Geistige Flexibilität**
Konzentrieren Lernen, Info zu verarbeiten Visualisieren Zielbildung Sich entspannen	Umschalten, umstellen Kreativ, innovativ sein Neue Denkmuster Glaubenssätze entwickeln Veränderungen
Geistige Ausdauer	**Geistige Koordination**
Durchhaltevermögen Ohne Ablenkung Ermutigung Widerstandsfähigkeit	Richtiges Timing Gedanken koordinieren Balance Körper-Geist-Seele (Emotion) Geistige Gewandtheit

Emotionale Intelligenz

Effektives Arbeiten, Lernen und Leben hängt von unserer inneren Verfassung und unseren Emotionen ab. DANIEL GOLEMAN (1996) hat herausgearbeitet, dass emotionale Ausgeglichenheit und Selbstbewusstsein in allen Lebensbereichen entscheidend für den Erfolg sind. Die Qualität der Arbeit, der Zusammenarbeit, des Betriebsklimas hängen davon ab.

Deshalb wird emotionale Führung zu einer wirklichen Aufgabe. Ziel ist es, den Mitarbeitern zu helfen, ihre Gefühle selbst zu beobachten (Achtsamkeit), sich zu motivieren, bei Frustrationen durchzuhalten, die eigenen Stimmungen zu regulieren (z. B. durch Mentaltraining) und die emotionale Stressreduktion zu verbessern (z. B. durch Kinesiologie). Die Förderung dieser Ressourcen, z. B. im Rahmen der Gesundheits- und Mentalberatung dient dann sowohl der persönlichen Gesundheit wie der betrieblichen Arbeit. Wenn der einzelne Mitarbeiter lernt, seine individuellen Stärken und Schwächen zu identifizieren und auszugleichen, dann verbessert sich auch das betriebliche Energie- und Ressourcenpotenzial (Abb. 21).

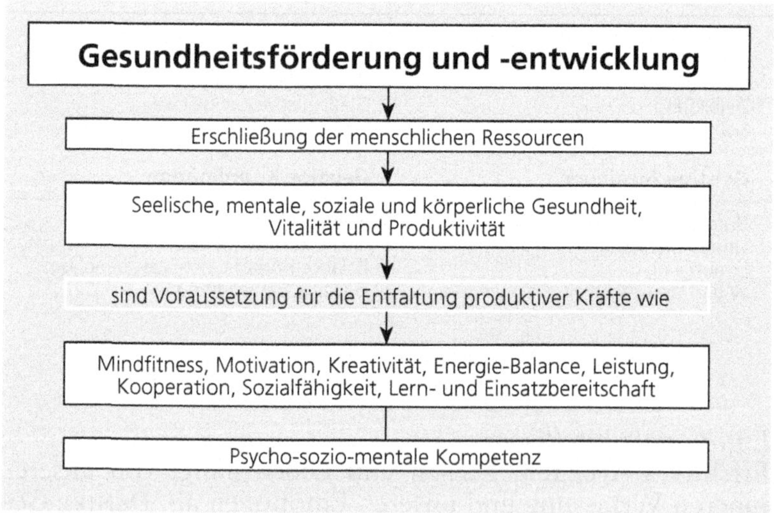

Abb. 21: Das betriebliche Energie- und Ressourcenpotenzial

Prävention als Führungsaufgabe

Ungewollt tragen Führungskräfte oft dazu bei, dass Fehlzeiten, Konflikte, Leistungsverluste entstehen. Oft lassen sich solche Gesundheitsstörungen auf Versäumnisse der Führung, z. B. in der Gesundheits- und Mentalförderung oder im Konfliktmanagement zurückführen. Vorgesetzte haben es zumeist nicht gelernt, auf Ungleichgewichte, Unstimmigkeiten, Defizite rechtzeitig zu reagieren, zur Regulation und Balance beizutragen und die Mitarbeiter präventiv zu beraten und zum Selbstmanagement anzuregen. Führungskräfte benötigen deshalb das entsprechende Rüstzeug, denn persönliche Gesundheit ist gleichzeitig auch betriebliche Gesundheit. Prävention ergänzt die Ressourcen- und Potenzialförderung (Abb. 22).

Ressourcen- und Potenzialförderung	**Prävention**
Entwicklung der persönlichen Fähigkeit zur Regulation und zum Ausgleich (Balance) von Gesundheits-, Vitalitäts- und Energiestörungen (Selbstmanagement) Förderung der persönlichen Gesundheits-, Lebens- und Arbeitspotenziale, der Aktivierungs- und Widerstandskräfte	Krankheitsvermeidung – durch eine qualifizierte Gesundheitsförderung, – durch eine mitarbeiter- und organisationsbezogene Prävention – durch Förderprogramme wie z. B. Rückenschule – durch Gesundheitsbildung – durch Gesundheitsmanagement (z. B. Gesundheitszirkel, Gesundheits-Marketing)

Abb. 22: Prävention und Potenzialförderung

4.3 Führungsaufgabe: Sozialenergie

Gerade das sozialenergetische Kraftfeld im Betrieb hat sich in neuester Zeit zu einem zentralen Störfeld entwickelt.

4.3.1 Leistungs- und Energiekiller im Betrieb

Nicht nur Mobbing zerstört das Betriebsklima, Psycho- und Sozialterror hinterlassen oft seelische Wunden, massive Gesundheitsstörung und betriebliche Leistungsstörungen. Die psychischen und sozialen Belastungen weiten sich immer mehr aus. Man spricht von „Terror für die Seele", den neuen Leiden in der Arbeitswelt.

Giftige Kommunikation, Konflikte, Angst, Ärger, Neid, Burn-out und andere Sozialkiller zerstören Gesundheit und Leistungsfähigkeit der Mitarbeiter. Das soziale Umfeld und die Arbeitsbedingungen stimmen nicht mehr. Das Betriebsklima wird geprägt von Stress, Arbeitsdruck, Überforderung und Leistungsverdichtung, von Zeitdruck, ungünstigen und langen Arbeitszeiten und fehlender Menschenführung. All das verstärkt die zwischenmenschliche „Eiszeit" und wirkt sich negativ auf die Gesundheit und Leistungsfähigkeit von Mitarbeitern und Betrieben aus. Dieser soziale Zerfall und damit auch der Anstieg der Fehlzeiten und das Ausbleiben von Engagement, Motivation, Qualität der Leistung und der Produktivitätsschwund der Arbeit untergraben das menschliche und wirtschaftliche Fundament im Betrieb.

Jeder Dritte leidet einmal jährlich unter seelischen und mentalen Störungen, z. B. unter Angst, Depression, Ausgebranntsein. Hinzu kommen Missbrauch von Alkohol und Drogen. Die Energiebalance und damit die Leistung, die geistige Fitness sind erheblich eingeschränkt (Dieter Broers, Checkliste Energie, Berlin 2011).

Viele Menschen fühlen sich abgespannt, ausgelaugt, im 11-Uhr-Loch, lustlos und leer. Sie besitzen oft keine Kraft mehr, um etwas zu leisten, sitzen im Betrieb herum, unmotiviert und ohne Initiative und das oft schon mitten am Tag. Wir erklären diese Abgeschlafftheit mit Frühjahrsmüdigkeit, mit Winterdepression, mit Burnout, chronischer Müdigkeit, mit privaten Lebenskrisen u. a. (vgl. DECKER, 1997). Vielfach ist dieser alltägliche Durchhänger eine Folge der Lebensumstände.

Wir leben in einer Erregungsgesellschaft: Fernsehen, Straßenverkehr, Lärm, Hektik ziehen uns Energie ab.

- Spaß und Genuss (z. B. Tabak, Alkohol, Kaffee, Vergnügungen) brauchen viel Kraft. Dazu
- die aktive Freizeitgestaltung (Sport, Abenteuer, Aktivitäten mit Erlebnischarakter)
- Täglicher Arbeitsalltag mit Stress, Monotonie, Arbeitstempo, Multitasking, d. h. parallele Aufgabenerledigung, Angst u. a.
- Soziale Konflikte, sich behaupten, kämpfen, Streit, Ärger, Mobbing
- Mangelnde Bewegung, wenig Ruhe und Ausgleich, Entspannung
- Energiearme Zivilisationskost und andere Energiekiller

Energieräuber lauern überall, auch im Betrieb. Sie erscheinen in vielfältigen Formen. Jeder kennt sie. Sie erscheinen als Stress, schlechte Laune von Kollegen, sinnlose Arbeit, Druck, Unsicherheit, Angst z. B. vor Neuem, vor Veränderungen, Konzentrationsstörung, als Abhängigkeit vor Alkohol, Zigaretten, als chronische Müdigkeit, Frust, Pessimismus, Überforderung, Reizüberflutung, Wettereinflüsse, Mobbing, Konflikte, Streitgespräche, Hektik, Kollegen als Nervensägen, Misserfolg u. a.

Diese Liste ließe sich noch weiter fortführen. Wir müssten uns vor solchen „Energievampiren“ schützen. Doch manchmal geht das schlecht. Sicher ist, dass uns solche Energieräuber die Kraft nehmen, mit uns selbst, mit Kollegen und unserer Arbeit sinnvoll umzugehen. Wir werden leergesaugt, sind ausgebrannt, werden ausgebootet, ausgelaugt, möglicherweise sogar krank, weil uns die Widerstands- und Lebenskraft genommen wird. Ein Energiekollaps stellt sich ein. Dann geht nichts mehr, uns interessiert nichts mehr.

Die einzelnen Energieräuber überfallen uns mit unterschiedlicher Intensität. Manche erzeugen nur ein vages Gefühl, eine innere Leere, Arbeitsunwillen, andere wirken sich sogar körperlich aus, lassen uns ausbrennen (Burnout). Oft zeigt unsere Muskulatur schon die Verspannung an. Bei Angst verspannen sich z. B. die Schultermuskeln. Gerade die Muskelverspannungen stören den Fluss unserer Lebensenergie.

Vom Überforderungssyndrom zur Energiebalance

Diese energetischen Belastungen, das persönliche Ausgebranntsein und die sozialen betrieblichen Spannungsfelder waren bisher nur wenig im Blickfeld der betrieblichen Personal- und Gesundheitsentwicklung. Wir stehen in der Welt der Unternehmen vor einem erneuten Umbruch. In den vergangenen Jahrzehnten wurde die Organisations- und Sachstruktur der Betriebe „reorganisiert“. Lean Management, Qualitätsmanagement nach ISO 2000, Durchforsten der Kostensituation, Veränderungen auf allen Ebenen der Organisation, mit Reduzierung der Mitarbeiterzahl sind die Stichworte.

Der neue Engpass wird die „soziale Reorganisation“ oder besser: die Schaffung eines „sozialenergetischen Kraftfeldes“, einer Sozialkultur sein.

Die rein management- und sachstrukturbezogene Unternehmensentwicklung neigt sich dem Ende zu. Immer mehr Betriebe erkennen die Bedeutung der Sozialenergie, der Sozialordnung des Betriebes: das Potenzial der Energie für die Zusammenarbeit und einer stress-, angst- und konfliktarme Organisation. Sozialhygiene und soziale Gesundheit der Betriebe sind die Schlüssel für die Wachstumspotenziale im 21. Jahrhundert.

In neuer sozial-energetischer Führung liegt die Zukunftsaufgabe. Gestresste, gereizte, frustrierte, gemobbte, verängstigte Mitarbeiter bringen zwar Ergebnisse, aber schlechtere als energetisch starke Mitarbeiter. Um nachhaltige Veränderungen und eine neue Produktivität, Motivation und Kreativität im Unternehmen herbeizuführen ist es notwendig, menschliche Prozesse – energetische, emotionale, mentale und körperliche – zu fördern. Sonst braucht die Arbeit zu viel Energie.

Aufgabe der sozial-energetischen Führung ist es, Kohärenz im Unternehmen herzustellen, die Kräfte, Energie und Leistungspotenziale stärker zu bündeln, um so Verschwendung und Zerstreuung von Energie zu vermeiden und dadurch effizienter zu werden. (Energiebalance).

Die Komplexität unserer Gesellschaft und Betriebe verlangt nach sozialem Miteinander. Der Einzelne kann nicht mehr den Überblick behalten. Sozialfitness und soziale Kompetenz werden notwendig. In den Worten des amerikanischen Sozialforschers Allan Luks:

> „Wenn wir nicht den Wert des Miteinanders erkennen, zerstören wir uns selbst [...] In den Neunzigern haben wir es geschafft, dass Millionen Menschen aus Rücksicht auf ihre Gesundheit Sport treiben und auf ihre Ernährung achten. Nach diesem Muster werden wir immer mehr Leute davon überzeugen, dass sie länger leben können, wenn sie sich für andere einsetzen." (zit. nach Focus 36/99, S. 160)

4.3.2 Sozial-energetische Führung

Der Begriff Energie wird vielfach unterschiedlich verwandt. Er bedeutet jedoch allgemein so viel wie Kraft, Stärke, Leistungsvermögen, Engagement. In den verschiedenen Wissenschaften (z. B. Medizin, Physik) erkennt man, dass es hinter der Sachfassade, hinter den physischen Kausalzusammenhängen, hinter den formellen Organisationen und Unternehmensstrukturen noch Kräfte gibt, die letztlich die Basis für Leistung, Gesundheit und Vitalität darstellen. Nur wenn die verbrauchte Energie ersetzt wird, wieder neu zugeführt wird, bleibt der Einzelne wie das System Unternehmen im Gleichgewicht. Oft entsteht aber Unterenergie durch Druck, Konflikte, durch Lärm und psychomentale innere Störungen und Blockaden.

Sind Mitarbeiter und das Unternehmen in der Energie-Balance, dann wird keine Energie unproduktiv verschwendet, zerstreut. Blockaden, Energiekiller wie z. B. Arbeitsüberlastungen, soziale Spannungen, falsche Denkmuster bzw. Glaubenssätze, Elektrosmog u. a. brauchen auch Energie, so dass für die eigentliche Arbeitsaufgabe nicht genügend Kraft und Einsatz übrigbleibt. Die Arbeitsenergie ist zerstreut. Durch Verzerrungen, durch Spannungen und Konflikte wird viel von der Arbeitsproduktivität und Effektivität zunichte gemacht. Wenn Mitarbeiter über negative Bemerkungen von Kollegen nachgrübeln oder an private Probleme denken, wenn Chefs zu viel Druck ausüben oder Mitarbeiter gemobbt werden, wird die Arbeitsenergie eingeschränkt. Oft bringen Menschen am Arbeitsplatz zwar noch eine Leistung, indem sie von ihrer Substanz zehren. Das gleiche gilt bei Angst. Wenn man diese auf Dauer nicht in den Griff bekommt, entstehen Fehlzeiten und Leistungsschwund. Die Produktivität und Kreativität sind im Keller.

Achten einzelne Mitarbeiter und Führungskräfte sowie die Unternehmen als Ganzes auf die Energiebalance, so können sie sich besser konzentrieren, sind mental produktiv, werden wegen ihrer Innovation und Qualität wettbewerbsfähiger, können alle Energien zielgerichtet einsetzen. Unternehmen können dann auf Veränderungen, Krisen und Herausforderungen kraftvoll, selbstsicher und ausgeglichen reagieren. Energiebalance wird damit zu einer wichtigen Führungsaufgabe, um so Produktivität, Kreativität, soziales Miteinander, Wohlbefinden und Gesundheit zu ermöglichen. Das betriebliche Energie-Modell erstreckt sich auf drei Ebenen:

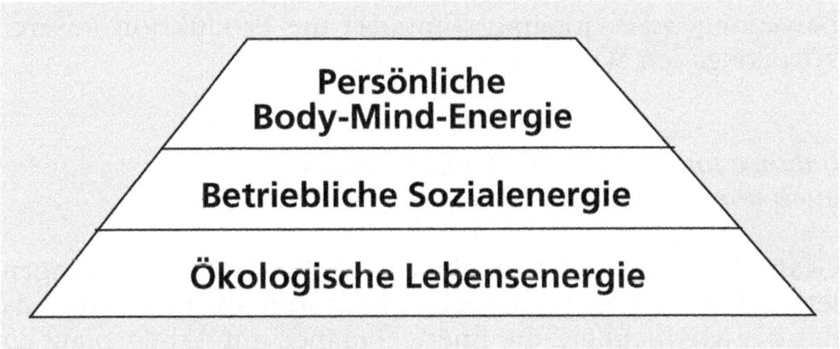

Abb. 23: Betriebliches Energie-Modell

Persönliche Body-Mind-Energie

Jeder Mensch verfügt über ein bestimmtes Potenzial von Energie, die in der Verschmelzung von Körper, Geist und Seele (Emotion) gehalten wird. Diese Energie ist Grundlage unseres Denkens, Verhaltens, unserer Motivation, Körperfitness und der Leistungskraft. Wird der Energiezustand, z. B. bei den Emotionen, verändert, so verändert sich der Gesamtzustand und löst dann Reaktionen, Veränderungen in anderen Bereichen (z. B. Körper, Geist) aus:

Unter Stress reduziert sich unsere dominante Gehirnhälfte in ihrer Leistung um 70 Prozent, z. B. der klare, analytische Verstand oder die emotionale Intelligenz.

Bei Stress und Energieverlust bricht die Kommunikation zwischen linker und rechter Gehirnhälfte ab. Es wird z. B. schwierig zu denken und gleichzeitig zu handeln.

Ein kleiner Stressor kann uns aus dem Gleichgewicht bringen und mentale, körperliche oder emotionale Reaktionen auslösen, z. B. Denkblockade, Wutanfall.

Bewegung, z. B. Jogging stimuliert die Produktion unserer körpereigenen Wohlfühl-Botenstoffe.

Balance und Leistungsfähigkeit hängen auch von jedem Einzelnen ab

Gesundheit, Ausgeglichenheit und Produktivität hängen letztlich auch von persönlichen Faktoren ab. Jeder von uns hat die Möglichkeit, die Energiebalance am Arbeitsplatz zu steuern, den Stress zu verringern. Wir könnten uns aufgrund unserer guten Arbeit täglich ein Gefühl der persönlichen Befriedigung verschaffen. Es kommt z. B. auf unsere mentale Einstellung, aber auch auf die Achtsamkeit unserem Körper gegenüber an, auf unsere Kompensation gegenüber den Energie-Belastungen (z. B. durch Ausgleichsübungen). Energiereich und stressresistent ist in der heutigen anstrengenden und fordernden Arbeitswelt und Freizeit derjenige, der über MindVitness®-Fähigkeiten verfügt, der gelassen, selbstsicher und entspannt seine Arbeit tut und sein Leben führt. Es gibt ja immer etwas, was nervt, stresst und provozierend wirkt, jemanden, der mich beschuldigt, „falsch" handelt. Dann könnte man sich richtig schön aufregen, fluchen und eine Menge Energie dafür einsetzen. Das wirkt sich dann auch auf meine Stimmung, mein Wohlbefinden, meine Leistungsfähigkeit aus. Ein falsches Wort von meinem Kollegen – und der Tag ist gelaufen, zumal ja mein Energie-Speicher schon von der Arbeit fast leer ist. Es kommt also auf meine mentale Stärke, meine Gelassenheit an, ob ich diese vielen kleinen Energiekiller „annehme“, mich aufregen oder sie „vorbeiziehen“ lasse bzw. nur, wie im NLP gelehrt, ein „Reframing“ mache bzw. ständig für neue Energie sorge, z. B. durch das abendliche Jogging.

In der heutigen Erregungsgesellschaft reicht es nicht aus, ein- oder zweimal im Jahr unseren Körper und die Seele auf Vordermann zu bringen. Was wir bei großen Belastungen brauchen, sind vorbeugende, tägliche Ausgleichsaktivitäten für Körper, Geist und Seele, auch am Arbeitsplatz, z. B. kinesiologische Übungen in Verbindung mit Mentaltraining (Vgl. Decker, Bäcker, 2001, Decker, 1999b).

Zeitmangel verhindert oft Ausgleich

In einer Studie der Harzburger Akademie (2000) sagen die befragten Führungskräfte, dass sie durchschnittlich 3,8 Stunden pro Woche sportlich aktiv sind, jedoch gerne noch mehr tun wollten, wenn sie mehr Zeit und Möglichkeiten hätten. Auch haben Manager keine Zeit – sowie sicher auch nicht die nötige MindVitness® für innovative Ideen. Viele kleine Ausgleichsaktivitäten am Arbeitsplatz (ca. 2-3 Minuten) wären sicherlich möglich. Doch immer mehr Berufstätige verzichten aus Zeitmangel mittags auf den Gang in die Kantine und essen im Büro, zwischen Computerarbeit und Telefonieren. „Ich kann es mir nicht leisten, in der Mittagspause mein Büro zu verlassen. Es gelingt mir mittlerweile, beim Telefonieren zu essen, ohne dass es jemand merkt.“ „Steigende Arbeitsbelastung, permanenter Zeitdruck und veränderte Lebensgewohnheiten haben der traditionellen Mittagspause den Garaus gemacht.“ (Wirtschaftswoche 7.6.2001, S. 137). Ein solches mittägliches Fast Food führt nicht zum Energieausgleich, sondern eher zu weiterem Verlust an Vitalität und Gesundheit. Sinnvoll wäre eine Pause mit Vollwertnahrung, Entspannung und mentalem Auftanken.

Bei Energiemangel handeln wir nicht produktiv

Gelingt die Energiebalance nicht, arbeiten, denken, reagieren wir nicht produktiv. Damit wir optimal funktionieren, müssen Energien und Informationen frei und ungehindert vom Gehirn zum Körper fließen können. Deshalb können wir unter Stress z. B. nicht so handeln, wie wir eigentlich wollen. Oft ärgern wir uns dann über uns selbst, was noch mehr Energie abzieht.

4.3.3 Personalentwicklung durch Mind Management

Arbeitnehmer leben und arbeiten täglich im System Unternehmen. Sie müssen sich täglich mit größeren und kleinen sozialen und mentalen Konflikten auseinandersetzen.

Systemische Energie-Störfelder

Da werden täglich gegenseitig Giftpfeile gesandt, Fußangeln gelegt, Informationen verweigert, Gerüchte verbreitet, da wird gemobbt und um des eigenen Vorteils willen getrickst. Unausgesprochene Vorwürfe, Abneigungen, Missachtungen, Verweigerung sind auf allen Hierarchieebenen verbreitet. Auf der Beziehungsebene herrscht Chaos. Launen, mangelndes Vertrauen, Individualisierung, fehlende Beziehungsfähigkeit, geringe Beachtung von Zusammenarbeit, geringe soziale Kompetenz und Wettbewerb sind die Ursachen für den „Sand im Getriebe“. Die Streit- und Frostkultur wirkt sich nicht nur auf das soziale Miteinander, das Betriebsklima aus, sondern hat auch wirtschaftliche Folgen.

Viele dieser Störungen gehen auf die unbewussten mentalen Programme, auf ungeschriebene Gesetze und Regeln zurück. Nur ein kleiner Teil der Konflikte ist rational, sachlich nachvollziehbar. (Siehe Abb. 24). Solche unterschwelligen Regeln, Bedürfnisse, Erwartungen, die nie ausgesprochen werden, wirken stärker auf Menschen und Prozesse als die festgeschriebenen Kodizes. Nach einer Studie scheitern rund 70 Prozent aller Veränderungsprozesse in Unternehmen an den ungeschriebenen Gesetzen, den z. T. unbewussten Bedürfnissen und mentalen Programmen und Glaubenssätzen.

Diese Riten, Tabus, ungeschriebenen Gesetze zu verändern bzw. Mitarbeiter in eine solche unsichtbare Kultur der verborgenen Kraftfelder bewusst zu machen, ist ein langwieriger, bisher nur wenig praktizierter Prozess. Es gelingt nur durch ein neues Mind-Energie-Management (siehe Abb. 25).

Abb. 24: Das Eisberg Syndrom

Mitarbeiter werden qualifiziert, ihre mentalen Prozesse, ihre Gewohnheiten, Glaubenssätze und ihre geistigen Potenziale weiter zu entwickeln, zu verändern. Der moderne Mensch bzw. Mitarbeiter braucht in einer Zeit des Wandels, auch der Mobilität und Dynamik in und von Unternehmen MindVitness®. (Vgl. DECKER, 1999a), d. h. persönliche, geistige Lern- und Umstellungsfähigkeiten, mentale Selbstgestaltung und Selbstmotivation durch die Methoden des mentalen Trainings.

Beziehungs- und Teamfähigkeit, Veränderungs- und Umstellungsfähigkeit, Wachstums- und Entwickungsfähigkeit des Einzelnen sind in erster Linie Sache des Selbstcoachings. Personalentwicklung kann dazu Anreize und Baisisqualifizierung bieten. Personalentwicklungsprogramme können helfen, Energie- und Spannungsbalance beim Einzelnen bzw. im Betrieb zu fördern. Solche Programme sind Basis für persönliche Wachstums-, Veränderungs- und Sozialfitness-Entwicklungen.

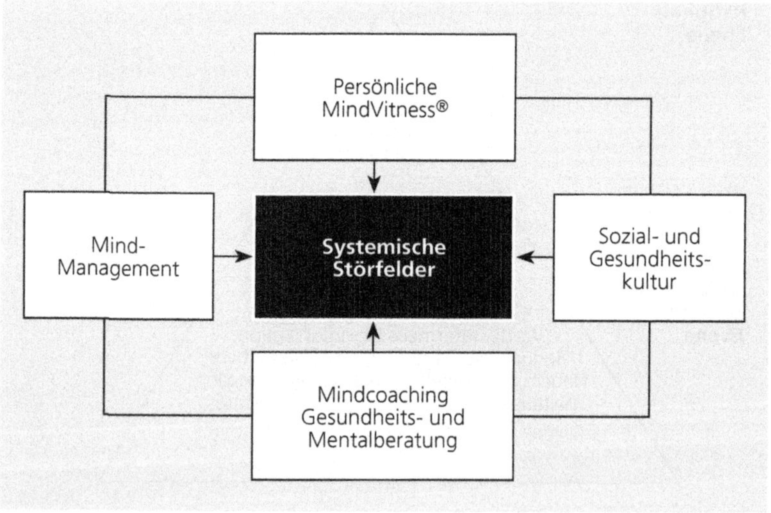

Abb. 25: Mind-Energie-Management

Mind-Energie-Management kann dazu beitragen, dass eine neue Sozial- und Gesundheitskultur entsteht. Viele Mitarbeiter verlieren, wie neueste Forschungen zeigen, ihre angeborene soziale Fähigkeit durch Leistungsdruck. Soziale Beziehung, Altruismus ist wie „ein Muskel, der trainiert werden muss", so die Studie (Focus 36, 1999, S. 158). Auch die Stressforschung kommt zu ähnlichen Ergebnissen.

Hilfeleistung wirkt auf unseren Körper wie Sport. Sie reduziert Stress, bringt seelischen Ausgleich und kann sogar Krankheiten lindern (Studien des BBB-S, USA, zit. nach Focus 36/99, S. 158).

90 Prozent der Befragten fühlten sich gesünder, hatten weniger Infektionen, seltener Kopfschmerzen, konnten sogar ihr Gewicht besser halten. Stress-Forscher Hans Selye machte ähnliche Beobachtungen und verlangte „altruistischen Egoismus". (ebd.)

Ein solches Sozialfitness-Training wird wesentlich gefördert durch Mindcoaching.

Die neue Sozialkultur kann ebenfalls durch eine energetische Führung, durch neue soziale Leitbilder, durch Teamgeist und ein offenes Kommunikationsklima gefördert werden. Doc Childre und Bruce Cryer fordern eine kohärente Kommunikation, die frei von Denkblockaden ist. Das bedeutet: „zuerst zu einem Verständnis zu gelangen, zuzuhören, ohne zu bewerten, auf das Wesentliche zu hören und einen authentischen Dialog zu führen". (Childre u. a., 2000, S. 265).

Kern einer Personalentwicklung durch Mind Management ist eine Gesundheits- und Mentalberatung einzelner Mitarbeiter und von Teams, denn alle Wachstums- und Entwicklungsprozesse, alle Umstellungs- und Veränderungsprozesse beginnen im Kopf. Es geht darum, neue mentale Modelle – auch auf Unternehmensebene – zu initiieren. Sie repräsentieren, was in der Vergangenheit erfolgreich war und was unseren Erfahrungen nach auch in Zukunft zum Erfolg führt. Sie sind unsere Landkarten, die wir für zukünftige Unternehmungen benutzen. Sie bilden unsere Glaubenssätze, sofern wir sie dem realen Leben zugrundelegen". (O'CONNOR, MCDERMOTT, 1998, S. 83).

Ein solches neues Konzept von Personalentwicklung durch Mind Management verlangt eine qualifizierte Ausbildung zum Gesundheits- und Mentalberater. (Vgl. DECKER, 1999b).

4.4 Betriebliche Gesundheitsförderung als Unternehmensziel

Gesundheitsförderung setzt im Betrieb am Menschen und seiner Umwelt an.

Ganz besondere Bedeutung für Gesundheit und Betriebsergebnis besitzen die sozialen Beziehungen im Betrieb und die Unternehmenskultur.

4.4.1 Die Bedeutung der sozialen Beziehungen im Betrieb

Motivation, Arbeitszufriedenheit, aber auch Leistung und Gesundheit hängen eng mit der Qualität der zwischenmenschlichen Beziehungen zusammen. Die Qualität ist jedoch in der heutigen Arbeitswelt durch die sich beschleunigenden und rationalisierten Arbeitsprozesse, den strukturellen Wandel besonderen Belastungen ausgesetzt. Rationalisierung und ständiges Umorganisieren

- bewirken steigenden Leistungs- und Zeitdruck, Stress und Überforderungsängste,
- erhöhten Konkurrenzkampf, auch zwischen Mitarbeitern,

- zunehmende Angst vor Arbeitslosigkeit und Statusverlust,
- einen verstärkten „Kleinkrieg“ zwischen den Betriebsangehörigen bis hin zum Mobbing,
- Burnout ist oft die Folge.

Diese Verschlechterung der sozialen Beziehungen beeinträchtigt die für den Wettbewerb der Unternehmen notwendige Offenheit und Kreativität, kooperatives Miteinander in Unternehmen und nicht zuletzt Gesundheit und Vitalität. Umgekehrt setzen positive Beziehungen Gesundheitspotenziale frei.

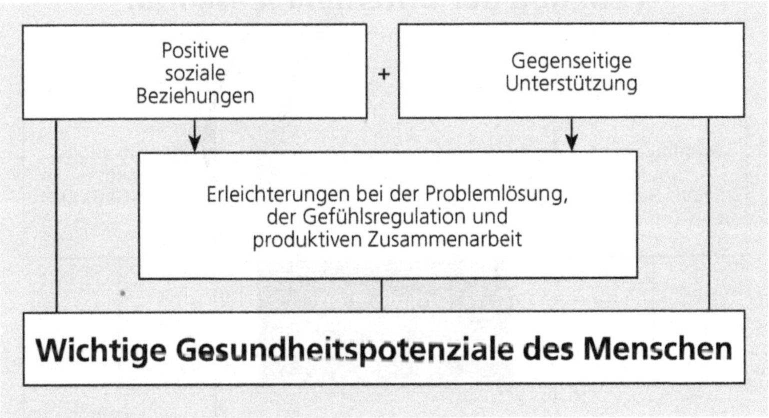

Abb. 26: Wichtige Gesundheitspotenziale des Menschen

4.4.2 *Unternehmenskultur und Gesundheitsförderung*

Unternehmenskultur lässt sich definieren als Bündel von gelebten Zielsetzungen, Werten, Normen und Ritualen (s. Abb. 27). Die Unternehmenskultur und damit die Art und Weise, wie man miteinander umgeht, wie Mitarbeiter geführt werden, hat einen großen Einfluss auf Gesundheit und Vitalität.

Gesundheitsförderung kann so wie Unternehmenskultur nicht nur top-down verordnet werden. Sie muss auch vorgelebt werden und zugleich bottom-up entwickelt werden, z. B. in

- Gesundheitszirkeln und
- Projektgruppen.

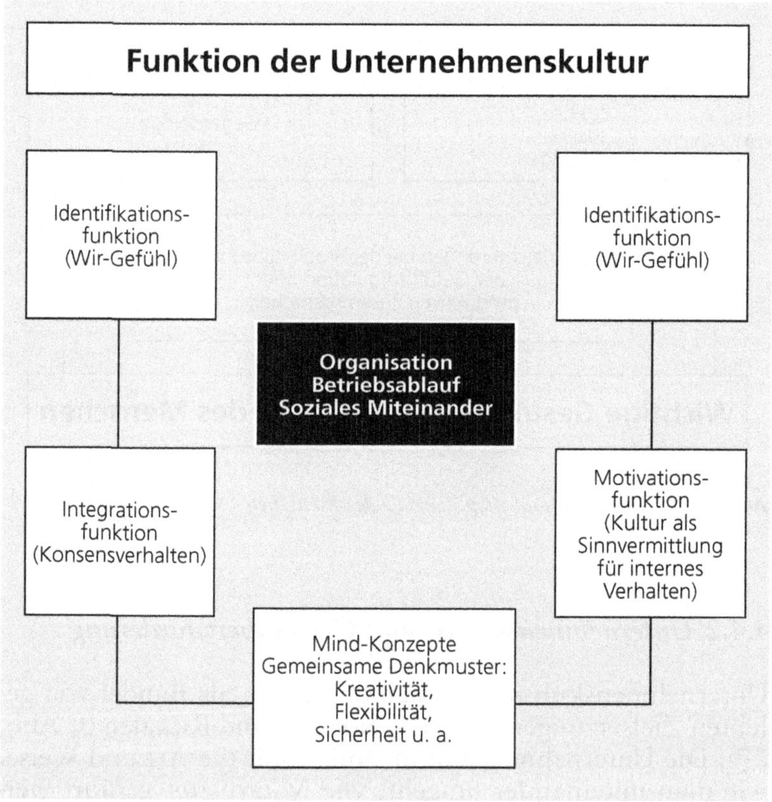

Abb. 27: Funktion der Unternehmenskultur

Auf dem Nährboden einer positiven Unternehmenskultur, einer Kultur des Vertrauens und der Offenheit kann sich Gesundheitsförderung entwickeln. Betriebliche Gesundheitspolitik kann aber auch zur Entwicklung einer Kultur des Vertrauens und der Kooperation beitragen, z. B. als vertrauensbildende Maßnahme. Qualifizierte Gesundheitsförderung führt zur Bindung an das Unternehmen, zur Arbeitsfreude, zur Verringerung von Fehlzeiten und zur Leistungssteigerung. Wir sehen also, wie eng betriebliche Ziele und Gesundheitsförderung miteinander verbunden sind.

So wichtig einzelne Beiträge, z. B. von Gesundheitszirkeln, Projektgruppen oder vom Arbeitskreis Gesundheit sind, sie bleiben jedoch nur Insellösungen und in ihrer Wirkung begrenzt.

Gesundheitsförderung sollte vielmehr *Bestandteil der Unternehmenspolitik* und ein erklärtes Unternehmensziel werden, welches glaubhaft institutionalisiert ist. Das kann geschehen durch

- die Aufnahme der Gesundheitsförderung in das Unternehmensleitbild und die Unternehmensziele
- die Mobilisierung der Belegschaft (Aufklärung, Beratung, Gesundheitsmarketing, Projektarbeit, Zirkelarbeit)
- eine regelmäßige externe bzw. interne Gesundheits- und Mentalberatung und die Nutzung von Expertenwissen, ergänzend zum medizinischen Dienst
- Permanente Analyse der betrieblichen Gesundheitssituation und Entwicklung eines Gesundheits-Berichtswesens
- Zusammenarbeit mit anderen Gesundheitsakteuren vor Ort (Krankenkassen, Ärzte, Mentalberater, Berufsgenossenschaften u. a.)

4.4.3 *Die krankmachende Unternehmenskultur*

Die Unternehmenskultur bestimmt wesentlich das Betriebsklima des Unternehmens. Gerade in den letzten Jahren hat sich eine Kultur der Missgunst und des Gegeneinanders entwickelt.

> „Schlechtes Betriebsklima, Mobbing, Illoyalität, innere Kündigung – was ist los an Deutschlands Arbeitsplätzen? Neue Studien zeigen: Es liegt nicht an der Belegschaft, wenn die Stimmung schlecht ist. Vielmehr „stinkt" der Fisch vom Kopfe her? Persönliche Schwächen der Führungseliten lassen Motivation – und Profite – schrumpfen." (VOLK, 1999, S. 38).

Ursachen der betrieblichen Leiden

Immer stärker werden die Klagen über den Verfall der innerbetrieblichen Umfangsqualität und des schlechten Betriebsklimas. Die sozialen Leiden und damit ein Leistungsverfall vergrößern sich. Die Ursachen dafür sind vielfältig:

- Der Rationalisierungsdruck und Ertragserwartungen führen zu einer Verschlankung der Organisation, zu veränderten Betriebsabläufen und Arbeitsinhalten, zu Kostendruck und zu einer größeren Innovations-, Preis- und Verdrängungskonkurrenz.
- Die Folgen sind: Es wird von immer weniger Menschen immer mehr Arbeit erledigt. Der Arbeitsdruck wird quantitativ und zeitlich immer größer. Die Arbeitsqualität und die Gesundheit, Vitalität und Leistungsfähigkeit der Mitarbeiter leidet.

Die traditionellen Anwesenheits-, Raum- und Zeitstrukturen lösen sich immer mehr auf. Arbeit und Mensch werden flexibilisiert, ja „heimatlos". Arbeitsplätze lösen sich auf, Menschen werden ausgetauscht, entlassen, umstrukturiert.

Symptome des sozialen Druckklimas

Die Folgen von solchen sozialen Veränderungsprozessen in einem Klima der menschlichen Missachtung sind alles andere als leistungs- und gesundheitsfördernd.

- Es findet ein offener Verdrängungswettbewerb (z. B. Mobbing) und ein verdeckter, z. B. durch abnehmende Kollegialität, statt. Das hierarchische Ränkespiel mit gegeneinander Ausspielen und Kaltstellen stellt eine neue Qualität dar.
- „‚Nach mir die Sintflut, Hauptsache, ich behalte meine Stelle', so bekämpft sich die nachwachsende Managergeneration bis aufs Blut", erklärt ein Verbandsleiter (zit. nach Volk, 1999, S. 38). Der Kampf ums Dasein wird zunehmend mit sozialunverträglichen Mitteln geführt.

Es wird mit immer raffinierteren Methoden intrigiert und gemobbt. Von Menschenführung keine Spur. Eine Kultur des Gegeneinanders, der Kränkungen und Missgunst entwickelt sich. Der offiziell geforderte Teamgeist und die notwendige leistungsfördernde Zusammenarbeit sind nur Schutzbehauptungen. Die Sorge um das eigene Überleben wird mit harten Waffen geführt. Betriebliche Ziele und Leistungen sind dabei von untergeordneter Bedeutung.

Das gilt selbst für soziale Institutionen und das Gesundheitswesen. So war im Rheinischen Ärzteblatt (zit. nach Volk, 1999) unter der Überschrift „Mobbing statt Weiterbildung" von den „entwürdigenden Formen des Umgangs" mit jungen Ärzten zu lesen. Der wirtschaftliche Druck in den Kliniken und die knappen Stellenpläne führen zu einer Situation, in der

- Angst vor Arbeitsplatzverlust,
- Konkurrenzdenken und
- zunehmender Leistungsdruck und Stress entstehen.

Auch Uwe R. Müller sagt es in seinem Buch „Machtwechsel im Management" (1997) deutlich: Entscheidungen werden im Management, entgegen der allgemeinen Annahme, in den seltensten Fällen aufgrund sachlicher Überlegungen getroffen. Es lassen sich immer auch emotionale, soziale oder regelrecht irrationale Einflüsse feststellen. Diese spielen selbst bei strategischen Entscheidungen eine große Rolle. „Hinter den meist mit beeindruckender Eloquenz, Souveränität und Prägnanz vorgestellten Unternehmensentscheidungen verbergen sich nur allzu oft persönliche Schwächen, charakterliche Defizite und kleinbürgerliche Anti- oder Sympathien" (Müller, 1997, S. 48).

Sozialkompetenz und Sozialfitness sind oft nur Wunsch und wenig Realität im Betriebsalltag. Von daher kann auch eine sozial- und leistungsorientierte Unternehmensführung nicht funktionieren, weil gerade ihre Träger für solche Führungsaufgaben ausfallen. Eine Erosion der Unternehmens- und speziell der Führungskultur verstärkt sich.

Gefordert wird: eine neue Gesundheits- und Sozialkultur

In seinem Buch (Der flexible Mensch – Die Kultur des neuen Kapitalismus, Berlin 1998) warnt Richard Sennett eindringlich vor einem sozioökonomischen Klima, in dem Werte wie Vertrauen, Zugehörigkeit und Bindung nicht mehr zählen. Dadurch entstehe ein explosiver Egoismus und die Stabilität des gesamtgesellschaftlichen Gefüges gerät in Gefahr. Sennett: „Wir müssen uns der gesellschaftlichen Bande wieder bewusster werden. Das flexible System ist zu verhindern, es erzeugt so viel menschliches Unglück, dass es nicht akzeptiert werden kann. Insofern ist meine Warnung an die Europäer: Folgen Sie nicht dem amerikanischen Beispiel, finden Sie einen menschlicheren Weg" (Sennett, 1998, S. 81):

Auch andere amerikanische Wissenschaftler fordern eine Neubesinnung in der Sozialkultur. Viele Unternehmen hätten bereits ihre letzten Tropfen Treibstoff verbrannt, nämlich die Motivation, Vitalität und Leistungskraft ihrer Mitarbeiter. Die Kosten- und organisatorische Erneuerungseuphorie und die einem hierarchischen System innewohnende Trägheit verhindert, dass solche Zustände registriert werden.

Notwendig ist eine *soziale Unternehmensführung,* welche die Mitarbeiterpotenziale, ihre Vitalität, Gesundheit und Mindfitness fördert und nicht zerstört. Denn letztlich sind die wirkliche Grundlage für dauerhafte Spitzenleistungen und Produktivität die Menschen, ihre Vitalität und Leistungskraft, ihre Arbeitsbereitschaft. Deshalb wird es nach Tom Morris, einem Unternehmensberater und Philosophieprofessor in Amerika, höchste Zeit, sich auf zutiefst menschliche Bedürfnisse wie Glück, Zufriedenheit, Sinn und Erfüllung am Arbeitsplatz zu konzentrieren. „Nur wenn wir die zentrale Rolle dieser Aspekte im Arbeitsleben anerkennen, können wir uns daran machen, den Arbeitsethos neu zu erfinden und damit den Grundstein für dauerhafte Spitzenleistungen legen." (Volk, 1999, S. 48)

Der Weg zu einem produktiven und leistungsstarken Unternehmen führt nur über vitale, gesunde, soziale Mitarbeiter, nicht über ständig neue Managementmodelle, einseitige Betriebsziele und sachgesteuerte Veränderungen.

- Notwendig sind eine neue Sozialstruktur und geistige Neubesinnung, eine
- Entkrampfung des Verhältnisses von Vorgesetzten und Mitarbeitern
- Die Förderung von Sozialfitness, Kollegialität, Teamworking (vgl. Decker, 1998, 3. Aufl.)
- Die Förderung von MindVitness®, von Entspannung und geistiger Vitalität mit
- Identifikationsmöglichkeiten im Betrieb.

So kann aus der persönlichen Fitness von Führung und Mitarbeitern eine betriebliche Fitness werden. Nur so ist es möglich, dass sich die Menschen im Betrieb nicht primär mit sich selbst, sondern mit ihren Aufgaben beschäftigen. Ein modernes, wissensorientiertes und lernendes Unternehmen kann nur dann produktiv arbeiten, wenn folgende Faktoren zutreffen (Volk, 1999, S. 40):

1. Die Unternehmenskultur sollte offen und nicht geheimniskrämerisch, partnerschaftlich-kooperativ, nicht hierarchisch, rein sachorientiert sein.
2. Unternehmensführung sollte die energetischen, gesundheitlichen Potenziale der Mitarbeiter fördern und nutzen.
3. Unternehmensführung sollte eine Kultur des Miteinanders, der sozialen – auch informellen – Beziehungen pflegen (Sozialfitness).
4. Unternehmensführung sollte die Lern- und Innovationsfähigkeit fördern, Veränderungsprozesse mit persönlicher und sozialer Entwicklungsarbeit begleiten.
5. Unternehmenskultur sollte die geistig-mentale Entwicklung, die MindVitness® beim Einzelnen fördern. Veränderungen in Denk- und Verhaltensweisen bzw. Verhaltensgewohnheiten setzen nicht auf betrieblicher Ebene ein, sondern immer zuerst bei Einzelnen.

Unzufriedenheit und Leistungsunwilligkeit entstehen nach einer Studie der Bertelsmann-Stiftung (Partnerschaftliche Unternehmenskultur und betriebliche Gesundheitspolitik – Fehlzeiten durch Motivationsverlust, Gütersloh 1997) häufig dann, wenn

- Vorgesetzte nicht ausreichend für die Führungsaufgabe qualifiziert sind,
- die Kommunikation und die Beziehungsqualität zu wünschen übrig lassen

- Mitarbeiter nicht genügend gefördert und ihre Leistung nicht anerkannt wird
- Delegation von Aufgaben und Verantwortung fehlen.

Personalentwicklung und Gesundheits- und Mentalberatung sind also besonders gefordert.

4.4.4 Vier Motive für betriebliche Gesundheitsförderung

Zusammenfassend lassen sich vier Motive für eine betriebliche Gesundheitsförderung nennen:

- *Das humanitäre Motiv*
  Es geschieht aus der Verantwortung von Management und Gewerkschaften für das Wohlergehen und die Gesundheit der Beschäftigten.

- *Das Verfügbarkeits- und Kostenmotiv*
  Gesundheit bzw. Krankheit sind Kostenfaktoren. Fehlzeiten zu reduzieren, die Kosten für Gesundheitsstörungen niedrig zu halten, die Produktivität und Leistungsqualität der Mitarbeiter kostenminimierend zu verbessern, ist ein erklärtes Ziel der Gesundheitsförderung.

- *Das Wettbewerbsmotiv*
  Marktüberlegenheit kann nur durch MindVitness®, durch Flexibilität, Kreativität, Engagement und Motivation der Mitarbeiter erreicht werden.

- *Erhalt wertvoller Qualifikationen und Fähigkeitspotenziale*
  Mobilität ist teuer, Fachkräfte sind knapp. Denn Vitalität und Gesundheit, aber auch deren Betriebsbindung zu erhalten bzw. zu verbessern ist ein wichtiges Ziel. (s. Abb. 28)

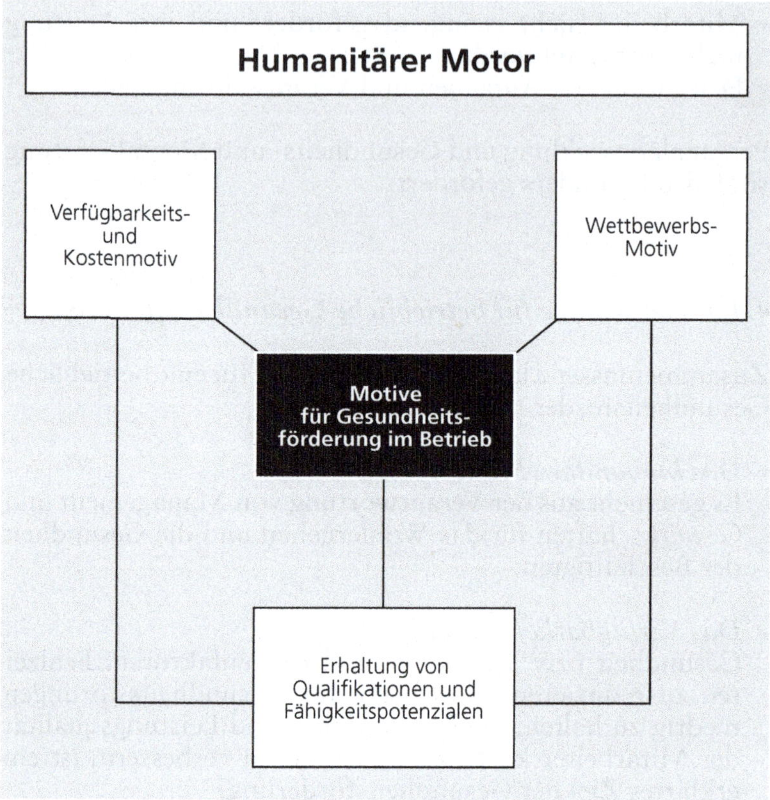

Abb. 28: Motive für Gesundheitsförderung im Betrieb

5. Modelle zur Förderung und zum Schutz der Gesundheit im Betrieb

Gesundheitsförderung sowie Arbeits- und Gesundheitsschutz hängen eng mit dem Prozess der gesellschaftlichen, betrieblichen und wissenschaftlichen Erkenntnisse, Belastungen und Entwicklungen zusammen. Seit Beginn der Industrialisierung haben fortschrittliche Unternehmer versucht, den Arbeitsraum sozial zu gestalten (vgl. DECKER, 1995). Es waren in erster Linie religiöse, patriarchalisch-fürsorgliche Motive. Mit dem Fortschreiten der Mechanisierung und Technisierung vergrößerten sich die Gefahren am Arbeitsplatz. Unfallschutz und Gesundheitsschutz führten zu verstärkten Schutzmaßnahmen bis in die heutige Zeit hinein.

5.1 Traditioneller Arbeits- und Gesundheitsschutz

Arbeitsschutz ist ein umfassendes Konzept zum Schutze der Beschäftigten vor gesundheitsgefährdenden Belastungen am Arbeitsplatz, welche sich aus der Tätigkeit an sich und aus biologischen, chemischen und physikalischen Einwirkungen ergeben. Für die Durchführung ist der Unternehmer verantwortlich, der hierbei einschlägige Rechtsvorschriften zu beachten hat. Staatliche und öffentlich-rechtliche Institutionen beraten die Unternehmen bei der Umsetzung und überwachen deren Einhaltung: Für den staatlichen Arbeitsschutz die Gewerbeaufsicht und der Gewerbearzt, für den öffentlich-rechtlichen Arbeitsschutz die gesetzlichen Unfallversicherungen und die Berufsgenossenschaften.

Grundlage des Arbeitsschutzes ist das *Belastungs-Beanspruchungs-Modell.* Die Gefahren und die langfristig pathogen wirkenden Beanspruchungen und die Belastungen ändern sich mit der Wirtschafts- und Unternehmensentwicklung.

5.1.1 Handlungsfelder des Arbeits- und Gesundheitsschutzes

Die folgende Übersicht zeigt die Instrumente des Gesundheits- und Arbeitsschutzes (Abb. 29).

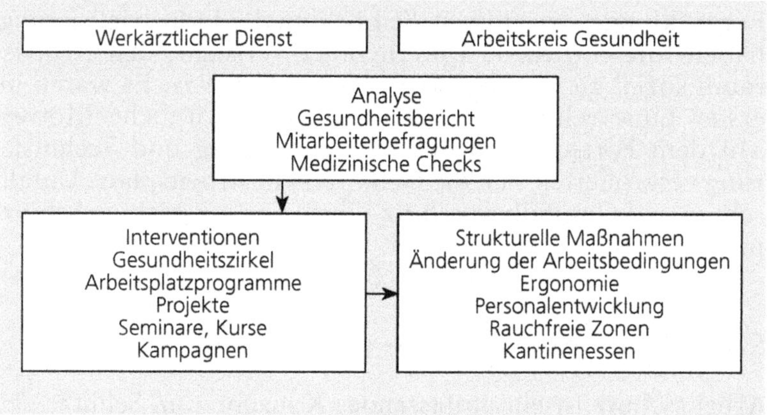

Abb. 29: Betrieblicher Arbeits- und Gesundheitsschutz

Arbeitskreis Gesundheit

Der Arbeitskreis Gesundheit hat die Aufgabe, alle Maßnahmen aufeinander abzustimmen. Er ist das zentrale Organ der Planung und Gestaltung. Hier werden die Entscheidungen für die einzelnen Maßnahmen getroffen und die Rahmenbedingungen für die Durchführung festgelegt. Der Arbeitskreis Gesundheit setzt sich zusammen aus Vertretern der Unternehmensleitung, des Betriebsrates, der Fachkraft für Arbeitssicherheit, der Personalleitung, der Schwerbehinderten- und Frauenvertretung sowie aus einem Koordinator.

Werkärztlicher Dienst

Der werkärztliche Dienst wurde mit Inkrafttreten des Arbeitssicherheitsgesetzes von 1973 beschrieben. Aufgaben der Werksärzte wurden danach in berufsgenossenschaftlichen Vorschriften erweitert.

Analyseinstrumente

Die Analyse bezieht sich einmal auf objektive Daten wie den betrieblichen Gesundheitsbericht und die gesetzlich geforderte Gefährdungsanalyse, zum Anderen auf subjektive Daten wie Mitarbeiterbefragungen. Der betriebliche Gesundheitsbericht enthält Krankenstandsdaten des Betriebes sowie die dazugehörigen Arbeitsunfähigkeitsdaten der Krankenkassen. Daraus kann dann das Arbeitsunfähigkeitsgeschehen des Unternehmens innerbetrieblich (z. B. nach Abteilungen) und außerbetrieblich (z. B. nach Branchen) miteinander verglichen werden. Diese Analyse enthält jedoch nur das Krankheitsgeschehen, keine präventiven Daten. Bei den Mitarbeiterbefragungen werden Arbeitsbelastungen ermittelt und nach Abteilungen bzw. Betriebsbereichen ausgewertet. Auf dieser Analysebasis können dann vom Arbeitskreis Gesundheit geeignete Maßnahmen ausgewählt werden.

Interventionen

Zu den Interventionen gehören auf betrieblicher Ebene Arbeitsplatzprogramme wie Rückenschule, Projekte wie z. B. Vollwertwoche in der Kantine oder Treppensteigen statt Fahrstuhl, ferner Seminare, Kurse, Workshops zu Gesundheitsthemen und Gesundheitszirkel. In diesen Zirkeln treffen sich Betroffene zu arbeitsplatznahen Gesprächskreisen, um konstruktive Verbesserungs- und Gestaltungsvorschläge zu entwickeln. Einem Gesundheitszirkel gehören 6–8 Mitarbeiter, ferner der Werksarzt, die Fachkraft für Arbeitssicherheit, der direkte Vorgesetzte, ein Vertreter der Unternehmensleitung und des Betriebsrates sowie ein Moderator an.

Strukturelle Maßnahmen

Gesundheits-Check-ups sind ein beliebtes Mittel der Vorsorge, besonders bei Managern. Ob sie allerdings zur Stärkung der Gesundheit oder zur Vermeidung von Krankheiten beitragen ist sehr fraglich. „Viele der gängigen, jährlich durchgeführten Vorsorgeuntersuchungenen, so zeigen verschiedene Studien, verlängern die Lebenserwartung statistisch gesehen nicht." Hier wird deutlich: Die Qualität einer Check-up-Untersuchung für Führungskräfte definiert sich nicht in erster Linie durch die technischen Geräte, die dabei zum Einsatz kommen, sondern durch die Beratungsqualität der betreuenden Ärzte." (Frank, 2001, S. 135ff.).

Diese lässt jedoch häufig zu wünschen übrig. Die meisten Check-up-Programme taugen nur zur differenzierten Analyse von Krankheiten. Bei gesunden Menschen sind sie oft unnütz und manchmal bedenklich." (siehe auch Wirtschaft & Weiterbildung, Mai 2001, S. 74). Statt auf High-tech-Diagnosen zu setzen, sollten Interessierte nach Empfehlungen von Experten auf eine persönliche Betreuung und intensive Beratung zur Lebensführung achten. Die Ratschläge für eine gesundere Lebensführung waren nach dieser Untersuchung oft zu pauschal. Sie liegen oft nicht in der Kompetenz von Medizinern. „Die Ärzte seien auch nicht beratungskompetent genug und wüssten nicht, dass eine grundsätzliche Lebensumstellung ein langwieriger, komplexer und konfliktbeladener Prozess sei." (Wirtschaft & Weiterbildung, Mai 2001, S. 74). Notwendig wäre also *ganzheitliche Beratungen von verschiedenen Gesundheitsexperten,* besonders auch von Gesundheits- und Mentalberatern bzw. Beraterinnen, welche zu diesem Umstellungsprozess in der Lebensführung wesentlich beitragen könnten. Gesundheitsberatung dient dann auch dem Gesundheits- und Arbeitsschutz bzw. der Gesundheitsförderung.

5.1.2 Arbeits- und Gesundheitsschutz im Wandel

Mit der Automatisierung und dem Übergang zur Dienstleistungsgesellschaft sowie dem veränderten Belastungsspektrum haben die körperlichen Belastungen zugunsten der mentalen abgenommen. Sowohl Arbeitsschutz, Sicherheit und Gesundheit wurden anfangs im Wesentlichen durch die Abwesenheit von negativen Konsequenzen bestimmt. Gesundheit wurde als das Fehlen von Krankheiten und Sicherheit als das Ausbleiben von Unfällen definiert. (BAMBERG u. a., 1998, S. 111). Ein Wandel zur Salutogenese (s. Kap. 3.2), d. h. zur Gesundheitsförderung ist nur in Ansätzen erkennbar, nicht jedoch im traditionellen Arbeits- und Gesundheitsschutz.

Gesundheits- und Arbeitsschutz stehen also vor einem Wandel. Es sind nicht mehr primär die technischen Gegebenheiten körperlicher Schwerarbeit und der Lärm. Man hoffte, dass körperliche und psychische Belastungen mit dem Übergang von Industrie- bzw. Maschinenzeitalter zur Differenzierungs- und Informationsgesellschaft abnehmen würden. Doch stattdessen hat sich mit der Veränderung von Tätigkeitsprofilen auch das Belastungs- und Gesundheitsgefährdungsspektrum verändert. (vgl. IG Metall, 1998, S. 17).

Traditionelle und neue Belastungen

Körperliche schwere Arbeit, Zwangshaltung, Leistungsdruck und belastende Umgebungseinflüsse wie Hitze, Kälte, Lärm und Chemikalien haben zwar in einzelnen Betrieben keineswegs voll an Bedeutung verloren – es treten jedoch verstärkt neue Belastungen von Gesundheit und Leistung auf. Es sind vor allem mentale, psycho-soziale und seelische Belastungen:

Arbeitstempo, Arbeitsdruck, Stress, soziale Isolation und Konflikte, Mobbing und Burnout, Angst und Sucht und ökologische Belastungen. Die Vielzahl der Belastungssituationen und -kombinationen führt oft zu stressbedingten Gesundheits- und Leistungsstörungen. Es handelt sich hierbei oft weniger um medizinisch-krankheitsbedingte Störungen, sondern um *vormedizinische Gesundheitsstörungen,* die sich noch nicht in manifesten Krankheitsbildern äußern, sondern eher in Befindlichkeits- und Leistungsstörungen. Im Zentrum stehen dabei Stress und Energieverfall. So sinken mit zunehmendem psycho-soziomentalen Druck die Leistungen und die Energiepotenziale, bedingt z. B. durch

- Konzentrationsmangel
- Motivationsverlust
- Chronische Müdigkeit
- Stimmungsschwankungen
- Soziale Konflikte
- Zunehmende Angst
- Emotionale Verkümmerung
- Nachlassende Sensibilität und Aufgeschlossenheit

Energetische Störungen und Berufskrankheiten

Energie gilt als die eigentliche Wirkkraft für Gesundheit, Leistung und Wohlbefinden. Kapital steht jedoch in vielen Unternehmen höher im Kurs als die geistigen Energien, die Zahlungsfähigkeit mehr als die Leistungsfähigkeit vital-gesunder Mitarbeiter.

> „Die Kostendeckung in Geld ist [...] wichtiger als der Deckungsbeitrag Identifikation und Energie. Mangelhafter cash-flow ängstigt [...] mehr als der stockende Fluss kreativer Energien. Und die Immobilien-Anlagen dünken sie verlässlicher als die lebendigen charakterlichen, wissensmäßigen Anlagen ihrer Mitarbeiter" (PETERS u. a., 1998, S. 11).

Alles besteht aus der Kraft (Energie)

LAOTSE

Die Energie tritt überall im Leben auf: Bei Pflanzen, Tieren, Steinen, Menschen, in Gedanken, Musik und auch im Unternehmen. Sie ist die Grundlage, die alles miteinander verbindet, in Bewegung setzt und in Schwingung hält.

Energie im Unternehmen äußert sich z. B. als

- Motivation und Engagement bei Mitarbeitern
- Vitalität, Aufgeschlossenheit statt Müdigkeit
- Leistungsfähigkeit, Aktivität statt Ausgebranntsein
- Harmonie statt Konflikten
- Geistige Fitness
- Zielstrebigkeit statt „innerer Kündigung".

Manche Menschen sind in der Lage, auch in schwierigen Situationen Energien zu entwickeln, zusätzliche Kräfte und Ressourcen zu mobilisieren. Ob wir in der richtigen Weise und zur rechten Zeit über notwendige Lebensenergie verfügen, entscheidet über Verzagtheit oder Wohlbefinden, Scheitern oder Erfolg, Leistung bzw. Produktivität. Energie entscheidet also darüber, wie positiv und glücklich wir unser Leben gestalten können, ob wir gesund bleiben oder werden, ob ein Unternehmen erfolgreich arbeitet oder nicht.

Zeitalter der Energiekrise

Wir leben heute in einer Zeit der Energiekrise. Immer mehr Menschen empfinden die Energieknappheit und die Fehlleitung von Energie als Krise. Diese äußert sich am Arbeitsplatz, z. B. als Müdigkeit, Stimmungstief, Rückenschmerzen, Interesselosigkeit, fehlende Motivation, Angst.

Unsere Zeit verlangt von jedem von uns sehr viel Energie. Stress, Hektik, alltägliche Leistungsanforderungen, die Bewältigung des Lebens und der Freizeit machen ein sorgsames Umgehen mit unserer Energie notwendig. Energiezufluss und Energieabfluss brauchen eine Balance. Diese herzustellen, ist nicht immer einfach, jedoch eine zentrale Aufgabe des betrieblichen Gesundheitsmanagements.

Unser zivilisiertes Denken, Fühlen und Körperverhalten führen häufig zu Energieblockaden, zu Gesundheitsstörungen oder gar Krankheiten. Dem Energieüberschuss (z. B. im Kopf) steht oft ein Energiemangel (z. B. im Körper) gegenüber. Die zentrale Frage lautet: Wie können wir zu mehr Energieausgeglichenheit, zu einer Energiebalance kommen, die uns erst ein energievolles Leben, Arbeiten und Wohlbefinden ermöglicht?

Störungen der Energie-Funktionen

Die Energie hat auf den natürlichen Ablauf aller Körperfunktionen einen großen Einfluss. Störungen wirken sich deshalb auf die Gesundheit aus bzw. können sich bei unterschiedlichen Krankheitsmustern bemerkbar machen.

1. Energie-Mangel
Ein Mangel an Energie kann sich auf einzelne Organe beschränken und deren Funktion schwächen. Bei der Lunge würde sich z. B. ein Energie-Mangel in Kurzatmigkeit und asthmatischen Beschwerden äußern. Betrifft ein Energie-Mangel den gesamten Organismus, so stellen sich allgemeine Störungen wie Müdigkeit, verminderte Belastbarkeit, Infektanfälligkeit und Antriebsschwäche ein. Die Fehlzeiten steigen.

2. Reduzierte Energie
Hierbei handelt es sich um einen Sonderfall des Energie-Mangels. Im psychischen Bereich kann eine reduzierte, sin-

kende Energie zu seelischen „Durchhängern“ mit depressiven Störungen und Antriebslosigkeit führen.

3. Gestaute, blockierte Energie

Wenn ein Mensch gesund ist, fließt die Energie ruhig und gleichmäßig im Körper. Dieser Energiefluss kann jedoch gestört bzw. gestaut werden, z. B. durch

- äußere Einflüsse wie Druck, Stress, bioklimatische Einflüsse oder durch
- innere mentale und emotionale Einflüsse wie negatives Denken, belastende Vorstellungen, emotionale Konflikte.

Gestaute bzw. blockierte Energie kann auch die Funktion der Organe beeinträchtigen und führt oft zu Schmerzen (z. B. Kopf-, Bauchschmerzen, Koliken). Druck und Spannungsgefühle sind oft Symptome für eine Stauung, aber auch Lern- und Denkblockaden. Die Ursachen für Energieverluste sind also vielseitig.

„Obgleich jeder Mensch Energie hat, wird die Energie gewöhnlich völlig durch alltägliche Routineaktivitäten verbraucht, die ganz unter dem Einfluss unserer Vergangenheit stehen. Im normalen Alltagsleben ist unsere gesamte Energie im Bereich des Bekannten gebunden, so dass für die Erforschung des Unbekannten keine Energie mehr übrig bleibt. Alles Neue und Ungewohnte können wir nur in Angriff nehmen, wenn wir Energie dafür frei haben. Deshalb fällt es Menschen normalerweise so ungeheuer schwer, sich zu verändern oder eine Situation zu schaffen, die sich von den Situationen ihres normalen Lebens unterscheidet: Für so etwas ist bei ihnen einfach keine Energie frei.“ (SANCHEZ, 1996, S. 81)

Die Folgen von solchen betriebs- aber auch gesellschafts- und freizeitbedingten Energiestörungen sind neue Gesundheits- und Leistungsstörungen. Man könnte sogar von energetischen Berufskrankheiten sprechen. Dabei handelt es sich nicht primär um „handfeste“ körperliche Krankheiten, sondern um energetische Leistungs- und Gesundheitsstörungen (energetische Berufskrankheiten). Burnout entwickelt sich zunehmend zu einer Basiserkrankung, zu einer manifesten Erschöpfung, aus der sich viele chronische Erkrankungen entwickeln (Vgl. Fritz Helmut Hemmerich, Wendepunkt Burnout, Augsburg 2011).

Energetische Berufskrankheiten
Schlafstörungen, Rückenschmerzen, Verstopfung bzw. Verdauungsstörungen, Migräne, Schwindelanfälle, Schüttelfrost, Kreislaufprobleme, Depressionen, Essstörungen, erhöhter Zigaretten- und Alkohol-Konsum, u. a.

Anders verhält sich bei energetisch gesunden Mitarbeitern und Führungskräften mit viel konstruktiver Energie. Denkbar sind aber auch Mitarbeiter bzw. Betriebe mit viel destruktiver Energie. Entscheidend ist, ob Energie in die richtigen Bahnen gelenkt wird, z. B. durch entsprechendes Führungsverhalten.

5.2 Moderne betriebliche Gesundheitsentwicklungskonzepte

Mit dem Wandel in der Arbeitswelt und dem veränderten Verständnis von Gesundheit vollzieht sich auch ein Wandel vom traditionellen, mehr körperlich und medizinisch orientierten Arbeits- und Gesundheitsschutz zur präventiven, mehr selbstverantwortlichen Gesundheitsförderung

Entsprechend ändern Betriebe ihre Konzepte zur Gesundheitsförderung, so z. B. die Robert Bosch GmbH. Bereits 1996 hat man in einer Betriebsvereinbarung dort neue Wege festgelegt. Dabei ging man über die allgemeinen gesetzlichen Vorgaben des Arbeits- und Gesundheitsschutzes hinaus. Im Vorwort ihrer Broschüre zum Gesundheitsprogramm heißt es: „Der Begriff Gesundheit steht für ein kompliziertes Gefüge aus körperlichem, seelischen, geistigem und sozialem Wohlbefinden. Gerät es aus der Balance, wird uns schmerzlich bewusst, welchen Stellenwert die Gesundheit für unser Leben hat. Daher sind der Schutz und die Förderung der Gesundheit der Mitarbeiter ein zentraler Bestandteil unserer Unternehmenskultur." Heute, 2011, hat sich allerdings die Situation nicht viel gebessert.

Neben den traditionellen Arbeits- und Gesundheitsschutz treten als Konzepte der modernen Gesundheitsförderung und -entwicklung. Die folgende Abb. 30 zeigt die neuen Ansätze und Perspektiven einer modernen Gesundheitsförderung.

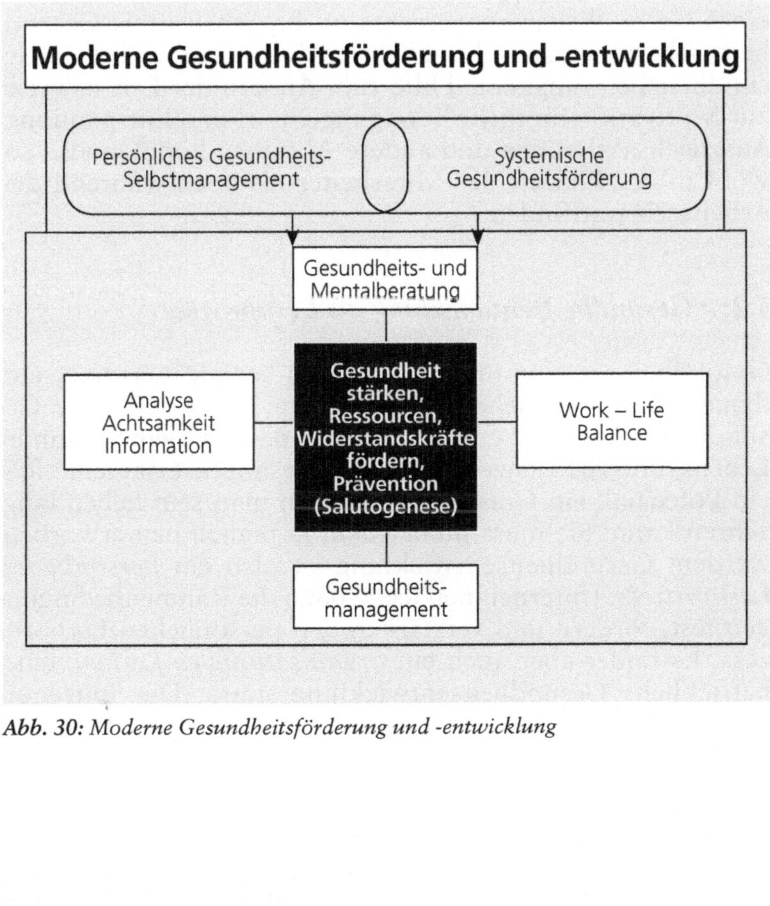

Abb. 30: Moderne Gesundheitsförderung und -entwicklung

Gesundheit kann den Mitarbeitern und Führungskräften nicht verordnet werden. Da Gesundheit stark von der Lebens- und Arbeitsweise beeinflusst wird, ist sie auch stark vom eigenverantwortlichen Handeln und Verhalten eines jeden Einzelnen abhängig. Das Unternehmen unterstützt dann das persönliche Gesundheitsmanagement der Mitarbeiter, schafft Anreize für die Gesunderhaltung, bietet Information für die Gesundheitsförderung und kann am Arbeitsplatz gesundheitsfördernde Rahmenbedingungen schaffen. Eine solche systemische Gesundheitsförderung umfasst Workshops, Seminare, Aktionstage (z. B. Vollwertessen in der Kantine), aber auch Aktivitäten zum rückengerechten Sitzen und Arbeiten. Zur systemischen Gesundheitsförderung gehören aber auch arbeitsorganisatorische Maßnahmen, der Aufbau eines Gesundheitsmanagements (z. B. Arbeitskreis Gesundheit, arbeitsmedizinischer Dienst). Wichtig ist auch eine Gesundheitsberatung, eine Hilfe zum Ändern der Lebensweise, zur Motivation für mehr Bewegung, Sport und Entspannung. Ausgleichsaktivitäten und andere Aktionen könnten also sowohl in der Freizeit der Mitarbeiter als auch während der Arbeitszeit stattfinden.

5.2.1 Gesundheitsentwicklung als Lernprozess

Gesundheit ist eine individuelle und soziale Leistung, ein dynamisches Geschehen. Der Einzelne muss sich seine Gesundheit durch sein eigenes Verhalten, durch eine gesunde Lebens- und Arbeitsweise erringen. Gesundheit ist nicht bloß ein Potenzial, ein Guthaben, von dem man sein Leben lang zehren kann. Sie muss immer neu, ja täglich neu erworben werden. Gesundheitsentwicklung ist also ein *persönlicher Lernprozess.* Unternehmen legen dazu die Rahmenbedingungen fest, fördern und verstärken den persönlichen Lernprozess. Es findet aber auch ein *organisationales Lernen,* eine betriebliche Gesundheitsentwicklung statt. „Die Spitzenorganisationen der Zukunft werden sich dadurch auszeichnen, dass sie wissen, wie man das Engagement und das Lernpotenzial auf allen Ebenen einer Organisation erschließt." Lernende Organisationen sind möglich, weil wir alle tief in unserem Inneren ein intuitives Lernbedürfnis haben (Peter M. Senge, 1996, S. 12). Es ist Aufgabe von Führung und Management, solche Gesundheits-Lernprozesse in Gang zu setzen. Senge, der Vorreiter für organisationales Lernen, nennt fünf Strategien, die auch für Gesundheitslernen auf Betriebsebene von großer Bedeutung sind:

- *Systemdenken,* d. h. ein konzeptionelles Rahmenwerk, ein Set von Informationen und Instrumenten schaffen.
- *Selbstführung* und Selbstmanagement, das Entwickeln eines persönlichen Konzeptes eines jeden Einzelnen im Betrieb.
- *Mentale Modelle.* Das sind Annahmen, Werte, Bilder und Symbole, die großen Einfluss darauf haben, wie wir das Leben wahrnehmen und wie wir handeln. In Bezug auf Gesundheit bedeutet dies, wie ein Betrieb zur Gesundheit steht, welchen Wert er der Gesunderhaltung beimisst, welche mentalen Modelle seine Führungskräfte vorleben. „Die Arbeit mit mentalen Modellen erfordert die Fähigkeit, lernintensive Gespräche zu führen." (Senge, 1996, S. 18), z. B. in Form von Gesundheits- und Mentalberatung.
- *Gemeinsame Vision entwickeln:* Hier geht es darum, auf betrieblicher Ebene gemeinsame „Zukunftsbilder" zu formen, die „nicht nur auf Einwilligung stoßen, sondern echtes Engagement und wirkliche Teilnehmerschaft fördern." (Senge, 1996, S. 19). Denkbar wäre also auch private Gesundheitsentwicklung der Mitarbeiter zu initiieren und sogar zu belohnen, z. B. durch Arbeitszeit.
- *Team-Lernen:* Die letzte Strategie von Senge meint das Lernen (z. B. Gesundheitslernen) in Teams, durch Dialoge, gegenseitiges Fördern und Unterstützen. Dia-Logos bedeutete schon für die Griechen, „das ungehinderte Fluten von

Sinn, von Bedeutung in einer Gruppe, wodurch diese zu Einsichten gelangen kann, die dem Einzelnen verschlossen sind (Senge, 1996, S. 19). Workshops und vor allem Gesundheitszirkel, aber auch Teambesprechungen, in denen Gesundheitsthemen zur Sprache kommen, wären hier angebracht und könnten den Lernprozess der Gesundheitsförderung beschleunigen.

Diese fünf Teildisziplinen des Lernens werden nicht nur Gesundheit, Vitalität und Leistungskraft des einzelnen Mitarbeiters stärken, sondern auch den Betrieb bzw. die Organisation fit für eine kraftvolle, kreative und betriebswirtschaftlich sichere Zukunft machen.

5.2.2 Das Health Quality Management (HQM-Konzept)

Die Gesundheitsqualität im Unternehmen entscheidet auch über den Erfolg des Unternehmens. Neben den IQ und den EQ, den Intelligenz-Quotient und die Emotionale Intelligenz tritt als Erfolgsfaktor der HQ, die Gesundheitsqualität bei Mitarbeitern und im Gesamtunternehmen. Nicht die Fehlzeiten sind für die Leistungsfähigkeit eines Unternehmens von ausschlaggebender Bedeutung, sondern die Qualität der Gesundheitsressourcen, Potenziale und Fähigkeiten, um so die Vitalität, Energie und Effizienz zu stärken, Mitarbeiter zu motivieren, ihre geistigen Kräfte, ihre emotionale Intelligenz, ihre körperliche Fitness zu pflegen und im Unternehmen einzubringen. Der HQ besitzt neben dem IQ und dem EQ eine dominierende Rolle im Unternehmen. Nicht Krankheit, sondern Gesundheit ist der entscheidende Produktivfaktor und dieser bedarf der Pflege und Förderung, nur so haben die Menschen

- die Möglichkeit uneingeschränkt und unbelastet von Beschwerden und Stimmungsschwankungen den Alltagsarbeiten nachzugehen,
- ausreichend Energie, Vitalität und Motivationskräfte und Können zu entwickeln,
- geistig mobil, kreativ und veränderungsfähig zu sein.

Das von den Autoren entwickelte und erprobte HQM-Konzept gibt Antworten auf die mentalen, emotionalen, sozialen und körperlichen Herausforderungen von Mitarbeitern im Betrieb. Es hilft im Betrieb Energie zu sparen, Effizienz zu steigern und trägt dazu bei, weniger Energie durch soziale Spannungen, durch ineffiziente Gedanken und emotionale Schwankungen zu verschwenden. Eine solche Health-Quality-Förderung hilft den Einzelnen und der Gesamtorganisation, sich auf die Arbeit zu konzentrieren und produktiv zu sein.

Das HQM-Konzept konzentriert sich also auf die Gesundheitsförderung, auf das Stärken und Verbessern der Vitalität, der inneren Effizienz, auf das harmonische Miteinander, um Krankheit und Ineffizienz erst gar nicht entstehen zu lassen. Es vollzieht damit den Wandel von der Beachtung der Risikofaktoren hin zur *Förderung der Gesundheitsfaktoren.*

Gesundheits-Qualitäts-Förderung beginnt bei jedem einzelnen Mitarbeiter. Ein solches Selbstmanagement bedarf jedoch der Unterstützung durch das betriebliche Gesundheitsmanagement. *Das Health-Quality-Management-Konzept umfasst beides: Selbstmanagement und betriebliches Gesundheitsmanagement.* Das kann die persönliche Entwicklungs- und Umsetzungshilfe durch die Gesundheits- und Mentalberatung.

Es genügt nicht, dass sich Unternehmen mit Qualitätsverbesserung, strategischem Denken, Reorganisation, Kundenorientierung beschäftigen und dabei unbeachtet lassen, dass Unternehmen lebende Systeme sind, die aus Menschen bestehen, die denken, fühlen und gefördert werden wollen. Nur durch gesunde Mitarbeiter entstehen gesunde Unternehmen. Der Gesundheitszustand eines Unternehmens beeinflusst umgekehrt auch die Vitalität und das Gleichgewicht der einzelnen Mitarbeiter. Beim Health Quality Management geht es darum, die verschiedenen Gesundheitsfaktoren auf der persönlichen und systemischen Ebene zu fördern, zu unterstützen, zu aktivieren und umzusetzen.

Der betriebliche Weg zu Wachstum und Erfolg liegt nicht in der Vernachlässigung der Mitarbeiter. Es geht darum, alle Potenziale, Fähigkeiten und Ressourcen der Mitarbeiter so zu entwickeln, dass diese den Herausforderungen des modernen persönlichen und beruflichen Lebens gewachsen sind. „Dann haben Sie eine enthusiastischere, widerstandsfähigere, innovativere und flexiblere Belegschaft. Dies überträgt sich auf die Firma, die wächst, Gewinne macht und Jahr für Jahr erfolgreich ist“. (Childre u. a., 2000, S. 18).

Die vier Säulen des Health Quality Managements

In Anbetracht des Leistungs-, Vitalitäts- und Gesundheitszerfalls der Belegschaften wird das HQM zur Überlebensstrategie für die Betriebe. Die Überforderung und abnehmende Leistungskraft der Mitarbeiter macht den Betriebs- und Arbeitsablauf immer störanfälliger. Fehler treten auf, obwohl sich das Unternehmen eine „Null-Fehler-Philosophie“ gegeben hat; die Kunden werden unzufrieden oder bleiben weg, weil es im Service nicht stimmt; die Beschäftigten verlieren ihre Arbeitsmotivation. Kreativität und Engagement sinken. „Die Fixierung auf die Kosten verstellt so den Blick auf die Leistungen des Unternehmens insgesamt gegenüber dem Kunden.“ (Schröer, 1999, S. V).

Die weichen Faktoren werden zunehmend zum Erfolgsgarant der Unternehmen. Gesunde, vitale, leistungsbereite, geistig, körperlich und emotional fitte Mitarbeiter ermöglichen in Zukunft stärker als bisher den Erfolg der Unternehmen. Nicht Technik, Kosten oder Optimierungskonzepte, sondern Mitarbeiterengagement und Vitalität der Menschen garantieren Leistung, Wettbewerbsfähigkeit und Zukunftsentwicklung, besonders wenn ein direkter Kontakt zum Kunden/Patienten gegeben ist. Deshalb wird die Personal- und Gesundheitsentwicklung immer mehr zu einer zentralen Führungs- und Managementaufgabe. Nicht die rückwirkende Analyse des Krankenstandes ist der Ansatzpunkt, sondern die vorbeugende Förderung der Ressourcen. Künftig müssen Unternehmen den Gesundheitszustand, auch die Privatsphäre und Eigeninteressen der Mitarbeiter stärker thematisieren. „Unternehmen sind zunehmend auf das innere Engagement und die Kreativität ihrer Mitarbeiter angewiesen. Diese wollen sich in ihrer Persönlichkeit und Lebenssituation respektiert fühlen" (GDI-Impulse 2, Zürich 2001, S. 72). Dabei spielt die Balance zwischen Beruf und Familie, zwischen Anspannung und Entspannung, zwischen Gesundheit und Leistung, zwischen Mitarbeiterselbstverantwortung und Gesundheitsmanagement, zwischen Körper, Geist und Seele eine zentrale Rolle.

Qualitätsmanagement ist nicht nur auf Dienstleistungen, Produkte und Arbeitsabläufe bezogen, sondern meist auf die Mitarbeiter im Betrieb, ihre Gesundheit, ihre Lebensqualität. Qualitätsmanagement für die Gesundheit der Mitarbeiter heißt nicht, dass nur etwas von der Betriebsseite getan wird, z. B. im Rahmen traditioneller betrieblicher Sozialpolitik, sondern dass gezielt an Problemen, Sorgen, Ängste der Mitarbeiter, an Mobbing- und Burnout-Situationen in Zusammenarbeit mit den Betroffenen gearbeitet wird und ko-evolutiv Lösungen entwickelt werden.

Die Erfahrungen der letzten Jahre, aber auch die Ergebnisse wissenschaftlicher Studien zeigen, dass es einige Grundprinzipien für ein erfolgreiches Health Quality Management gibt (vgl. Abb. 31).

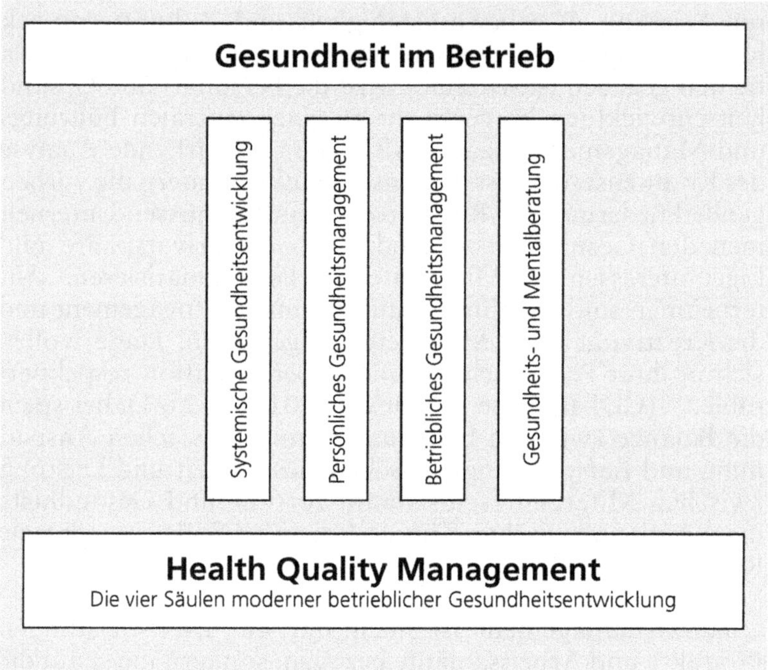

***Abb. 31:** Health Quality Management*

Persönliches Gesundheitsmanagement

Jeder Einzelne ist letztlich für seine Gesundheit verantwortlich. Wie kann er zur Erhaltung seiner Gesundheit beitragen?

Die folgenden vier Schritte können jedem Einzelnen sowohl am Arbeitsplatz wie auch in seiner Freizeit, im Privatbereich helfen, seine Gesundheit und Vitalität zu stärken, Störungen vorzubeugen, Belastungen zu kompensieren (s. Abb.32)

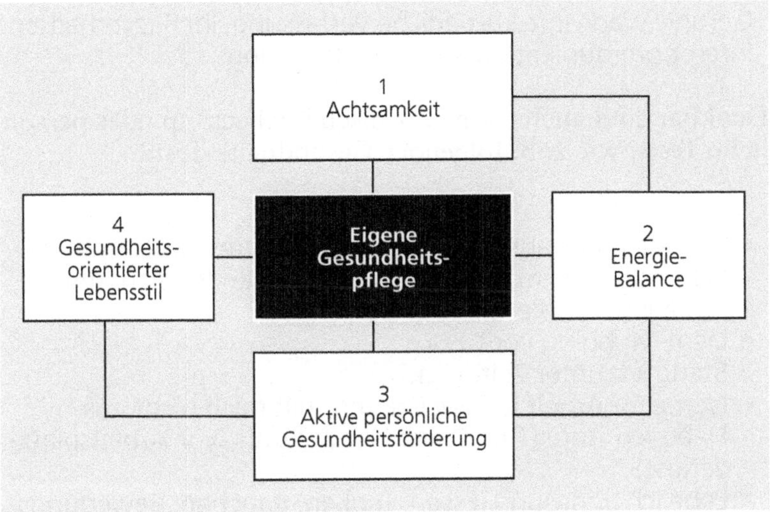

Abb. 32: Schritte zu mehr persönlicher Gesundheitsvorsorge

Schritt 1 : Achtsamkeit

Jeder Arbeitnehmer hat die Möglichkeit, sein Denken und seine Vorstellungen, seine Körperaktivität, z. B. seine Sitzhaltung, seine emotionalen Reaktionen und Gefühle, sein Verhalten gegenüber anderen oder das eigene Verhalten (z. B. Rauchgewohnheiten, Pausengestaltung) achtsam zu betrachten. Sind diese Denk- und Verhaltensmuster für meine Gesundheit, meine Vitalität und Motivation sinnvoll? Was kann ich ändern sowohl am Arbeitsplatz wie in meiner Freizeit? Achtsamkeit ist die Grundlage für Selbstentwicklung und Bewusstheit.

Tipp

Beurteilen Sie mehrmals am Tag das Niveau Ihrer Energie, Gelassenheit, Konzentration, Anspannung, Ihres Verhaltens, der Gedanken bzw. Selbstgespräche. Nehmen Sie Ihre Gefühle wahr, Ihre körperliche Verfassung, Ihr Sitzverhalten, Ihren Kommunikationsstil, Ihre Stimmung.

Denkbar sind auch ein medizinischer Check-up oder persönliche Tests, wie z. B. folgender Gesundheits-Test:

Gesundheits-Test

- Stehe ich nur ausnahmsweise unter Stress oder immer?
- Gibt es Stress im zwischenmenschlichen Bereich, mit Kollegen, Partnern?
- Liegt Mobbing vor?
- Stehe ich unter Zeitdruck?
- Ist meine Arbeit langweilig und füllt mich nicht aus?
- Habe ich Angst? (z. B. vor der Zukunft, vor Arbeitsplatzverlust)
- Lebe ich ungesund (Essen, Trinken, Rauchen, Bewegungsmangel, negatives Denken, zu viel Belastung usw.)
- Ist meine Energie-Balance (Energieverbrauch und Regeneration) ausgeglichen?
- Fällt es mir schwer, mich zu entspannen?
- Meditiere ich?
- Erzeuge ich selbst Konflikte, z. B. durch Besserwisserei?
- Habe ich Humor?
- Akzeptiere ich widerstandslos Arbeitsüberlastung, Druck, neue Aufgaben? Kann ich „nein" sagen?
- Fresse ich alles in mich hinein?
- Bin ich Perfektionist?
- Sehe ich alles negativ?

Schritt 2: Energiebalance

Was kann ich tun, um wieder in die Balance zu kommen? Emotionale Durchhänger lassen sich z. B. durch eine Minipause, durch Entspannung oder durch eine Visualisierungsübung von einer schönen Lebenssituation, einem Moment of excellence auflösen. Denkbar wäre auch eine Atemübung oder eine energiereiche Zwischenmahlzeit. Der Energieverbrauch lässt sich selbst steuern, z. B. durch entspanntes Arbeiten oder durch die Mobilisierung neuer Energien.

Schritt 3: Aktive persönliche Gesundheitsförderung

Solche Gesundheitsaktivitäten sind sowohl am Arbeitsplatz wie in der Freizeit möglich, z. B. durch Bewegungsübungen, durch kinesiologische Überkreuzübungen. Kleine Übungen als Mini-Ausgleich sind auch während der Arbeit, am Schreibtisch, in einer Pause, statt Kaffee oder Rauchen durchaus praktizierbar. Solche Mini-Übungen können sich auf Körper, Geist und Seele sowie auf den Arbeitsablauf beziehen. (Abb. 33)

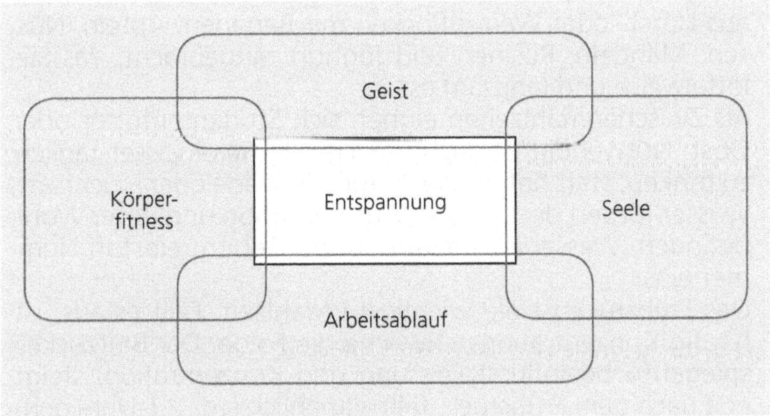

Abb. 33: Aspekte von Gesundheitsstörungen

Zwar legen Mitarbeiter großen Wert auf Gesundheit und körperliche Ertüchtigung. Doch 85 Prozent der Unternehmen halten das nicht für wichtig. 75 Prozent der Mitarbeiter sehen einen direkten Zusammenhang zwischen Körperfitness und beruflichem Erfolg. Insgesamt 71 Prozent würden vom Betrieb angebotene Fitnessmöglichkeiten regelmäßig nutzen. Die betriebliche Wirklichkeit sieht noch anders aus. Deshalb fällt auch der Körperaktivität in der Freizeit große Bedeutung zu.

Tipps

Power-Pausen gegen den Stress
Um aus der „Geschäftigkeitsfalle" herauszukommen, reicht oft schon ein kleines „Stopping" von wenigen Sekunden mentalen Trainings, um neue Kräfte aufzutanken: zwischen zwei Tätigkeiten eine kleine Pause machen, sich entspannt hinsetzen, tief durchatmen und mal eben in Gedanken an einen schönen Ort gehen, z. B. ans Meer oder sich unter Ihren Lieblings-Rosenstock setzen, den Rosenduft einatmen.

Knabber-Pause für mehr Energie
Vielleicht haben sie sich ein energiereiches Vollkornmüsli aus Hafer- oder Weizenflocken mit Bananen, Äpfeln, Nüssen, Mandeln, Rosinen und Joghurt mitgebracht, das Sie löffelweise und langsam essen.
Als Zwischenmahlzeiten eignen sich Studentenfutter oder Obst. Notwendig ist auch 2-3 Liter Mineralwasser täglich zu trinken, statt Kaffee, gesüßter Limonade oder Fruchtsaft. Wasser fördert die bessere Körperfunktion und unser Wohlbefinden. Wasser ist Stresslöser und Gehirntreibstoff Nummer eins.
Das Frühstück ist die wichtigste Mahlzeit. Fällt es aus, ist häufig Konzentrationsschwäche die Folge. Der Blutzuckerspiegel (= beeinflusst Leistung und Konzentration) steigt erst nach dem Frühstück, fällt allmählich (vgl. 11-Uhr-Loch) und steigt mit der nächsten Mahlzeit.

Gesunde Ernährung hat also viele Vorteile: Sie bringt mehr Energie, mehr Nervenkraft, bessere Konzentration, geringe Stressempfindlichkeit.

Schritt 4: Gesundheitsorientierter Lebensstil

Zu einem persönlichen Gesundheitsmanagement gehört auch eine gesundheitsorientierte Lebensweise:

- Sich von Überflüssigem befreien, Prioritäten setzen (Zeitmanagement, Energie-Balance)
- Überwinden von Hektik und intensivem Leben – Besser exklusiver leben, entschleunigen, genießen, verweilen, sozial harmonisch leben
- Kreativ sein, statt grauer Alltag
- Sich entspannen – den Strom der Gedanken und Belastungen unterbrechen
- Sich bewegen
- Selbstbewusstsein und Zukunftsdenken fördern
- Zeit für mich, für meine Vitalität, mehr Wellness, Körper-Geist- und Seelenpflege
- Mehr Zeitqualität für ein selbstbestimmtes Leben
- Öfter abschalten und faul sein. Stopping, d. h. Zeit für Pause, Stille, Achtsamkeit, Selbstreflexion
- Ausreichend Schlaf

Für die Erhaltung von Gesundheit sind nicht nur, wie wir gesehen haben, die äußeren Gegebenheiten, die Arbeits- und Lebensbedingungen bedeutsam, sondern ebenso die Aktivitäten, die Einstellungen und das Bewusstsein des Einzelnen. Gesundheit am Arbeitsplatz hängt wesentlich von der inneren Einstellung zur Arbeit, zu den Kollegen und Vorgesetzten ab, von der emotionalen Regulation und den Glaubenssätzen und Denkmustern. Bei einer positiven bejahenden konstruktiven Haltung bleibt man länger gesund als z. B. bei Negaholiker-Mentalität und Grübelei. Unzufriedenheit ist eine bedeutsame Stressquelle. Auch Arbeitszufriedenheit ist von der inneren Einstellung abhängig. Allzu oft neigen wir dazu, die Gründe für seelische Spannungen, für Stimmungsschwankungen, für Ausgebranntsein bei anderen Menschen oder in äußeren Umständen zu suchen und zu wenig bei uns selbst. Selbstmanagement, die Mobilisierung der Selbstaktivierungskräfte trägt demnach wesentlich zur Stärkung und Erhaltung der Gesundheit bei. Aufgabe der betrieblichen Führung ist es also, diese Selbstkompetenz und Selbstorganisation zu fördern.

Systemische Gesundheitsentwicklung

Betriebliche Gesundheitsentwicklung hängt aber nicht nur vom Selbstmanagement der Mitarbeiter ab, sondern auch von den Systembedingungen:

- Arbeitsumfeld, den Arbeitsbedingungen
- Der Unternehmenskultur, dem Geist des Betriebes
- Den sozialen Gegebenheiten, der Zusammenarbeit, dem zwischenmenschlichen Miteinander, aber auch von den sozialen Spannungsfeldern, vom Mobbing, giftiger Kommunikation und Angst (vgl. DECKER, 2001).
- Von der Qualität der Führung, der energetischen Führung

Betriebe führen Seminare, Workshops, Projekte, Programme z. B. zum Rückentraining durch, veröffentlichen Artikelserien in Werkzeitungen zu Gesundheitsthemen, führen immer wiederkehrende Gesundheitsaktionen, z. B. in Kantinen, durch. Diese Aktionen dienen vor allem der regelmäßigen Thematisierung von Gesundheitsförderung. Weitere Maßnahmen zur Gesundheitsförderung finden wir in SCHRÖER 1999.

Tipps

Das könnten Unternehmen für Fitness und Gesundheitsförderung tun

- Eine Jogging- oder Radfahrgruppe gründen, die zweimal wöchentlich nach Feierabend trainiert
- In der Mittagspause ein kurzes Spaß-Gymnastik-Programm anbieten
- Im kleinen Health-Room Entspannungsmöglichkeiten mit Musik und Farben anbieten
- Obst, Vitamine, Mineralstoffe anbieten
- In rückengerechte Bürostühle, Sitzbälle, Stehpulte investieren
- Täglich eine halbe Stunde ein Gehirn-Jogging-Übungsprogramm zum Abschalten, mit Konzentrations-, Kreativitäts- und Vorstellungsübungen anbieten.
- In der Betriebskantine Vollwertkost anbieten

Die konkreten Maßnahmen zur Gesundheitsförderung wie sie in Deutschland und vor allem in USA auf Betriebsebene meist in Gesundheitszentren praktiziert werden, erstrecken sich auf folgende Bereiche:

- Gesundheitliche Hilfen, Verbesserung, z. B. in Form von Massagen, Entspannungshilfen, Rückenschulen
- Reine medizinische Dienste
- Sportliche Aktivitäten
- Fitness-, Wellness-Programme, Stressabbau
- Ernährungsprogramme und -projekte

In größeren amerikanischen Betrieben gibt es z. B. Wellness-Center mit Fitness-Räumen, Beratungs- und Gruppenräumen, auch mit Tennisplätzen, sozialen Aktivitäten (vgl. Hans Steiner, Management personeller Ressourcen durch Wellness-Center, in: Human Resource Management, Sept. 1997).

All diesen Aktivitäten liegt meist ein eingeengter medizinisch bzw. körperlich-organisch orientierter Gesundheitsbegriff zugrunde. Persönliche und soziale Gesundheits- und Vitalitätsentwicklung, die Freisetzung von Energien, Motivationen und Fähigkeiten, z. B. der Abbau von sozialen Konflikten und Spannungen, Entspannungsmethoden und die mentale Aufrüstung, Gehirn-Jogging, um auch geistig den Anforderungen gewachsen zu sein, fehlen oft völlig. Gesundheit ist mehr als Körperorgan-Gesundheit und Krankheitsbehandlung.

Beziehungsstörungen im Betrieb gefährden nicht nur die Gesundheit, sondern auch die betriebliche Leistungsfähigkeit und die Qualität der Arbeit. Zwischenmenschliche Systeme wie Teams, Abteilungen, das Gesamtunternehmen werden durch „verborgene", informelle Energien beeinflusst, von deren Beachtung bzw. Missachtung, Gesundheit, Beziehungsqualität und Zusammenarbeit abhängen (Vgl. Horn u. a., 2001). Deshalb gehört Beziehungsmanagement, gesundheitsfördernde Führung, wesentlich zur Gesundheitsentwicklung.

Betriebliches Gesundheitsmanagement

Gesundheit im Betrieb muss wie jede „Dienstleistung" oder jedes Produkt gemanagt werden.

- Es muss der Bedarf, die Notwendigkeit, die Gesundheitssituation analysiert, diagnostiziert werden (Gesundheitsanalyse). Zur Gesundheitsanalyse gehören z. B. der Gesundheitsbericht, Mitarbeiterbefragungen, Gesundheits-Checks.
- Aufgabe des Gesundheitsmanagements ist der Aufbau und der Funktionserhalt der entsprechenden Organisation, Beispiele sind der Arbeitskreis Gesundheit, die Arbeits- und Gesundheitsschutzorganisation (Gesundheitszirkel).
- Auch Gesundheitskommunikation muss gepflegt werden. Dazu zählen Seminare, Workshops, Kurse, Kampagnen,

Arbeitsplatzprogramme, Veröffentlichungen, z. B. in Werkzeitungen. Auch hier wird Gesundheitsmanagement aktiv.

- Für Gesundheitsförderung muss geworben, Marketing nach innen und nach außen zur Öffentlichkeit betrieben werden.
- Zentrale Aufgabe des Gesundheitsmanagements ist die Konzeptionierung, ein Gesamtkonzept für die Gesundheitsentwicklung des Betriebe zu entwickeln. Dazu gehören nicht nur die strukturellen Maßnahmen wie Ergonomie, Veränderung der Arbeitsbedingungen, Personalentwicklung.

Gesundheits- und Mentalberatung

Eine letzte tragende Säule der betrieblichen Gesundheitsentwicklung ist ein neues Beratungssystem. Gesundheits- und Mentalberater sind z. B. Führungskräfte, Personalentwickler, aber auch externe Berater. Die neue Gehirnforschung macht deutlich, dass wir unser Gehirn trainieren können, um uns so leichter umzustellen, unser Denk- und Kreativitätsvermögen zu stärken, um Energie für Gesundheit und Vitalität zu entwickeln, uns selbst zu motivieren. So lassen sich neue Wege durch mentales Lernen realisieren. Hier liegt eine zentrale Führungsaufgabe der Zukunft (s. Abb. 34).

- Wenn Unternehmen heute auf das innere Engagement, die geistige Flexibilität und Veränderungsfähigkeit, sowie auf die MindVitness® der Mitarbeiter und des Managements angewiesen sind, auf eine neue zukunftsorientierte, konstruktive Art des Denkens, dann müssen diese geistigen Potenziale auch gefördert und trainiert werden.
- Die Dynamik der Wirtschaft verlangt ständiges Umstellen, Verändern von Mitarbeitern, Organisationsentwicklung, das Ändern von Gewohnheiten, von Arbeitsmethoden, von Verhaltens- und Denkweisen. Da jede Veränderung im

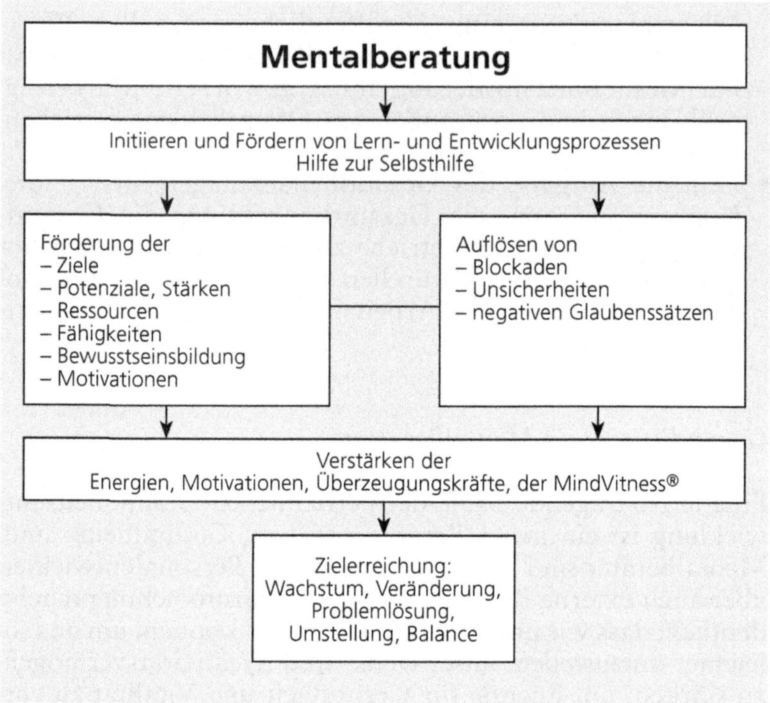

Abb. 34: Mentalberatung

Kopf beginnt, hier die notwendige Veränderungsenergie freigesetzt wird, bedarf es des Mindcoachings, der Neuorientierung im Kopf, der Änderung des Bisherigen.

- Mentalberatung als Hilfe zur Selbsthilfe für einzelne Mitarbeiter und Arbeitsgruppen verfolgt also mehrere Ziele: Wachstum, Umstellung, Problemlösung, Energetisierung (Abb. 35).

Sie ermutigt, bekräftigt und begleitet Mitarbeiter, ihre neuen Ziele, Gewohnheiten und Verhaltensweisen geistig, einzuüben, sich vorzustellen und in ihren Gedanken fest zu verankern, damit sie Realität werden können. Mit Hilfe von Mentalberatung, z. B. durch die Führungskraft, Teamleiter, Abteilungsleiter, Personalentwickler und durch eigenes Mentaltraining können sowohl betriebliche Prozesse als auch Gesundheitsentwicklung beschleunigt und vollzogen werden, denn „alles beginnt im Kopf“ (DECKER 1999a).

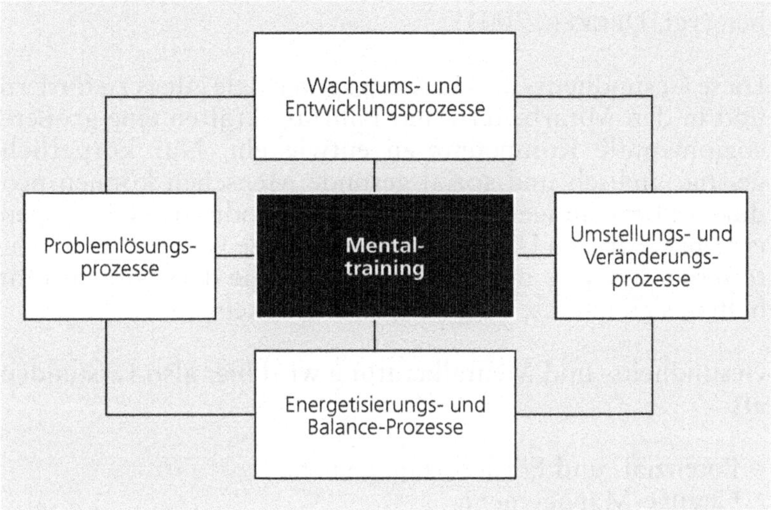

Abb. 35: Mentaltraining

5.3 Gesundheits- und Mentalberatung als Modell betrieblicher Vitalitäts- und Energieförderung

Im Rahmen der Langzeitökonomie, die sein Begründer NICOLAI KONDRATIEFF ab 1926 entwickelte, befinden wir uns, wie in Kap. 2 bereits angesprochen, in einem neuen Kondratieff-Zyklus, dem sechsten Zyklus einer neuen Wachstumsphase in diesem Jahrtausend. Seine Basismotivation wird Gesundheit sein. Der zu Ende gehende Zyklus gehörte dem Innovationsschub der Informationstechnik.

Gesundheit entwickelt sich als Produktivitäts- und Wachstumsfaktor. Die psycho-sozio-mentalen Faktoren wie geistige Fitness (MindVitness®) in Form von Kreativität, Flexibilität, Selbstmotivation, ferner Zusammenarbeit, Angstfreiheit, das Ausschalten von leistungs- und gesundheitshemmenden Problemfeldern entwickeln sich zu zentralen Managementaufgaben (vgl. Decker, 2001).

Diese Gesundheits- und Leistungspotenziale gilt es zu fördern und in den Mitarbeitern und Führungskräften eine größere soziomentale Kompetenz zu entwickeln. Nur körperlich, geistig, seelisch und sozial gesunde Menschen können produktive Beziehungen unterhalten und produktive Leistungen erbringen. In den USA beschäftigen große Unternehmen heute schon mehrere tausend Berater, welche den Mitarbeitern helfen, sich in diese Richtung zu entwickeln.

Gesundheits- und Mentalberatung wird hier also verstanden als

- Potenzial- und Förder-Management
- Change-Management
- Präventionsmanagement
- Vitalitäts- und Energiemanagement

im zentralen Unternehmensbereich und in der Gesundheitsentwicklung. Vorsorge bzw. Prävention reichen also absolut nicht. Prävention und Gesundheitsförderung unterscheiden sich wesentlich. Prävention geht von bestimmten Risiken aus, während Potenzialmanagement bzw. Gesundheitsförderung unspezifisch sind. Ein solches Potenzialmanagement ist primär mind- und verhaltensorientiert. Es zielt darauf ab, den Einzelnen durch Anreiz- und Beratungssysteme anzuregen, pfleglicher mit seiner Energie und Gesundheit umzugehen.

Die Vorstellung von *immateriellen Vermögenswerten*, z. B. in der Form von geistig-emotionaler Vitalität (MindVitness®), setzt sich weltweit immer stärker durch. KEVIN THOMSON (1998, S. 37) schreibt in seinem Buch, dass „immaterielle Vermögenswerte wie Leidenschaft, Besessenheit, Motivation, Wünsche, Innovation und Wissen für die Entwicklung von Produkten, Dienstleistungen und Beziehungen [...] entscheidend sind." Ein solches geistiges Kapital setzt allerdings ein psycho-soziomentales Gesundheitsmanagement voraus, welches die entsprechenden Ressourcen fördert und entwickelt, Vitalität, Wohlbefinden und Fitness schafft.

5.3.1 Die neue Bedeutung von Gesundheits- und Mindentwicklung

Im Sport ist die Bedeutung mentaler Stärke schon lange bekannt. Nach den Olympischen Spielen 1992 bahnte sich eine gravierende Wende an, „mind" wurde als Schlüsselfaktor für sportlichen Erfolg entdeckt. Man erkannte als wichtige Aspekte der Leistungssteigerung

- die Steigerung der Energie durch Mentaltraining
- Selbstmotivation durch Ziele
- besser Konzentrationsmöglichkeiten
- die mentale Vorstellungskraft
- und mentale Stress-Kontrolle und Balance.

Diese neuen geistigen Kraftquellen lassen sich auch für die Gesundheitsentwicklung, die betriebliche Leistungs- und Innovationsentwicklung und die persönliche Lebensgestaltung nutzbar machen.

Das Wort „mental" leitet sich vom Lateinischen ab, von mens = Verstand, Geist, Sinn, Denkfähigkeit, Denkart, Gedanke, Vorstellung. Es lässt sich ferner ableiten von mentalis = geistig, in Gedanken, in der Vorstellung vorhanden. Mentalität ist die grundlegende Betrachtungsweise der Welt und beinhaltet ein ganzes Bündel von Erfahrungen, Gefühlen, Gedanken. In der englischen Sprache verwendet man vielfach das Wort „mind“ In freier Übertragung lässt sich das Wort auch als „gedankliche Kraft“ als „positive Gedankenkraft“, als „Bewusstsein“, „innere Einstellung“ übersetzen.

Mental- und Gesundheitsberatung bzw. Training kann als Antwort auf die Herausforderungen durch das zivilisierte und dynamische Leben gesehen werden. Die Entwicklung zur Informations- und Wissensgesellschaft erfordert höhere geistige Kräfte, mehr Geist und Intelligenz, bessere berufliche Qualifizierung.

Darüber hinaus macht der Zerfall der bisherigen Werte-Institution und Vorbilder von Elternhaus, Religion und Tradition die Entwicklung eines persönlichen Lebenssinns, eigener Zielvorstellungen notwendig. Jeder muss zunehmend sein eigenes Lebenskonzept entwickeln, sein Leben eigenverantwortlich managen.

Das Gesundheitsinteresse ist riesengroß,
das Gesundheitswissen ist mäßig,
das Gesundheitsverhalten ist miserabel.

Christian Morgenstern

Gesundheits- und Mentalberatung versteht sich als eine persönliche Entwicklungs- und Wachstumsförderung. Sie will

1. Die geistige Fitness verbessern (MindVitness®)
   - Flexibilität ermöglichen, Umstellungs- und Veränderungsfähigkeit
   - MindVit-Sein ermöglichen, z. B. besser lernen und behalten, kreativ sein, konstruktiv denken, leistungsfähiger sein, sich in einer Spannungsbalance halten

Abb. 36: Störfaktoren für eine gesunde Lebensweise

2. Wachstum und Entwicklung fördern (Persönliches Mindcoaching)
   - Persönliches Wachstum ermöglichen
     - Erfolgreich sein
     - Selbstbewusstsein, Selbstwertgefühl verbessern
     - Selbstmotivation verbessern

- Lebensperspektiven entwickeln
  - Lebenssinn und Orientierung entwickeln
  - Lebensordnungs-Störungen beseitigen (z. B. Bewegungsmangel, Ernährungsumstellung, emotionalen Stress regulieren)
  - Vorsorge treffen, frühzeitig gegensteuern, sich neu einjustieren, in die Balance bringen
  - Das Leben selbst in die Hand nehmen, geistig vorausdenken.

5.3.2 Neue Erkenntnisse der Gehirnforschung

Albert Schweitzer wurde einmal gefragt, wie er es sich erklären könne, dass jemand nach der Behandlung durch einen afrikanischen Medizinmann hoffen könne, gesund zu werden. Schweitzer antwortete: „Sie möchten, dass ich Ihnen ein Geheimnis enthülle, dass wir schon seit Hippokrates mit uns herumtragen. Alle Menschen, alle Patienten tragen ihren Arzt in sich." Der Arzt in uns selber ist aber nichts anderes als die Kraft unserer Gedanken, die Art und Weise wie wir denken, glauben, wie wir die Welt, unser Leben sehen, unsere Gesundheit, Krankheit und auch Heilung sehen.

Unsere psycho-physiologischen Abläufe im Körper werden vom Gehirn als einem natürlichen Gesundheitsförderungssystem beeinflusst. Was und wer wir sind, wird durch unsere aktive Gestaltung im Gehirn, z. B. durch unser Denken, aber auch durch unsere Interaktion mit der Welt, unsere Kommunikation und unsere Beziehungen zu anderen Menschen sowie durch Erfahrungen geformt. „Anders gesagt, die Gestaltung des Gehirns bedarf Ihrer aktiven Aufmerksamkeit". (Robertson, 2001, S. 65).

Unser Gehirn ist also lern- und entwicklungsgeschöpftes Potenzial zur Steigerung seiner Leistungsfähigkeit. Aber nicht nur wir selbst formen unser eigenes Gehirn, sondern auch andere Menschen und Umwelteinflüsse. Das gilt auch für Gesundheit.

Unser Gehirn wird durch Lernprozesse geformt, die „ziselierte neue Muster in das vibrierende Netz neuronaler Verbindungen einweben." (ROBERTSON, 2001, S. 43). Wir sollten also unser Gehirn trainieren, entwickeln. Auch für die Gehirnfähigkeit gilt: „Wer rastet, der rostet." Denken, Vorstellungen, Überzeugungen, Informationen hinterlassen eine Spur in unserem Gehirn.

Unser Gehirn besitzt aber nicht – wie wir lange geglaubt haben – ein intellektuelles Potenzial, sondern auch eine psychosoziomentale Kompetenz. Wissenschaftliche Forschungsergebnisse (GROSSARTH-MATICEK, 2000, S. 3) beweisen, dass es möglich ist, „bestimmte Grundhaltungen und Überzeugungen zu verändern, die das Denken und Handeln eines Menschen während seines bisherigen Lebens weitgehend bestimmt – und ihn, dabei mehr oder weniger krank gemacht haben [...] Heute weiß man, dass das Gehirn zeitlebens zur adaptiven Modifikation und Reorganisation seiner einmal angelegten Verschaltungen befähigt ist, und dass die Herausbildung und Festigung dieser Verschaltungen ganz entscheidend davon abhängt, wie und wofür wir unser Hirn benutzen." (GROSSARTH-MATICEK, 2000, S. 3).

Mentaltraining als bewusste, zielgerichtete Stimulation unseres Gehirns erhält also aufgrund dieser Forschungen eine entscheidende Bedeutung. Diese Prägung unseres Gehirns erfolgt auch durch psychosoziale Einflüsse, z. B. durch negative Gefühle, Angst, Ohnmacht, Hilflosigkeit und Konflikte (Psychoneuroimmunologie).

Noch vor wenigen Jahren konnte sich die Hirnforschung nicht vorstellen, dass solche psychosozialen Einflüsse das Gehirn in irgendeiner Weise verändern könnten, also z. B. den Gesundheitszustand beeinflussen.

> „War man bisher stillschweigend davon ausgegangen, dass der Mensch sein großes Gehirn zum Denken besitzt, so haben Forschungsergebnisse der letzten Jahre deutlich gemacht, dass der Bau und die Funktion des menschlichen Gehirns in besonderer Weise für Aufgaben optimiert sind, die wir unter dem Begriff ‚psychosoziale Kompetenz' zusammenfassen. Unser Gehirn ist demnach weniger ein Denk- als vielmehr ein Sozialorgan." (GROSSARTH-MATICEK, 2000, S. 3)

Das emotionale Gleichgewicht stellt eine entscheidende Voraussetzung für die ungestörte Entfaltung der Selbstheilungskräfte und Widerstandskräfte des Menschen dar. Durch Bewusstmachung und Nutzung der eigenen Ressourcen, durch Mentaltraining ist es also möglich, Gesundheit und persönliche Entwicklung zu stärken und negative Grundüberzeugungen und Glaubensmuster zu verändern.

Neuere Forschungen zeigen, dass wir sorgsamer mit dem Energiepotenzial des Gehirns umgehen sollten. Stress, Ängste, emotionale Ungleichgewichte rauben dem Gehirn Energie. Kommt es so zu einem Versorgungsnotstand des Gehirns, holt sich das „egoistische Gehirn" die Energie aus dem Körper, aus Muskeln, Fettzellen u. a. Andere Organe im Körper hungern und überlassen alle verfügbaren Energiereserven dem Gehirn („Brain Pull"). Wir entwickeln Hunger und Übergewicht, Diabetes und Rückenschmerzen, wie Prof. Achim Peters in seinem Buch „Das egoistische Gehirn", Berlin (2011) nachweist. Das ist gerade für betriebliche Kopfarbeiter von zentraler Bedeutung.

5.3.3 Das Konzept der Gesundheits- und Mentalberatung

Das Konzept der Gesundheits- und Mentalberatung lässt sich wie folgt darstellen:

1. Gegenstand ist eine moderne ganzheitliche Gesundheitsentwicklung, die Stärkung und Entwicklung von Ressourcen und Widerstandskräften, Vitalität und Wohlbefinden wie Körpertraining, Bewegung, MindVitness®, emotionale Stabilität, Energie- und Spannungsbalance, soziale Beziehung und Harmonie, Ökologie, Ernährung und Arbeitslebensgestaltung, Lebensordnung. (Abb. 37)

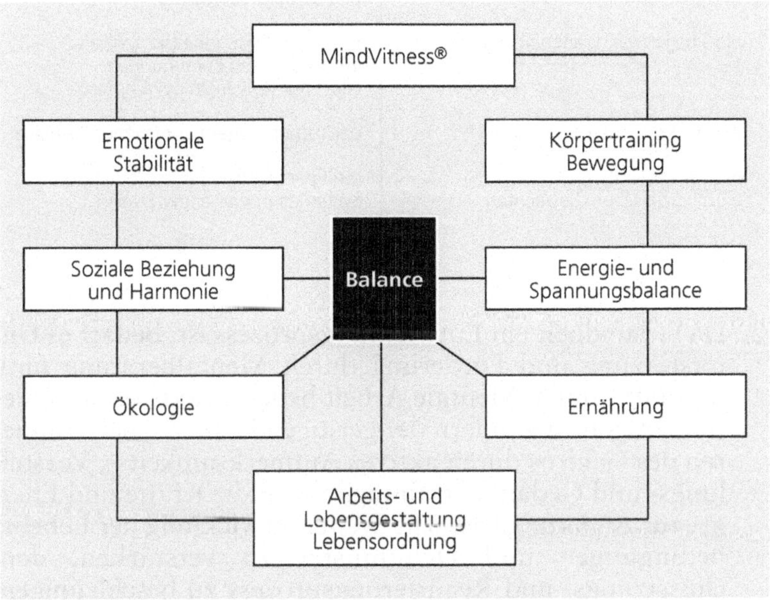

Abb. 37: *Die acht Faktoren moderner Gesundheitsförderung*

Gesundheits- und Mentalberatung will Gesundheit verstärken, nicht Krankheit und Kranke behandeln. Sie wendet sich ausschließlich an gesunde Menschen, die ihre Gesundheit pflegen, stärken, ihre Vitalität und ihr Wohlbefinden verbessern wollen, um sich so weiter zu entfalten, ihre Lebensqualität zu steigern und Krankheiten zu vermeiden. Es entspricht damit der Ottawa Charta der Weltgesundheitsorganisation WHO.

Der Ansatz der Ottawa-Charta zur Gesundheitsförderung

Weg von	Hin zu
biomedizinischen Leistungen	Umwelt-, Lebensführungs- und Strukturgestaltung
bloß negativen, krankheitsorientierten	positiven, Gesundheitspotenziale erschließenden Bemühungen (statt nur Risiken zu bekämpfen)
expertokratischem „top down"	partizipatorischem „bottom up" Ansatz
monokausalem, biomedizinischem Betrachten	multiperspektivischer, in vernetzten Systemen operierender Praxis

2. Da Gesundheit ein Entwicklungsprozess ist, bedarf es Unterstützung und Förderung durch Mentalberatung und Mentaltraining. Mentale Arbeit bedeutet aktives Stimulieren, Prägen, Verändern der geistigen Prozesse, ein Trainieren des Gehirns durch aktives Aufmerksamkeits-, Vorstellungs- und Gedankentraining, um so die Kräfte und Energie zur Änderung bzw. zur Weiterentwicklung der Lebensbedingungen und Denkmuster zu verstärken, den Umsetzungs- und Realisierungsprozess zu beschleunigen und zu ermöglichen. Mentaltraining bzw. Gesundheits- und Mentalberatung will Motivation und Ermutigung zur Erreichung von Zielen und Umstellungsprozessen fördern.

Gesundheits- und Mentalberatung versteht sich als ein modernes lernpädagogisches Konzept, welches in keinem Zusammenhang mit der Schulmedizin und der Psychotherapie steht. Es ist kein medizinisches Therapie-System, sondern ein vormedizinischer, gesundheitspädagogischer Ansatz. Gesundheits- und Mentalberatung will sich mit wissenschaftlichen Methoden den Fragen widmen, worum sich Psychologie und Medizin „Jahrzehnte lang nicht gekümmert" haben (Brockert, 2001, S. 7).

Es sind die Fragen, die jeder Mensch stellt:

- Wie kann ich gesund leben, mit mehr Vitalität, Wohlbefinden, Energie und Gesundheit?
- Wie kann ich in Arbeit, in Partnerschaft, in sozialen Beziehungen, in der Freizeit erfolgreicher, emotional stabiler und ausgeglichener sein. Denn Balance bedeutet Gesundheit. Wie kann ich Ordnung in mein Leben bringen?

Gesundheits- und Mentaltraining wendet dabei die neuen lern- und entwicklungsorientierten Methoden an. (vgl. Decker, 1999c).

3. Gesundheits- und Mentalberatung basiert auf den neuen wissenschaftlichen Erkenntnissen der modernen Gehirnforschung (vgl. Spitzer, 2000), der Psychoneuroimmunologie, der Mentalpädagogik, des Neurolinguistischen Programmierens (NLP), der Kinesiologie und der Beratungspädagogik (vgl. Decker, 1999b, 1997a).

4. Im Beratungsprozess, der im Zentrum der Gesundheits- und Mentalberatung steht, soll den gesunden Menschen Hilfe zur Selbsthilfe angeboten und eine Anleitung und Ermutigung zum eigenverantwortlichen Mentaltraining gegeben werden.

5. Gesundheit ist lebens-, arbeits- und freizeitbedingt. Man kann nicht mehr schematisch in Gesundheit bzw. Gesundheitsstörungen am Arbeitsplatz, in der Lebensführung, Freizeit und im Privatbereich trennen. Die Grenzen zwischen den Lebensbereichen sind fließend. Betriebliche Gesundheits- und Mentalberatung sollte auch die Work-Life-Balance beachten. Auch sind die Grenzen zwischen eigenverantwortlicher Gesundheitsentwicklung eines einzelnen Mitarbeiters (Selbstmanagement) und betrieblich-systemischer Gesundheitsförderung fließend. Gesundheits- und Mentalberatung will beides.

5.3.4 Beratung als zentrale Aufgabe

Im Bereich der betrieblichen Gesundheitsförderung finden wir zahlreiche Methoden wie Beratung, Information, Aufklärung, Unterweisung, Training, Workshops, Seminare. Auch im Rahmen des betriebsmedizinischen Diensts finden Interventionen statt. Gesundheits- und Mentalberatung ist ein wesentlicher Bestandteil der betrieblichen Gesundheitsentwicklung. Nach einer Untersuchung über Gesundheitsförderung und Krankheitsprävention im betrieblichen Umfeld (Hartmann, Traue, 1996) gehört Beratung neben Kursen zu den häufigsten Maßnahmeformen. Verbreitet sind in jüngster Zeit auch verwandte Konzepte wie Supervision und Coaching.

Beratung erhält schon deshalb eine zunehmende Bedeutung, weil allgemeine Information und Aufklärung, reine Wissensvermittlung über gesundheitsfördernde und -beeinträchtigende Maßnahmen, Bedingungen und Prozesse nicht reichen. Gesundheitsentwicklung ist häufig mit Umstellungs- und Veränderungsprozessen, mit persönlichen Entwicklungen verbunden. Durch das Beratungsgespräch soll die Änderungsbereitschaft verstärkt werden, Ermutigung und Motivation gefördert und Unterstützung bzw. Verstärkung bei der Umsetzung von Denkweisen und Verhaltensweisen ermöglicht werden.

Mentalberatung geht davon aus, dass auch Gesundheitsentwicklung im Kopf beginnt und mentale Arbeit diese Änderungs- und Umstellungsprozesse beschleunigt, Bewusstsein, Motivation und Durchhaltevermögen entwickeln kann. So wie Spitzensportler ihren Coach bzw. Trainer haben, so will mentale Beratung Hilfe zur Selbsthilfe, zum persönlichen Mentaltraining und damit zur persönlichen Gesundheitsentwicklung leisten.

Oft werden wir durch eingefahrene Glaubenssätze und Gedankenmuster gebremst. Diese Blockierungen können mit mentalen Methoden überwunden werden, um so neue und kreative Wege gehen zu können. Durch den Abbau von Zwängen und Druck können Gesundheitsentwicklung aktiviert werden. Das Leben erhält eine neue Qualität.

> Weil wir nicht in einer geordneten, geregelten Welt leben, sondern in ein Chaos aus Stress, Lärm, Anforderungen und Zwängen hineingeworfen werden, heißt Gesundheit schließlich nichts anderes, als das Positive und Lebensfreundliche aus diesem Chaos herauszufiltern und für sich nutzbar zu machen. Es bedeutet, eine bestimmte Ordnung in die Unordnung hineinzubringen, dem vielfach sinnlos Erscheinenden einen Lebenssinn abzugewinnen. Es bedeutet, die positiven Seiten des Lebens mehr zu betonen, die dem Selbstwertgefühl nützen. Es bedeutet auch, den ständigen Wandel nicht als Bedrohung, sonder als Herausforderung zu sehen. (HEIKO ERNST, Chefredakteur von Psychologie Heute, UGB-Forum 5/98)

Die Lernphilosophie der Mentalberatung lässt sich mit den Worten von RICHARD BANDLER, einem der Begründer des Neurolinguistischen Programmierens, umschreiben:

> „Ich will Menschen optimieren. Ich will herausfinden,
> wie schnell wir uns entwickeln können,
> wie schnell wir lernen können,
> wie viel wir erreichen können.
> Dabei ist es mir egal, ob es sich um Golf spielen oder um Verkaufen handelt, oder darum, dass jemand seine Post doppelt so schnell erledigt, als Chirurg weniger Fehler macht oder kreative Lösungen ... oder Produktentwicklung findet. Das spielt für mich keine Rolle. *Die Arbeit findet im Gehirn statt* und sie besteht in jedem einzelnen Fall darin, die Menschen dazu zu bringen, ihr Denken so umzustrukturieren, dass sie nicht danach suchen, was schief gehen kann, sondern danach, wie wir Lösungen finden und die Fülle von Gelegenheiten erkennen können, von denen wir umgeben sind [...] Das Ziel des Lernens besteht darin, etwas Neues tun zu können und nicht nur neue Worte zu haben, mit denen man über etwas reden kann. Mir war klar, dass die diagnostischen Kategorien, mit denen gearbeitet wurde, nichts taugten, weil sie keinem verrieten, was zu tun sei." (Multi-Mind-NLP aktuell, 1, 1992, Paderborn S. 40).

Der Mentalberater ist ein Helfer für gehirnoptimale Entwicklungs-, Lern- und Veränderungsprozesse der Klienten. Er bietet Hilfen und Methoden an, die der Klient anschließend selber umsetzt.

Statt Therapeut ist der Berater:
- Katalysator
- Anleiter
- Prozess-Begleiter
- Informierender
- Moderator
- Vermittler
- Geburtshelfer
- Helfer zur Selbsthilfe
- Change agent

Die Berater helfen uns dabei vielleicht noch in den Sattel, reiten aber wollen wir so schnell es geht allein. Dazu gehört die Ermutigung, auf die eigenen Fähigkeiten zu vertrauen, und dazu gehört die Geduld, Probleme und Konflikte auch durchzusetzen. Mentalberatung ist also die Arbeit mit und bei Gesunden, und zwar auf der körperlichen, geistigen, psychischen und ökologischen Ebene.

Thematische Schwerpunkte von Beratungen

Beratung kann im Betrieb durch Führungskräfte, Vorgesetzte oder interne bzw. externe Gesundheits- und Mentalberater mit spezieller Ausbildung durchgeführt werden. Schwerpunkte dieser Gespräche sind Gesundheitsförderung im weitesten Sinne und vor allem die Verbesserung der MindVitness®, um gezielt das eigene Denken für die Entwicklung, Veränderung und Umsetzung von Verhaltensweisen, Denkperspektiven, von Zielen und Vorsätzen zu mobilisieren.

Im betrieblichen Kontext sind die thematischen Schwerpunkte der Gesundheits- und Mentalberatung unterschiedlich. Sie reichen von Bewegung, Körpertraining, Ernährung, Störungen der sozialen Beziehungs- und Zusammenarbeit (z. B. Konflikte, Mobbing) Stress-Balance, Mindqualifizierung bis hin zu ergonomischen Veränderung, zu ökologischen Belastungen, aber auch bis hin zur persönlichen Lebensgestaltung, zu konkreten Fragen und Krisen in der gegenwärtigen Lebensführung und Lebensgestaltung, die sich auf die Arbeit und Leistungsfähigkeit auswirken. Es lässt sich nicht umgehen, Problemlösung bzw. neue Wege zu behandeln, die privaten Lebensbereichen zugeordnet sind, aber Wirkungen auf die Arbeit und Leistungsfähigkeit haben.

Das Konzept von Beratungsgesprächen

Gesundheits- und Mentalberatung im hier verstandenen Sinne ist *klientenzentriert.* Die Berater sind Methodenexperten. Sie bieten Methoden an, z. B. Entspannungs- oder Visualisierungs- und Umstellungsmethoden, holen sich aber die Einwilligung durch den Klienten ein. Die Beratung erfolgt nach einem Prozessschema (Abb. 38)

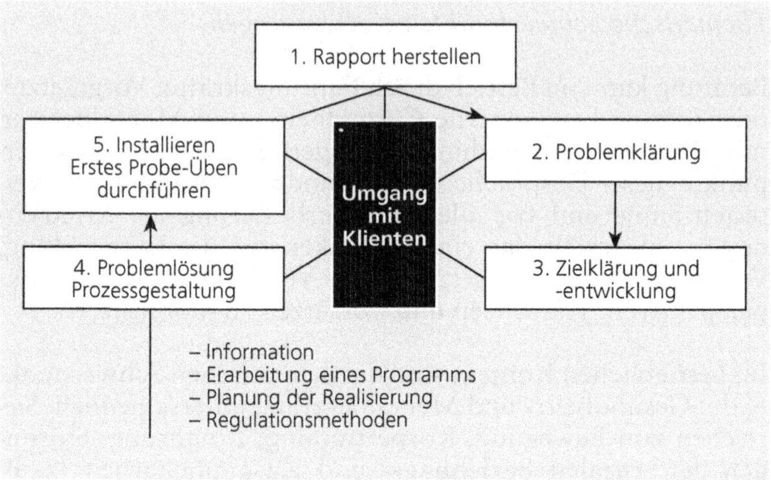

Abb. 38: Der Gesundheits- und Beratungsprozess

Der Berater bzw. Beraterin, haben die Aufgabe, die Selbstverbalisierung und die Problemlösungsideen des Klienten z. B. durch Fragen zu fördern. Mentale Aktivitäten und Entwicklung sind klienten-selbstbestimmt. Das kann so weit gehen, dass der Berater nur durch formale Fragen zu Gedankenprozessen anregt, z. B. durch die Aussage bzw. Fragen. „Sehen Sie sich selber in diesem Vorstellungsbild? Was empfinden Sie, machen Sie sich die Empfindungen bewusst?" Denkbar sind auch Anweisungen wie: „Machen Sie sich ein Bild, eine geistige Vorstellung von Ihrem Ziel, machen Sie dieses Vorstellungsbild farbig, lebendig, holen Sie es nahe an sich heran." Der Klient entscheidet, was er öffentlich machen will.

Die Autonomie der Ratsuchenden, die Orientierung an seinen Interessen, aber auch die Vertraulichkeit der Informationen sind also wichtige Kriterien.

Kombination von Methoden

Entsprechend der unterschiedlichen Ziele im Beratungsprozess zur Initiierung und Entwicklung von gesundheitsförderlichen Denk- und Verhaltensweisen erscheint es ratsam, verschiedene Methoden im Beratungsverlauf zu initiieren, bzw. ergänzend zur Beratung anzuwenden. Folgende Aufstellung verdeutlicht dies:

Methoden	Zielbereiche
Information, Aufklärung	Problemlösung
Üben, Einüben	Bewusstseinsbildung
Training, Mentaltraining	Motivation
Moderation	Ressourcen, Fähigkeiten
Seminar, Kurs	Einüben, installieren
Kampagnen	Realisieren
Zirkel-, Gruppenarbeit	Zielerklärung
Mentale Methoden	

Zwischen dem eigentlichen Beratungsvorgang und den anderen, ergänzenden Methoden bestehen Vernetzungen. Deshalb werden die verschiedenen Methoden auch in Kombination eingesetzt. So werden in Verbindung mit der Beratung Trainingsmaßnahmen durchgeführt, z. B. Visualisierungs- und Entspannungsübungen. Fitnessprogramme, die durch das betriebliche Gesundheitsmanagement entwickelt wurden, werden z. B. ergänzt durch Informationskampagnen und Motivations- und Umstellungsfähigkeiten in einer Einzel- oder Gruppenberatung entwickelt. Denkbar ist auch eine Bewusstseinsbildung in Gesundheitszirkeln.

Übungsprogramme

Typisch für ein solches Gesundheits- und Mentalberatungssystem ist das permanente Einüben, das Einüben von Denkmustern, Glaubenssätzen, geistigen Vorstellungen, von Verhaltensweisen und Gewohnheiten, vom praktischen Tun. Übung macht den Meister. Daher auch Mental-„Training“.

Zu wissen, wie man etwas macht,
ist nicht schwer.
Schwer ist nur, es zu machen.

Chinesische Weisheit

Stellen Sie sich einen Winterspaziergang vor: Sie gehen über zugeschneite Wiesen und Felder, durch den Wald. Alles um Sie herum ist winterlich weiß und es schneit noch immer weiter. Doch Ihre Fußspuren bleiben als Abdrücke im Schnee. Wenn Sie diesen Weg nur einmal gehen, werden ihre Fußspuren schon bald nicht mehr zu sehen sein. Sie sind zugeschneit. Lassen Sie es nicht zu, dass Ihr Weg nicht mehr vorhanden ist. Denn wenn Sie diesen Weg immer und immer wieder gehen, haben Sie letztlich eine tiefe und breite Spur geschaffen, einen Weg, der sicher zum Ziel führt.

Wenn Sie diesen Weg also täglich gehen,
wird er zum Erfolgsweg.

Zur Gesundheits- und Mentalberatung gehören deshalb zahlreiche Übungsprogramme. Sie wollen zum regelmäßigen Üben anleiten: Der Beratungsvorgang ist weder durch das Verschreiben von Medikamenten noch durch Verbaltherapien charakterisiert, sondern durch Übungen, um so die mentalen Prägungen, die neuen Gewohnheiten, Glaubenssätze und Denkmuster zu prägen sowie Körper- und Mindfitness zu erreichen.

Das Bewusstgemachte, Gelernte muss in die Tat umgesetzt werden, muss Gewohnheit werden, Körper, Geist, Emotionen und Verhalten erreichen und prägen.

> „Bewegung ist Leben. Sie ist das Tor zum Lernen. Wenn Lernen definiert ist als „verändertes Verhalten", dann gehe ich davon aus, dass Lernen ohne Bewegung nicht stattfinden kann. Verändertes Verhalten bedeutet, dass man von etwas „bewegt" wurde, sodass man etwas besser kann als zuvor, dass man eine größere Geschicklichkeit erreicht. Im Gehirn findet Bewegung an den Synapsen statt, die so organisiert sind, dass sie die für eine Verhaltensänderung entscheidenden Bereiche verbinden [...] Hinterhirn mit Vorderhirn, obere mit unteren Gehirnbereichen und linke mit der rechten Hemisphäre. Lernen mit dem ganzen Gehirn ist die spontane Verknüpfung all der Gehirnbereiche, die mit dem Lernergebnis zu tun haben. Lernen mit dem ganzen Gehirn beinhaltet physische, emotionale und mentale Prozesse, die zu dauerhaften Veränderungen von Fähigkeiten, Haltung und Verhalten führen; Lernen ist nämlich kein oberflächlicher, flüchtiger Vorgang: Es ist voll internalisiert." (Paul Dennison, in: A Living Context for Reading, Brain Gym Journal, Band VIII, Nr. 1 Frühjahr 1994).

Es reicht nicht z. B. über eine neue Gesundheitsprägung und -maßnahme Bescheid zu wissen, sondern wir müssen uns auch in die Pflicht nehmen und bis zur Neustrukturierung einüben – so wie im Sport, um sicher zu gehen, dass z. B. die Veränderung tatsächlich stattgefunden hat, kann man das Gelernte, das Erkennen und Akzeptieren des Neuen durch den Körper ankern. Das Ankersetzen ist eine wichtige NLP-Mental-Methode. Zum Einüben und Ankern gehören auch ein Aktionsplan und die persönliche Verpflichtung zu üben. Zusammenfassend lassen sich die Aufgaben des Beraters wie folgt darstellen (Abb. 39).

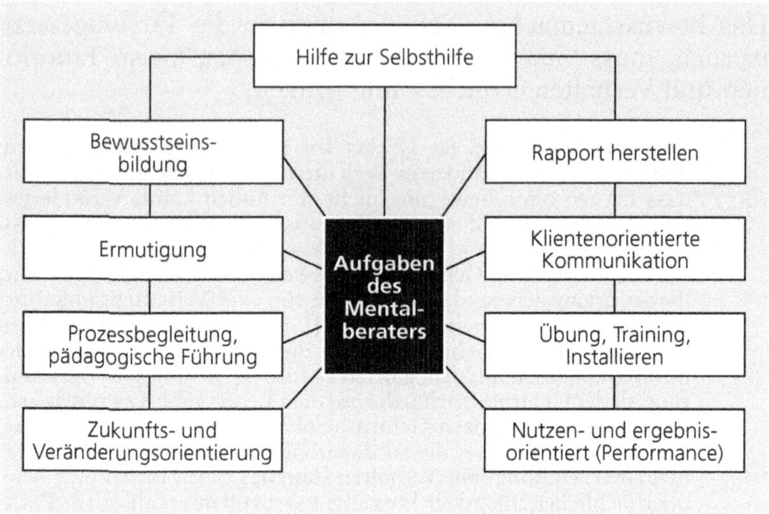

Abb. 39: Aufgaben des Mentalberaters

5.3.5 Mentaltraining als Erfolgskonzept

Neuere Forschungen belegen, dass unser Gehirn trainierbar, lern- und umlernfähig ist (vgl. Kap. 5.3.2). Gehirn-Jogging ist dazu genauso notwendig wie für den Körper Bewegungstraining. Geistige Fitness lässt sich durch Mindtraining und Mind-coaching fördern. Auch hier gilt: Übung macht den Meister. Im Rahmen der Gesundheits- und Mentalberatung nach dem MindVitness®- und Mindcoaching-Konzept des Autors üben die Trainer mit ihren Ratsuchenden bzw. Klienten diese Fähigkeiten ein, damit sie diese bei ihren eigenen Zielsetzungen anwenden können.

Wie funktioniert Mentaltraining? Bei Spitzensportlern, die Mentaltraining praktizierten, stellte man folgende gemeinsame Fertigkeiten fest (PORTER, FOSTER, 1987, S. 13).

- Totaler Glaube an sich selbst und ihre physischen Fähigkeiten
- Uneingeschränkte und totale Konzentration sowie absoluter Fokus auf ihr Ziel
- Das Visualisieren, das Vergegenwärtigen ihrer sportlichen Aktivität, tage- und wochenlang vor dem Ereignis.
- Das Analysieren von Niederlagen, von Misserfolgen, um so ihre Leistung zu verbessern
- Die Fähigkeit, sich von Niederlagen und Misserfolgen geistig leicht zu lösen und den neuen Herausforderungen mit Freuden entgegen zu sehen.
- Sich niemals als Verlierer zu sehen.

Jeder kann die Methode des Mentaltrainings lernen und überall im Leben anwenden. Die zentrale Idee des mentalen Trainings besteht darin,

- die positiven Aspekte der eigenen geistigen Leistung,
- die eigenen körperlichen, geistigen und emotional-sozialen Fähigkeiten,
- die Kunst der richtigen Vorbereitung

in den Brennpunkt der eigenen Aufmerksamkeit zu stellen.

Die traditionelle medizinische Denkweise lehrt uns, unsere Konzentration bzw. Blickrichtung auf das zu richten, was krank macht (Risikofaktoren) und was wir falsch machten. Mentaltraining stellt das Positive, was richtig ist und in Zukunft besser sein soll, in den Mittelpunkt, um zu wachsen, Leistung zu steigern, Gesundheit zu stärken.

Grundvoraussetzung des mentalen Trainings ist, dass wir uns im entspannten Zustand geistige Vorstellungen, Bilder machen und diesen Bildern vor unserem geistigen Auge wirkliche Kraft innewohnt. Mit diesen vorgestellten Bildern schöpfen wir unsere Realität. Diese Bilder beeinflussen uns, unsere Leistung, unsere Gesundheit und unser Wohlergehen jetzt und in Zukunft. Diese Vorstellungen, visualisierten Bilder müssen jedoch ständig geübt werden. Daraus ergeben sich vier Grundelemente des Mind- bzw. Mentaltrainings (Abb. 40).

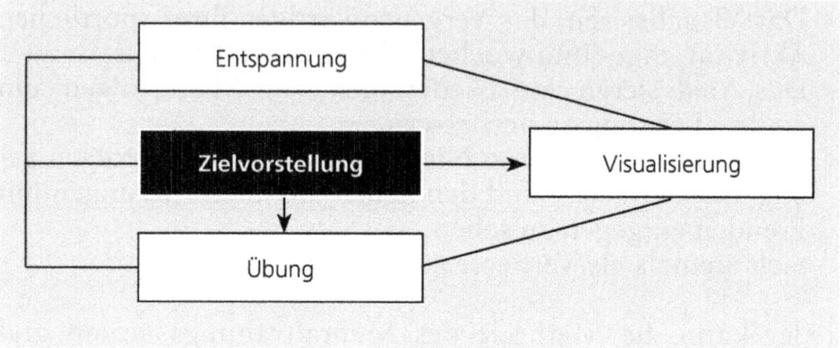

Abb. 40: *Die vier Grundelemente des Mentaltrainings*

Mentales Training ist ein Trainingsprogramm genauso wie das körperliche Trainingsprogramm von Sportlern und Joggern. Wenn Mindtraining wirklich funktionieren soll, müssen wir täglich oder zumindest jeden zweiten Tag üben. Es erfordert Disziplin.

Ziel des Mentaltrainings ist es also, die geistigen Kräfte zu fördern, Gefühle zu mental zu optimieren, um damit ihre Energien zu nutzen, um schneller und gezielter zu neuem Bewusstsein zu gelangen. Die Selbstgestaltung von Gehirn und Bewusstsein kann damit zu einem Erfolgsfaktor, aber auch zu einem Genesungs- und Gesundheitsfaktor werden. Immer mehr Neurowissenschaftler fördern einen aktiveren Umgang mit dem Gehirn und den Gefühlen. Gefühle sind nicht mehr etwas Störendes, sondern zielgerichtete gewandelte Energien, wenn wir unsere Gefühlsregie verbessern.

MindVitness®, d. h. körperliche, geistige und psychische Vitalität und Fitness, werden zu einem Abwehrschild und zugleich zu einem Kompass für die Um- und Neuorientierungen in unserer dynamischen Zeit. MindVitness® ist ein großes Energiepotenzial, das uns helfen kann, mit Stress und anderen Herausforderungen besser fertig zu werden.

Die MindVitness® ist bei vielen Menschen jedoch noch wenig entwickelt. Oft halten wir nur den Körper fit und kümmern uns zu wenig um unsere Psyche und unseren Geist. Entsprechend groß sind die „Entgleisungen“. Mentaltraining kann uns wieder in die Balance bringen und dabei helfen, eine neue Lebensordnung herstellen (Abb. 41).

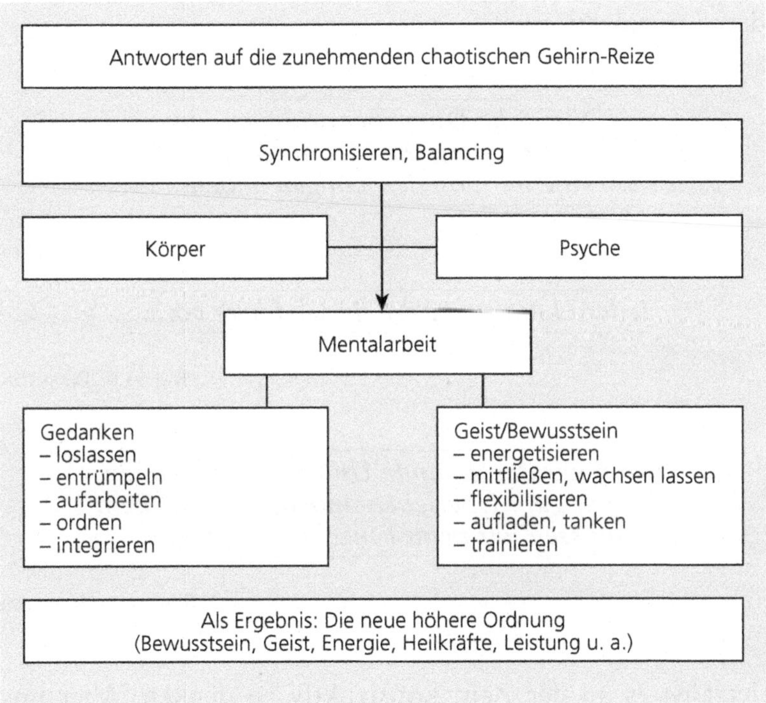

***Abb. 41:** Neue Lebensordnung durch Mentaltraining*

Doch auch hier gilt: Ohne Fleiß keinen Preis. Geistiges Wachhalten erfordert mentale Leistung und Übung. Geistiges Faulenzen tut nicht gut. Mentaltraining, Gehirn-Jogging, Mindcoaching sind Wege zu einem wachen und produktiven Geist. Das konsequente Wachhalten des menschlichen Geistes ist Grundvoraussetzung für seine mentale Leistungsfähigkeit. Nur durch mentale Selbstgestaltung, durch Mind Management vollzieht sich der Wandel vom bloßen Gehirnnutzer zum produktiven Mindgestalter, der seine geistigen Kräfte und seinen persönlichen Lebensweg selbst entwickelt, erdenkt, der Bewusstsein für neue Zukunftschancen entwickelt. Darin liegt eine bedeutsame Antwort für die Herausforderungen unserer Zeit, gerade auch für Unternehmen und andere Organisationen.

Nicht die Dinge beunruhigen uns,
sondern die Meinungen,
die wir von den Dingen haben.

Epiktet

Jeder Handlung geht ein Gedanke voraus.

Ralph W. Emerson

Wenn wir das gesunde Unternehmen wollen,
das wir zum Überleben unbedingt brauchen,
müssen wir beim Einzelnen anfangen.

Wolfgang Dittmar

„Jetzt ist es an der Zeit, konstruktiv zu denken. Aber uns fehlen die dafür notwendigen Methoden. Unsere Zivilisation weist einen Mangel an schöpferischen Denkmethoden auf“, meint EDWARD DEBONO, Experte auf dem Gebiet des kreativen Denkens. DEBONO geht davon aus, dass unsere traditionelle Denkkultur „eine außerordentliche beschränkende Wirkung hatte und dass wir ohne dieses Denken 300 Jahre weiter in unserer Entwicklung wären." Solch einem Denken fehle jegliche konstruktive, kreative oder gestalterische Kraft. Wir glaubten immer noch, in Schule und Wissenschaft, in Beruf und Leben, dass aus der Analyse von Daten neue Ideen entstehen. „Leider beruht dieser traditionelle Glaube auf einem Irrtum. Das Gehirn kann nur das wahrnehmen, worauf es eingestellt ist." Was wir also brauchen, ist eine ganzheitliche, rechts- und linkshirnige Denkweise, mentale Fitness, die auch Kreativität, Emotionalität, Intuition und bildhaftes Denken berücksichtigt. Mentale Selbstgestaltung besitzt hier ein zukunftsträchtiges Entwicklungsfeld.

Die Ziele des Mentaltrainings lassen sich in vier Lern- und Entwicklungsbereiche unterteilen (Abb. 42).

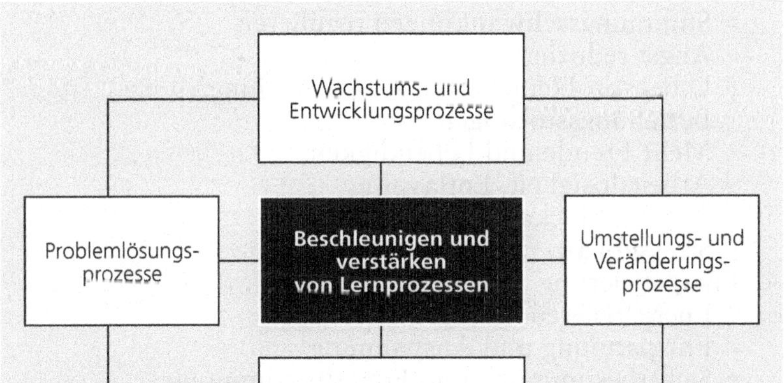

***Abb. 42:** Ziele des Mentaltrainings*

1. Wachstums- und Entwicklungsprozesse
   - Ziele, Absichten, Vorsätze realisieren
   - Menschen wollen dazulernen, noch besser werden, neue Ziele realisieren
   - Verhalten und Persönlichkeit weiterentwickeln
   - Berufliche Leistung verbessern
   - Eigene Schwächen in Stärken verwandeln
   - Selbstbewusster zu werden
   - Mindfitter werden, z. B. besser konzentrieren, kreativ werden
2. Umstellungs- und Veränderungsprozesse
   - Persönliche Umstellung, Veränderung:
   - Mentale Veränderung von Glaubenssätzen, Denkmustern
   - Änderung von Gewohnheiten
   - Ernährungsumstellung
   - Änderung der Lebensweise
   - Beziehungsänderung
3. Problemlösung
   - Konflikte lösen
   - Stimmungsschwankungen regulieren
   - Angst reduzieren
   - Lebensprobleme lösen, z. B. Scheidung, Beziehungsstörungen
   - Mehr Freude und Lebendigkeit
   - Arbeitslosigkeit, Entlassung
   - Ängste, Blockaden auflösen
   - Stressabbau
4. Energetisierung
   - Energetisieren, Energie herstellen
   - Entspannung und Anspannung
   - Selbstbestimmung und Fremdbestimmung
   - Arbeit und Freizeit
   - Ich-Orientierung und Wir-Orientierung
   - Körper-Geist-Balance
   - Links- und Rechtshirn-Balance
   - Sein Leben sinnvoll gestalten

Mentale Stärke ist erlernt, nicht ererbt.

JAMES LOEHR

Alles Wissen, welches wir im Laufe unseres Lebens erwerben, ist nur dann etwas wert, wenn wir es auch umsetzen, anwenden, wenn wir damit etwas tun, etwas schaffen oder verändern. Wissen, dass Rauchen gesundheitsschädlich ist, bedeutet noch nichts. Erst das Tun, das Umsetzen, das Verändern des Verhaltens, das Aufhören können ist das Ziel. Zwischen Wissen und Tun bzw. Können liegen oft Welten. Mentaltraining kann solche Lernprozesse beschleunigen und verstärken (Abb. 43)

Wer sich konsequent etwa 30 Minuten täglich Zeit nimmt, um seinem Unterbewusstsein sein Ziel zu visualisieren, d. h. ein kraftvolles Vorstellungsbild im Geiste vom Ziel entwickelt, der wird bald Erfolg mit der Realisierung haben, motiviert sein und Energie besitzen, das Ziel zu erreichen.

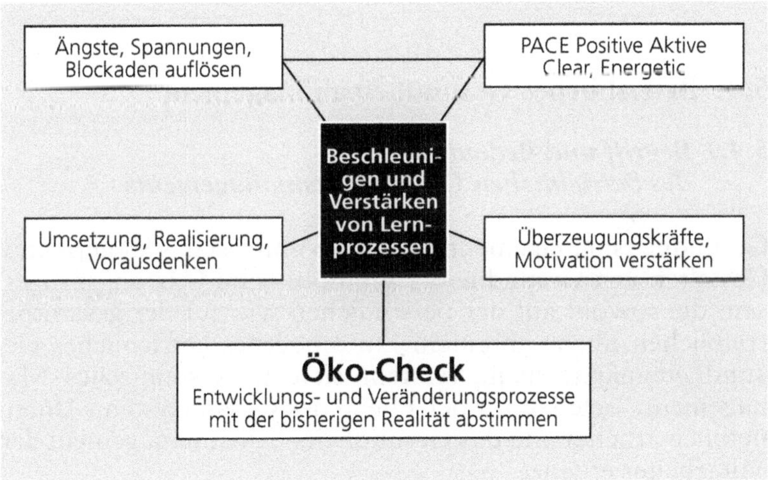

***Abb. 43:** Mentaltraining beschleunigt Lernprozesse*

Man kann folgende Phasen des mentalen Lern- und Veränderungsprozesses mit Hilfe des Mentaltrainings unterstützen:

1. Vorausschauendes Denken, Vorstellungen
   „Alles beginnt im Kopf", auch neue Wege, neue Gewohnheiten und Verhaltensweisen, mentale Ziel- und Vorsatzbildung, Bewusstseinsbildung, neue Zielvorstellung
2. Begleitende Unterstützung im Zielrealisierungsprozess
   Als Motivation, als Energie-Mobilisierung, als Überzeugungsregulation, als positive Denkimpulse, Entwicklung der Erfolgsgewissheit durch das PACE-Prinzip (Positive, Active, Clear, Energetic)
3. Umsetzungshilfe
   Ständige mentale Ermutigung, Visualieren der Zielerreichung, Verstärkung der Durchhaltekraft, Öko-Check
4. Zielerreichung
   Visualisieren des Erfolges, geistiges Feiern des Erreichten, Ankern des neuen Verhaltens, Aufbau eines „Moment of Excellence"

5.4 Betriebliches Gesundheitsmanagement

5.4.1 Begriff und Bedeutung des betrieblichen Gesundheitsmanagements

Gesundheitsmanagement im Betrieb umfasst das Steuern und Gestalten von Gesundheits-, Vitalitäts- und Leistungsprozessen, die sowohl auf der persönlichen wie auf der gesamtbetrieblichen Ebene ablaufen. Ein modernes betriebliches Gesundheitsmanagement versteht sich als systemisches Management, welches auf der Ebene des Gesamtsystems Unternehmen arbeitet und das Gesundheits-Selbstmanagement der Mitarbeiter ergänzt.

Im Betrieb wird die Gesundheit von Mitarbeitern und der Organisation nicht als gegeben vorausgesetzt, sondern als Kapital, als Produktionsfaktor angesehen. Diese Produktivkraft muss ständig gepflegt werden. Gesundheit, Wohlbefinden und Vitalität, vor allem aber geistige und soziale Fitness, stellen in immer stärkerem Maße einen Wettbewerbs-, Produktivitäts- und Innovationsvorteil für die Unternehmen dar. Diese psycho-soziomentalen Potenziale und Energien gilt es auf Betriebsebene zu fördern und zu entwickeln. Das ist die zentrale Aufgabe des Gesundheitsmanagements. Gesundheitsmanagement im Betrieb umfasst zwei Teilbereiche

Explizites Gesundheitsmanagement

Dazu gehören die Aufgabenbereiche der Gesundheitsentwicklung im engeren Sinne, wie Steuern und Gestalten des Arbeits- und Gesundheitsschutzes, die betriebliche Gesundheitsanalyse, der Aufbau einer speziellen Gesundheitsorganisation, die Einrichtungen von speziellen Gesundheits- und Fitness-Räumen, bzw. -aktivitäten, z. B. Entspannungsprogramm aber auch die Steuerung von Gesundheitszirkeln, Förderung des Gesundheitsbewusstseins (siehe Kap. 5.1).

Integriertes Gesundheitsmanagement

Gesundheit wird immer mehr Bestandteil der betrieblichen Produktions- und Arbeitsprozesse. Sie muss im Rahmen der Unternehmensführung im Verbund mit anderen Produktivfaktoren gepflegt, gemanagt werden. Ein solches integriertes Gesundheitsmanagement will die betriebliche Gesundheit im Rahmen der üblichen Führungs- und Managementaufgaben fördern, z. B. durch die Arbeits- und Organisationsgestaltung und -entwicklung, durch Arbeitszeitgestaltung, durch eine gesundheitsfördernde Unternehmens- und Führungskultur, durch betriebliche Sozialpolitik, durch Information, Kommunikation und Binnenmarketing, durch Personalentwicklung, Mind Management und Verhindern von Organisationspathologien (Stress-Organisation, Mobbing-Organisation, Misstrauensorganisation u. a.). Ein solches integriertes Gesundheitsmanagement ist eine Art Potenzialmanagement, welche die geistigen, körperlichen und seelischen Kräfte der Mitarbeiter entwickeln helfen, um so das Engagement, Vitalität und Leistungskraft besser nutzen zu können. Ein solches Potenzialmanagement erstreckt sich insbesondere auf die Gesundheits- und Mentalberatung und die Sozialpflege. Die folgende Zusammenfassung zeigt die Aufgabenbereiche des betrieblichen Gesundheitsmanagements (Abb. 44).

Gesundheitsmanagement als ein permanenter, ständig sich entwickelnder Prozess schließt die Unterstützung des Gesund-

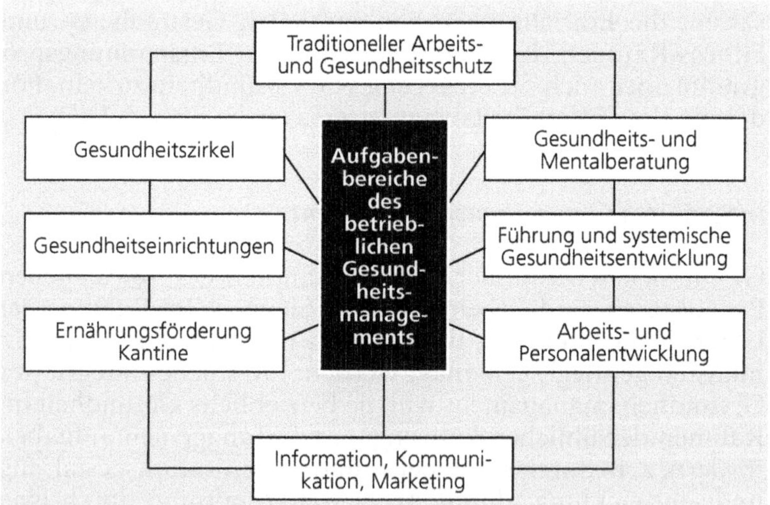

Abb. 44: Aufgabenbereiche des betrieblichen Gesundheitsmanagements

heits-Selbstmanagement der einzelnen Mitarbeiter, dessen konkrete Arbeitssituation ebenso ein, wie das gesamte Unternehmen (z. B. Unternehmens- und Führungskultur, Arbeits- und Organisationsentwicklung) und das Unternehmensumfeld (z. B. Ökologie, Sozialsystem, Freizeitbelastungen). Ein solches Gesundheitsmanagement leistet also einen Beitrag zur Personal- und Organisationsentwicklung. Es ist aber auch Teil eines Qualitätsmanagements. Qualität bedeutet nicht nur Produktqualität, sondern auch Arbeits- und Prozessqualität.

„Gesundheitsmanagement im Betrieb orientiert sich an den Grundsätzen *Eigenverantwortung* (jeder ist für seine Gesundheit selbst mit verantwortlich), *Subsidiarität* (Selbsthilfe geht vor Fremdhilfe) und *Solidarität* (gegenseitige Hilfe und Unterstützung. Gesundheitsmanagement ist sozial und ökonomisch begründet“ (SCHRÖER, 2000, S. 2)

Wenn Gesundheitsförderung im Betrieb nur singulär, zeitlich begrenzt und nur punktuell, z. B. in Form von Projekten oder Insellösungen betrieben wird, bleibt ihre Wirkung auf die Gesamtorganisation und die Gesundheit der betrieblichen Produktivkräfte, insbesondere der Mitarbeiter gering und verpufft wieder schnell. Gesundheitsmanagement im Betrieb sollte systematisch-konzeptionell erfolgen.

5.4.2 Betriebliche Gesundheitsorganisation

Organisation ist die zielorientierte und dauerhafte Strukturierung bzw. Regulierung von einzelnen Teilen, hier der Gesundheitsförderung. Sie besitzt eine ordnende Gestaltung von Teilen des Betriebsgeschehens. Ergebnisse des Organisierens in Bezug auf die Gesundheitsförderung sind

- der Aufbau einer Organisationsstruktur für die Gesundheitsentwicklung,

- der Aufbau einer Prozessorganisation, die im Folgenden kurz dargestellt werden sollen.

Bernhard Badura postuliert das Leitbild der gesunden Organisation. (Badura, 2000, S. 14).

> „Gesund" ist eine Organisation, deren Führungsstil, deren Arbeitsorganisation und Organisationskultur gleichermaßen kunden- wie beschäftigtenorientiert ist, die ihre Ziele wirksam und effizient verfolgt, dabei zugleich aber auch die ihr eigenen Gesundheitspotenziale optimal zu entfalten bestrebt ist, und dies bereits bei den Prinzipien der Arbeits- und Organisationsgestaltung berücksichtigt."

Wir brauchen also eine neue Gestaltungsphilosophie von der mechanistischen Gestaltungsphilosophie hin zu einer energetisch-mentalen und personal-sozialen.

Die Forschungsergebnisse zum Thema Arbeit und Gesundheit machen deutlich, dass durch die Schaffung besserer ergonomischer, stressfreier, sozialer und größerer arbeitsorganisatorischer Handlungsspielräume nicht nur Gesundheit gefördert wird, sondern auch die Leistungsfähigkeit und die Produktivität. Die verbesserten sozialen Beziehungen können Qualitätsbeeinträchtigungen, innere Kündigung, Fehlzeiten vermeiden. Badura (2000, S. 18) zeigt, dass durch eine gesundheitsfördernde Arbeitsorganisation und verbesserte Arbeitsbedingungen Gesundheit, Vitalität und Leistungsfähigkeit der Mitarbeiter verbessert werden kann.

Arbeitsorganisation	Arbeitsbedingungen	Gesundheit
Aufbauorganisation	Handlungsspielraum	Gesundheitsverhalten
Ablauforganisation	Soziale Unterstützung	Selbstvertrauen
Organisationskultur	Arbeitsinhalte	Selbstwertgefühl
Führungsstil	Zeitdruck	Psychisches Befinden
Personalstruktur	Verantwortung	Physisches Befinden
Programmstruktur	Betriebsklima	Krankenstand (AU)
Qualifikationsprogramm	Arbeitsunterbrechungen	Morbidität

Die Qualität der Gesundheitsförderung in der Arbeitswelt hängt auch ganz wesentlich vom *Informations- und Wissensstand der Mitarbeiter* ab. Es ist Aufgabe des Gesundheitsmanagements in Workshops, Seminare u. a. praktisches Wissen und Erfahrungen über Gesundheit am Arbeitsplatz, Gesundheit durch Lebensführung, Sozialhygiene zu vermitteln und dabei die Erfahrungen der Beschäftigten mit einzubeziehen. Wissensvermittlung kann durch Mitarbeiterbefragungen, durch Gruppenarbeit, Gesundheitszirkel und Gesundheits- und Mentalberatung wirkungsvoll unterstützt und umgesetzt werden. Betriebliche Gesundheitsaktivitäten sollten dann die Wissensarbeiten ergänzen, wie folgende Abbildung 45 zeigt.

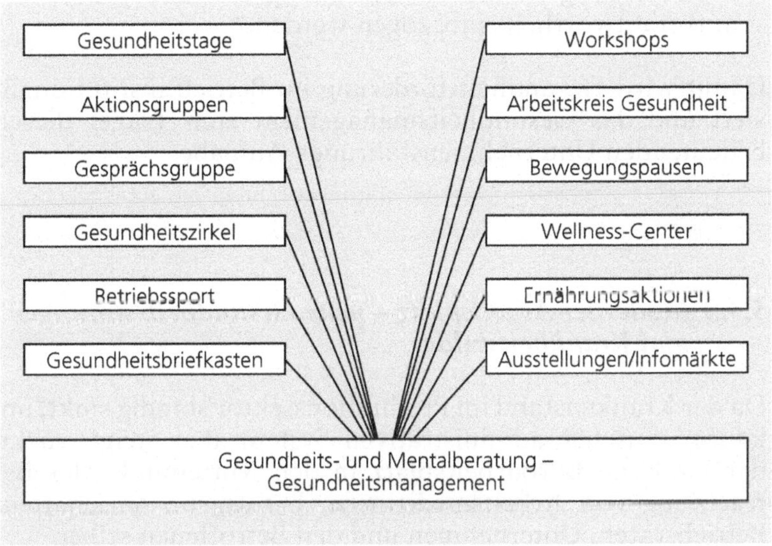

***Abb. 45:** Betriebliche Gesundheitsaktivitäten*

Eine durchschlagende Wirkung von gesundheitsfördernden Aktivitäten auf die Gesamtorganisation hängt wesentlich von folgenden Voraussetzungen ab. (BADURA, 2000, S. 22):

- „Die *Führung* muss ein nachhaltiges und ernsthaftes Interesse daran zeigen; das gelingt durch nichts so überzeugend wie durch eine
- *Institutionalisierung* betrieblicher Gesundheitsförderung: durch feste Zuweisung von Aufgaben, Personal und Budgets und durch
- Schrittweise Einbeziehung des *gesamten Unternehmens*
- Priorität sollten Maßnahmen haben zur *Gesundheitsförderung durch Arbeits- und Organisationsgestaltung*
- Was immer die ergriffenen Maßnahmen im Einzelnen sind, sie sollten sich in Form eines *Lernzyklus,* bestehend aus Diagnose, Interventionsplanung, Interventionsdurchführung und Evaluation verstetigen.
- Die *Beschäftigten* müssen von Anfang an in alle Aktivitäten mitverantwortlich einbezogen werden."

Damit wird Gesundheitsförderung im Betrieb institutionalisiert und das Gesundheitsmanagement zum Träger dieser bedeutenden Unternehmensführungs-Aufgabe.

5.4.3 Moderner Arbeitsplatz – neue Gesundheitsstörungen und Krankheitsbilder

Da der Krankenstand im Produktionssektor ständig sinkt, im kaufmännischen-administrativen System aber steigt, rückt der moderne Büroarbeitsplatz in den Mittelpunkt der Betrachtung von Arbeitsmedizinern, Berufsgenossenschaften, Betriebsräten, Unternehmen und den Betroffenen selber.

Seit Anfang 1997 ist die Bildschirmarbeitsverordnung für jedes Unternehmen Pflicht. (Die Verordnung und viele andere Informationsmaterialien können beim Bundesministerium für Arbeit und Sozialordnung – www.bma.de – abgerufen und heruntergeladen werden.)

Die Anzahl der modernen Büroangestellten ist schwer zu schätzen. Laut Prof. Horst Brewitt (Augenklinik der Medizinischen Hochschule Hannover) sind aber schätzungsweise 8 bis 12 Millionen Deutsche von Augenleiden betroffen, die auf mangelndes Raumklima und Bildschirmarbeit zurückzuführen sind. Alles weist also darauf hin, dass der Computer und die modernen Arbeitsbedingungen für kommende Krankheitsbilder und Störungen der Gesundheit verantwortlich sind. Der Computer ist an nahezu allen Büroarbeitsplätzen, für Techniker und auch im Produktionsbereich zum täglichen Arbeitsmittel geworden. Das Arbeiten am Computer wird als der wichtigste Auslöser moderner betrieblicher Krankheitsbilder gesehen.

Moderne Krankheitsbilder

Die Bewegung im modernen Büro nimmt ständig ab. Der Bildschirmarbeiter sitzt ca. 80 bis 85 Prozent der Arbeitszeit am Bildschirm. Da der Mensch nicht zum Sitzen geschaffen ist, kommt es unweigerlich zu Problemen des Bewegungsapparates. Die Augen verrichten zunehmend Schwerstarbeit unter schwierigen raumklimatischen Bedingungen. Elektrosmog und psychische wie soziale Belastungen werden zunehmend als gesundheitsstörende Faktoren identifiziert. Sind die Mitarbeiter nicht kerngesund und absorbieren die Beeinträchtigungen und den Stress in ihrer Freizeit, sind Fehltage und schlechtere Leistungen vorprogrammiert.

Der Rücken

Nach Angaben der Bundesanstalt für Arbeitsschutz und Arbeitsmedizin (www.baua.de) liegen hier die Rückenleiden, die in den letzten Jahren epidemieartig zugenommen haben, an der Spitze. Durch langes und falsches Sitzen ist besonders der untere Rückenbereich betroffen. Bandscheibenschwächen,

Durchblutungsstörungen, Verdauungsprobleme und Herz-Kreislaufstörungen sind die Folge.

Chronisches Überlastungssyndrom – RSI

Das chronische Übelastungssyndrom, oder RSI (Repetitive Strain Injury), ist in Amerika und Australien eine anerkannte Berufskrankheit (im Gegensatz zu Deutschland). 48 Prozent der Arbeitsunfähigkeit in den USA gehen bereits auf dieses Krankheitsbild zurück. Es entsteht durch die Bewegungswiederholungen über längere Zeit, etwa das Tippen auf der Computertastatur oder falsche Nutzung der Maus und der Verkrampfungen beim Formulieren von Briefen und E-Mails und Erstellen von Präsentationen. Schlechte und einseitige Haltung sowie mangelnde ausgleichende Bewegung begünstigen das chronische Krankheitsbild.

Die Symptome sind zunächst leichtes Ziehen in den Gelenken und Muskeln. Später gesellen sich Schmerzen, Taubheitsgefühle, Empfindlichkeiten und Kraftverlust dazu. Auch hier gilt zur Prävention, sich ausgeglichen zu bewegen und für einen ergonomischen Arbeitsplatz zu sorgen. Regelmäßige Pausen, Übungen zur Stärkung der Unterarmmuskulatur und zur Durchblutungsförderung helfen vorzubeugen. Das Schreiben mit dem 10-Finger-System oder die Spracheingabe sind ebenfalls hilfreich. Vor allem sog. Mikro-Pausen, also alle 5–10 Minuten, sind unerlässlich.

Weitere Störungen im Schulter und Armbereich

Neben den oben beschriebenen Krankheitsbildern im Rücken, Nacken und Armbereich gibt es weitere Ursachen und Symptome in diesem Bereich, die sehr individuell auftreten können. Neben Entzündungen der Sehnen und Sehnenscheiden treten andere Überlastungen und Verhärtungen der Muskelgewebe und Nerven im Bereich des Nackens, Hals und Kopfbereich auf. Kopfschmerzen, Unkonzentriertheit usw. sind die Folgen.

Das Karpaltunnelsyndrom

Ebenfalls durch die Überanstrengung der Hände und Arme kann das Karpaltunnelsyndrom entstehen. Von einer Sehnenentzündung ausgehend strahlt die Entzündung auf den Nerv der Handwurzel. Es kommt zu einer Einengung und Druckschädigung dieses Nervs am Karpaltunnel. Die Symptome sind Taubheit und Kribbeln in den Fingern, geschwollene Handgelenke. Die Schmerzen treten oft nachts auf.

Sehen und Licht

Durch die unterschiedlichen Lichtverhältnisse an einem Bildschirmarbeitsplatz und die Art der Tätigkeit müssen die Augen Schwerstarbeit leisten. Nach einer Studie des Instituts für Arbeitsmedizin an der Johann-Wolfgang-Goethe-Universität in Frankfurt am Main besteht ein Zusammenhang zwischen Abnahme der Sehschärfe und Dauer der Bildschirmtätigkeit. Durch einen ständig auf den Bildschirm gerichteten, konzentrierten Blick reduziert sich die Häufigkeit des Lidschlags. Produziert die Klimaanlage eine trockene Luft oder bestehen andere augenfeindliche Rahmenbedingungen, sind trockene, rote, brennende oder juckende Augen die Folge. Wie schon erwähnt, sollen ca. 12 Millionen Menschen davon betroffen sein. Die Symptome sind Bindehautreizung, verschwommenes Sehen, müde Augen und Augen- und Kopfschmerzen. Zur Vorbeugung sollten regelmäßig Pausen eingelegt werden. Brillenträger sollten sich eine spezielle „Computerbrille“, die für den Abstand zwischen Augen und Monitor optimiert sind, verschreiben lassen. Zusätzlich sind Übungen für die Augen für die Prävention sehr wichtig.

Raumklima

Das Raumklima im Büro kann sich allgemein mit Giftstoffen anreichern, die aus den Möbeln, dem Teppich aber vor allem aus den elektronischen Geräten ausdünsten. Das Sick Building Syndrom entsteht v. a. durch die Ausdünstungen der Gebäude und Möbel und beschert Entzündungen von Hals und Nasen, Kopfschmerzen, Übelkeit und Augentränen. Es kann auch zu Hautreaktionen kommen. Nach einer Studie des Instituts für Wohngesundheit in Kopenhagen ist die Mischung aus den verschiedenen Schadstoffen und organischen Stoffen für Mattheit, Übelkeit und Schleimhautreizungen verantwortlich. V. a. die aus Druckern, Computern, Bildschirme und anderen elektronischen Geräten ausdünstenden oder austretenden Schutz- und flammdämmenden Stoffe produzieren einen Cocktail aus Ozon, Benzol, Tonerstaub usw. Zur Verbesserung des Raumklimas sollen die Geräte wie Drucker usw. möglichst weit vom Körper, aber möglichst in einem anderen Raum, aufgestellt werden. Schalten Sie die Geräte so oft wie möglich aus. Die allerwichtigste und wirksamste Maßnahme ist aber immer noch das häufige Lüften.

Elektrosmog

Immer wieder liegen Studien vor, die bestätigen, dass Elektrosmog durch Handys nicht gesundheitsgefährdend ist. Tatsache ist jedoch: Wir umgeben uns mit zahlreichen Strahlenquellen wie Computer, Monitoren, Handys, Kopieren, Telefonanlagen – sogar die Elektronik im Auto und der heimische Elektroherd strahlen. Wir sind diesen Feldern also ständig ausgesetzt, ohne dass es uns bewusst ist. Nach neuesten Studien schwächt der Elektrosmog das Immunsystem und erhöht die Zellteilung. Die offensichtlichen Symptome sind Augenbrennen, Kopfschmerzen, Atemnot, Mattheit, Schlaflosigkeit, Nervosität, Herzrhythmusstörungen, Ohrendruck und Hautreaktionen. Weiter wird vermutet, dass (Brust-) Krebs und Depressionen durch diese elektromagnetischen Felder begünstigt werden.

Kommunikation und psychosoziale Hygiene

Neben anderen Faktoren wie Termindruck, hohes Arbeitspensum, schlechte Erholungsmöglichkeiten usw. werden die neuen Kommunikationsmedien und -techniken als stressverursachend bezeichnet. Neben immer weniger Bewegung (der Kollege im Nebenraum bekommt nur noch Mails zugeschickt) wächst der Frust und Ärger über mangelhafte Hardware und fehlerhafte und umständliche Software. Es entstehen Mehrarbeiten, die auch zu Konzentrationsmangel führen. Mit Handy, Mailbox, E-Mail, Fax und Telefon ist nunmehr eine ständige Erreichbarkeit gegeben, die das konzentrierte Arbeiten an speziellen Inhalten oft unmöglich macht.

Pravention durch Pausen

Bei der Haltung am Schreibtisch handelt es sich um eine statische Position. Die Blutzirkulation wird dadurch verringert. Da aber trotzdem eine Belastung vorliegt, überbrückt der Körper diese Situation, indem er gespeicherte Energien freisetzt. Wenn diese Energiereserven nach ein paar Minuten aufgebraucht sind, wird die Muskulatur müde und es bildet sich Milchsäure. Die Folge ist Muskelkater. Um dieses zu verhindern, sollte in *Mikropausen* (alle 10–20 Minuten für ca. 5 bis 10 Sekunden) die Muskulatur entspannt und der Blutzufluss, und damit die Energie, wieder aktiviert werden. Alle 20 bis 60 Minuten sollte eine *größere Pause* eingelegt werden. D. h. die Tätigkeit, Position usw. soll geändert werden. Ob sie in den Pausen (ca. 5 bis 30 Minuten) Übungen machen, sollten Sie je nach Belastung und momentanem (Wohl-)fühlen entscheiden.

Gesundheitskosten und Freizeitgestaltung als Wettbewerbsvorteil

Mit der Zunahme der Computerarbeitsplätze und der Zunahme derjenigen, die ihr Leben lang nur an Bildschirmen gearbeitet haben, steigen auch die gesundheitlichen Folgen. Nach einer Berechnung der Bundesagentur für Arbeit belasten allein die Muskel- und Skeletterkrankungen die Wirtschaft mit 75 Millionen Fehltagen. Ein ergonomischer Arbeitsplatz kostet viel Geld und ist im Vergleich zu einem krank geschriebenen Mitarbeiter ein kleiner Betrag.

Die hier abgehandelte Thematik ist spezifisch auf das Arbeiten am Bildschirm ausgerichtet und aus einem klassischen Blickwinkel beleuchtet. Die Aufgabe des Gesundheits- und Mentalberater ist es, durch die individuelle oder organisationale Beratung den ganzheitlichen Ursachenrahmen mit zu berücksichtigen. Praktisch gesprochen heißt das, durch Beratungsgespräche nicht nur die oben aufgeführten umweltbedingten und organisationalen Ursachen zu betrachten, sondern auch Geist, Psyche und Lebensordnung des Klienten mit zu berücksichtigen. Das mit dem Klienten zu erarbeitende Übungsprogramm sollte entsprechend verlängert und verändert werden. Der einzelne Klient steht ganz im Vordergrund.

5.4.4 Gesundheitspotenziale der Mitarbeiter erfassen und analysieren

Es geht hier darum, den Gesundheits- und nicht Krankheitszustand der Mitarbeiter zu ermitteln. Statt den voll leistungsfähigen, völlig gesunden Menschen zur Norm zu erheben, haben wir uns angewöhnt, die Krankheit zu reparieren. Viele Unternehmen halten einen mittleren Krankenstand für die Messlatte statt die volle Leistungsfähigkeit gesunder Mitarbeiter (körperlich, geistig, seelisch, emotional und sozial). Fehlzeiten und Krankenstand können als Maßstab (allein) nicht ausreichen. Deshalb soll hier der Versuch gemacht werden, die Gesundheitspotenziale und die Gesundheits- und Fitness-Defizite zu ermitteln. Wer nicht organisch oder psychisch krank ist und landläufig als gesund gilt, der ist damit nicht automatisch im Zustand seiner optimalen körperlichen, geistigen, emotionalen und sozialen Bestform und Leistungsfähigkeit. Es sollte also in einer Gesundheits-Potenzialanalyse unterschieden werden, ob jemand

- „nur“ nicht krank, scheinbar gesund ist und seinem Körper und Geist eine normale Durchschnittsleistung mit Schwankungen abverlangen kann oder
- ob er körperlich topfit ist, über MindVitness® und Energiebalancen, über soziale Fitness verfügt und im Vollbesitz all seiner Kräfte ist, ob er über das Mittelmaß hinaus Energie, Motivation und geistige mentale Fähigkeiten besitzt, immer wieder sein Gesundheits- und Leistungspotenzial in eine Balance zu bringen und stabilisieren.

Gesundheits-Potenzialmanagement wird also die Gesundheitskräfte erkennen, fördern und entsprechende Entwicklungsdefizite aufzeigen, damit wir das „was wir haben, was uns schon gehört, was in uns steckt, was wir selbst können in Zukunft besser, noch wesentlich besser ausschöpfen als bisher“ (Peters u. a., 1998, S.12).

Gesundheitsmanagement bzw. Gesundheits- und Mentalberatung soll also die bisher brachliegenden Vital- und Leistungskräfte ausschöpfen und zur besseren Nutzung führen.

Schritte zur Gesundheits-Potenzialanalyse

Eine solche Gesundheits- und Energieanalyse ist sicherlich keine leichte Aufgabe, weil viele Mitarbeiter und Führungskräfte ihre Gesundheits-Potenziale nicht offenlegen wollen.

Selbstanalyse als Ziel

Sinnvoll wäre, im Betrieb Mitarbeiter und Führungskräfte zu motivieren, eine Selbstanalyse des eigenen Gesundheits-Potenzials vorzunehmen. Gesundheits- und Mentalberater könnten dazu Hilfe zur Selbsthilfe erbringen, indem sie das Instrumentarium für einen Gesundheitsstatus, eine Art Checkliste zur Verfügung stellen, ohne dass das Ergebnis offengelegt werden muss. Schon eine solche Selbstanalyse erzeugt Betroffenheit. Diese zu nutzen, durch Gesundheitsfördermaßnahmen, aber auch durch Gesundheits- und Mentalberatungsmöglichkeiten, bei dem die Schweigepflicht gegenüber dem Betrieb gilt, wäre sinnvoll.

Gesundheitspotenziale erfassen und analysieren

Eine solche Potenzialanalyse kann nicht einfach durch persönliche Beratung der Mitarbeiter erfolgen. Der Intimbereich, Verdrängungsmechanismen, aber auch Ängste vor Offenbarung und daraus mögliche Nachteile für die berufliche Existenz stehen einer solchen offenen Beratung im Wege. Viele wollen ihren tatsächlichen Gesundheitszustand und dementsprechend ihre Leistungsfähigkeit und -bereitschaft einerseits nicht allzu optimistisch darstellen und andererseits erst recht nicht ihre Defizite nennen. Der unmittelbare Vorgesetzte wird die Gesundheits- und Leistungspotenziale seiner Mitarbeiter in der Regel eher unterschätzen. Sinnvoll wäre eine Befragung am ehesten durch eine „neutrale Instanz", z. B. durch Gesundheits- und Mentalberater, aber auch durch eine anonyme elektronische Mitarbeiterbefragung (z. B. über Internet).

Die Gesundheits-Potenzialanalyse wird in der Regel eine Kombination sein aus

- *Befragung der Mitarbeiter*
  (freiwillige Teilnahme, elektronisch, durch neutrale Personen
- *Beobachtung, Einschätzungen, Bewertungen*
  (z. B. durch Experten, Vorgesetzte) und
- *Beratung und Konsultation*
  (z. B. durch betriebliche Gesundheits- und Mentalberater, die vertraulich anonyme Daten zur Verfügung stellen bzw. analysieren)
- *Ergebnisse der Gesundheits-Kommunikation*
  (z. B. aus Gesundheitszirkeln, Gesundheitsberichtserstattungen usw.)

Eine lückenlose Berücksichtigung aller Mitarbeiter ist sicherlich nicht machbar, Stichproben müssten ausreichen, um Gesundheitspotenziale und -defizite einzuschätzen und überschlägig zu analysieren, um so Ansätze für eine systematische Reaktivierung von Gesundheitspotenzialen, von Selbstaktivierungs- und -förderungskräfte auf betrieblicher Ebene anzubieten.

Das Analyse-Instrumentarium

Die Gesundheitsanalyse umfasst		
Befindlichkeitsstörungen Gesundheitsdefizite	und	Denk- und Verhaltensmuster, die Gesundheit und Wohlbefinden erhalten und verstärken
Risikofaktoren (Negativ-Indikatoren)		Gesundheitsfaktoren (Positiv-Indikatoren)
z. B. Stress, Rückenschmerzen, Angst		Zufriedenheit, Lebensweise, Bewegung, Energiebalance

Die Inhalte einer solchen Risiko- und Gesundheitsanalyse sollte sich sowohl auf die private Lebensweise (allgemeiner Gesundheits-Potenzial-Status), wie auf lebens- und betriebsbezogene Erhebungen beziehen.

Eine solche Gesundheitsanalyse bzw. der entsprechende Status repräsentiert dann eine betriebliche Gesundheits- und Leistungsbilanz, in der die Belastungen und Positiv-Muster zur Gesunderhaltung ein Spiegelbild der betrieblichen Leistungsfähigkeit und des Wohlbefindens sind. Eine solche betriebliche Gesundheits- und Leistungsbilanz umfasst folgende Positiv- und Negativ-Indikatoren bzw. Einflussbereiche:

Allgemeiner Gesundheits-Potenzial-Status

Zivilisationsschäden, denen fast jeder Mensch mehr oder weniger ausgesetzt ist, lebensbedingte Gesundheitsdefizite, wirken sich auch im Betrieb aus. Hinzu kommen auch allgemeine betriebsorientierte Defizite.

Betriebliche Gesundheits- und Leistungsbilanz

- Allgemeine betriebsübergreifende Gesundheits- und Zivilisationssyndrome (Allgemeiner Gesundheitspotenzial-Status)
- Betriebs- und arbeitsplatzbezogene Gesundheitspotenziale und Ressourcen (Betriebs- und arbeitsplatzbezogener Status)
- Energetisch-mentale Störungen und Potenziale (Energetisch-mentaler Status)
- Gesundheits- und leistungsfördernde bzw. hemmende Sozial-, Betriebs- und Führungskultur

Einflussfaktoren und Indikatoren für die betriebliche Gesundheits- und Leistungsanalyse

Welche Syndrome treten im Betrieb auf? Wie wirken sie sich aus? In welchem Maße beeinflussen sie die Vitalität, das Wohlbefinden, die Leistungsfähigkeit der Mitarbeiter? Welches Ausmaß haben sie erreicht? Welche Prioritäten-Liste bzw. Rangfolge wäre im Betrieb möglich? Welches allgemeine Belastungs-Profil ergibt sich daraus für Mitarbeiter und Führungskräfte im Betrieb?

Folgende Indikatoren für die Analyse der Gesundheitsressourcen kommen in Frage:

1. Körperlich-physische Belastungen durch die Arbeit

   durch langes Sitzen oder Verharren in einer Stellung
   - Langfristige Haltungsschäden
   - Nackenschmerzen, Wirbelsäulenbelastungen

- Verspannte bzw. verkrampfte Muskeln
- Steife Gelenke
- Schlechter Kreislauf
- Trägheit und/oder Unruhe

durch langes Stehen
- Haltungsschaden
- Rückenschmerzen
- Brennen und Schmerzen in Beinen und Füßen

durch die physische Arbeitsumgebung, z. B. Bildschirm, Beleuchtung, Lärm
- Überanstrengte Augen
- Kopfschmerzen
- Stress

2. Energetisch-mentale Belastungen bei der Arbeit

Gesundheits-Ressourcen und Belastungen sind einem Wandel unterzogen. Es sind nicht mehr primär die ökonomisch-technischen Entwicklungen, sondern verstärkt die energetisch-mentalen und sozialen Herausforderungen, wie z. B. Stressoren, Umwelteinflüsse am Arbeitsplatz, soziale Konflikte, Stressgedanken, Angst.

Physische Stressoren:
körperliche Schwerarbeit,
Arbeit unter Zeitdruck, Nachtarbeit,
Lärm, falsche Beleuchtung, Hitze,
Kälte, fehlende Erholung.

Psychische Stressoren:
widersprüchliche Aufgabenstellungen,
Angst vor Misserfolg und Kontrolle,
fehlende Anerkennung und Unterstützung,
Angst vor Arbeitsplatzverlust.

Mentale Stressoren:
Über- und Unterforderung in Bezug auf die Arbeitsaufgabe, ungenügende Einarbeitung, fehlende Eignung und Qualifikation.

Soziale Stressoren:
schlechtes Betriebsklima, Isolation, Wechsel der Umgebung, der Mitarbeiter oder des Arbeitsbereichs, Gruppenarbeit.

Die krankheitsbedingten Fehlzeiten und Leistungen lassen sich in folgenden Kategorien einteilen:

1. Schwerkranke und pflegebedürftige Arbeitnehmer (z. B. nach Operationen, Herzinfarkt, Unfall)
2. Personen, die unter vorübergehenden Krankheiten leiden (z. B. Grippe, Muskelzerrung, Migräne und anderen Gesundheitsstörungen)
3. Mitarbeiter, die private Probleme (z. B. Hausbau, unversorgte Kinder) durch Fehlzeiten ausgleichen.

Gesundheitsfaktoren

Für eine Gesundheits-Ressourcen- und Potenzial-Analyse sind aber auch neben den Risikofaktoren die Gesundheitsfaktoren, wie sie z. B. durch die Salutogenese (siehe Kap. 3.2) entwickelt wurden, von Bedeutung.

Im Mittelpunkt des von Aaron Antonovsky entwickelten Systems der Salutogenese stehen nicht *Risikofaktoren* (also das, was man nicht tun sollte, wie rauchen, Stress haben, Bewegungsmangel u. a.) sondern *Gesundheitsfaktoren* (was tun die Menschen in jedem Fall, um Gesundheit zu fördern). Dazu zählen:

1. Körperliches Wohlbefinden
   (Ruhe, Entspannung, Lustempfinden, Frische)
2. Psycho-emotionale Ausgeglichenheit
   (Lebensfreude, Zufriedenheit)
3. Mentale Einstellung, Aufgeschlossenheit
   Geistige Fitness (z. B. Konzentration, Flexibilität, Neugier, Engagement, Glaube, das Leben zu meistern, Humor, Optimismus, Stressbewältigung, Kreativität)

ANTONOVSKY untersuchte leitende Angestellte eines Betriebes, die höchstem Stress ausgesetzt waren. Ein Teil von ihnen erkrankte häufig, ein anderer Teil nicht. Die Kranken zeigten Entfremdungstendenzen, Gleichgültigkeit, starre Gewohnheiten und Hilflosigkeit, während die Gesunden sich durch Engagement, Neugier, Flexibilität bei Aufgabenstellungen auswiesen. Sie hatten das Gefühl, ihr Leben meistern zu können. „Das Leben geht immer weiter“, war ihre Devise.

Einsatz der Analyseinstrumente

Die im Einzelnen dargestellten Analyseinstrumente, die in der betrieblichen Gesundheits- und Leistungsbilanz zusammengefasst, sind sowohl

- bedingungs- bzw. verhältnisbezogen,
- jedoch primär verhaltens-, ressourcen- und potenzialbezogen, auf die Menschen im Betrieb ausgerichtet

Diese Analyse-Indikatoren sind sowohl auf Risikofaktoren, als auch auf die positiven Aspekte der Gesundheitsförderung (Gesundheitsfaktoren) bezogen. Soll also bei betrieblichen

Gesundheitsmaßnahmen das Anliegen der Gesundheitsförderung verfolgt werden, sollen Analyseinstrumente ausgewählt und eine Potenzial- und Ressourcen-Analyse durchgeführt werden. Die einzelnen Indikatoren stellen ein relativ breites Spektrum dar. Sie können die Grundlage für die Gesundheitsanalyse sein. Zu den Indikatoren können dann stellvertretend Fragen entwickelt werden. Diese können dann durch Ankreuzen der vorgegebenen Kategorien, den Grad der Zustimmung zu einer Aussage oder die Häufigkeit einer Belastung bzw. eines Verhaltensmusters wiedergeben.

Beispiele	
Negativindikator	**Fragenbeispiele**
Psychosomatische Beschwerden	Wie oft haben Sie Kopfschmerzen? Wie oft haben Sie Rückenschmerzen? Wie oft haben Sie Konzentrationsstörungen? Was tun Sie bei Rückenschmerzen? Was empfehlen Sie bei Konzentrationsstörungen?
Positivfaktor	**Beispielaussagen**
Lebenszufriedenheit	Ich freue mich, mein Leben ist in Ordnung. Ich lebe gesund, ohne große soziale Spannungen und Konflikte, Ruhe und Entspannung wechseln einander ab!

Aus diesen Fragestellungen werden dann für eine standardisierte Befragung Fragebögen zum Ankreuzen entwickelt (siehe Beispiele aus: OESTERREICH, VOLPERT, 1999, S. 111).

Der Vorteil standardisierter Fragen liegt vor allem darin, dass in kurzer Zeit viele Fragen beantwortet werden können, z. B. per Computer, per Fragebogen. Denkbar ist auch eine gezielte

Mitarbeiterbefragung in einem Analyse-Workshop. Damit kann auch sichergestellt werden, dass die Fragen von den Befragten genau verstanden werden. In Vertiefungs-Workshops können themenspezifische Vertiefungen vorgenommen werden, z. B. nach den Belastungen durch Sitzen am Computer.

Beispielfragen für die Skala „Psychosomatik"

	nie	alle paar Monate	alle paar Wochen	alle paar Tage	fast täglich
Wie oft haben Sie Kopfschmerzen?	□ 1	□ 2	□ 3	□ 4	□ 5

Beispielfrage für die Skala „Zufriedenheit"

	nie	alle paar Monate	alle paar Wochen	alle paar Tage	fast täglich
Mein Leben hat mir Freude gemacht.	□ 1	□ 2	□ 3	□ 4	□ 5

5.4.5 Gesundheitsmarketing

Im Marketing werden neue Prioritäten gesetzt. Die Ursprünge des klassischen Marketings lagen in der Befriedigung der Konsumentenwünsche. In zunehmendem Maße geht es jedoch auch um die Befriedigung gesellschaftlicher Bedürfnisse und auch speziell um Gesundheitsmarketing. Ein solches Marketing wird entwickelt

- für die betriebsinterne Gesundheitsförderung für spezielle Projekte, spezielle Gesundheitsfragen und Aufgaben
- von den Krankenkassen, Berufsgenossenschaften u. a., aber auch

- für Gesundheitsanfragen auf gesellschaftlicher Ebene, z. B. Nichtraucher-Kampagnen
- für Wellness als Konsumformel

Sportliche Betätigung, Fitness, kosmetische Körperpflege, Vitamine u. a. werden zu einem neuen aktiven Gegenstand des Marketings und verändern das Gesundheitsverständnis.

Auch Gesundheitsförderung ist auf ein Nutzenziel ausgerichtet und wird über einen Markt abgewickelt. Sie ist zwar nicht auf einen materiellen Gewinn ausgerichtet, aber auf einen immateriellen. Auch für einen solchen Markt der menschlichen Bedürfnisse und Notlagen, der auf immateriellen „Zugewinn" ausgerichtet wird, braucht man Marketing. Auch diese Marktleistungen müssen sorgfältig geplant, kundenorientiert gestaltet und wirtschaftlich hergestellt werden. Gerade in Zeiten knapper Finanzen, wachsender Aufgaben und Anforderungen gilt es in der Gesundheitsentwicklung neue Wege zu beschreiten, den eigenen Aufgaben und Zielen besser Ausdruck zu verleihen. Gesundheitsmarketing hat in einer solchen Situation die Aufgabe:

- Die Faktoren, welche zu einem neuen Gesundheitsbewusstsein beitragen,
- systematisch bewusst zu machen, zu planen, miteinander zu verknüpfen, auf dem Markt bzw. im Betrieb wirksam zu vertreten bzw. „anzubieten".
- Das macht eine wirksame Kommunikation notwendig, damit die Dienste, die Themen, die Botschaften dem Ziel der Gesundheitsförderung entsprechen, die anvisierten Zielgruppen erreicht und überzeugt werden bzw. die Botschaft von ihnen verstanden und akzeptiert wird.

Gesundheitsmarketing wird also zu einer wichtigen Managementaufgabe. Für die Vielzahl der Gesundheitsprobleme wie Hilfe für Kranke und verletzte Menschen, Drogen- und Alkoholmissbrauch, falsche Ernährung, Arbeitsschutz u. a. versucht man, Bewusstsein zu schaffen, Veränderungen einzuleiten, zu gestalten und zu steuern. Das Gleiche gilt für eine Entwicklung der Selbsthilfekräfte, der Vorsorge von Gesundheit, der Förderung der Gesundheitspotenziale, bevor man krank ist.

Was ist Marketing? Philip Kotler definiert in seinem Buch: „Marketing für Non-profit-Organisationen" den Begriff wie folgt: „Marketing umfasst: Die Planung, die Durchführung und die Kontrolle sorgfältig ausgearbeiteter Programme, deren Zweck es ist, freiwillige Austauschvorgänge in spezifischen Märkten zu erzielen und somit das Erreichen der Organisationsziele zu ermöglichen sowie durch deren Einsatz die Zielgruppe auf wirksame Weise informiert, motiviert und versorgt werden können." (Kotler, 1992, S. 5)

Der Markt für gesundheitliche Dienste weist eine andere Beschaffenheit auf als der kommerzielle.

> „Das Marketing von Unternehmen im kommerziellen Bereich und das Marketing im gesundheitlichen Bereich unterscheiden sich grundlegend. Gesundheitsmarkt ist z. B. die Belegschaft eines Betriebes, einzelne Zielgruppen bzw. die Gesellschaft.
>
> *Die kommerzielle Unternehmung* orientiert ihre Aktivitäten je nach entsprechender Gelegenheit und Situation. Wenn die Vorlieben der Kundschaft wechseln, passt die Unternehmung ihre Produkte und Dienstleistungen den neuen Begebenheiten an.
>
> *Eine Institution im gesundheitlichen Bereich* dagegen vertritt Beweggründe sozialen Handelns. Ob sie ihre Kundschaft und die Öffentlichkeit gewinnt oder nicht, sie kann ihre zentralen Beweggründe nicht einfach mit der Mode ändern". (Stemmle, S. 29).

Aber auch Gesundheitsmanagement ändert seine gesundheitsfördernden Dienstleistungen und Aufgabenfelder, wenn sich z. B. die Krankheitsbilder, die Notlagen und Bedürfnisse der Menschen, der Kunden ändern.

Wesen und Aufgabe des Gesundheitsmarketings

Gesundheitsmarketing bedeutet:

- Planung, Organisation, Durchführung und Kontrolle von Marketingstrategien und -aktivitäten
- Es ist direkt oder indirekt auf die Lösung gesundheitlicher Aufgaben gerichtet,
- wobei gesundheitsfördernde Ziele im Vordergrund stehen.

Gesundheitsmarketing wird primär zur Förderung eines gesundheitlichen Anliegens, einer Vorstellung und Verhaltensweise verwandt, heute jedoch auch für die Vermarktung von Gegenständen und Diensten, von Produkten zur Gesundheitsentwicklung (z. B. Produkte wie Vitamine und Einrichtungen wie Wellness-, Massage-, Beratungseinrichtungen).

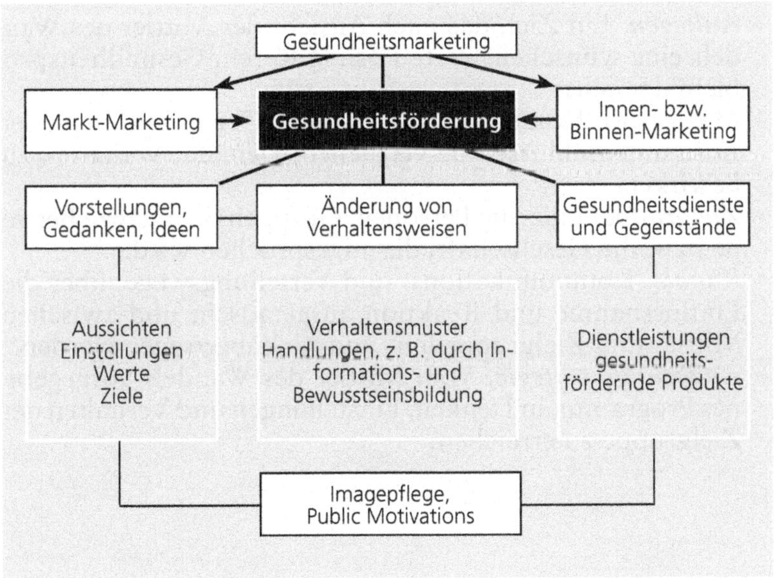

Abb. 46: *Gesundheitsmarketing*

Marketing als Aktions- und Prozessstrategie

Gesundheitsmarketing bezieht sich auf Dienstleistungen, z. B. auf Beratung, auf Ideen, Vorstellungen, Konzepte, also auf Wertvorstellungen und Ziele. Dieses Ideenmarketing kann durch Werbung, aber auch durch Projekte und Kampagnen durchgeführt werden. Man kann unter dem Begriff Gesundheitsmarketing auch Kampagnen, Projekte, Aktionen fassen.

Letztlich kommt es darauf an, das Verhalten der Zielgruppe zu ändern. Ein solcher Verhaltenswandel kann am Ende einer Reihe von Zwischenschritten stehen wie z. B. einer Änderung im Informationsstand, im Wissen und in den Einstellungen.

Bei der Durchführung einer Gesundheits-Kampagne, z. B. bei Nichtraucher-Kampagnen, sind dabei folgende Teilbereiche wichtig (P. KOTLER, 2001, S. 53):

- *Anliegen.* Ein Ziel, das nach Ansicht der Mittler des Wandels eine wünschenswerte Lösung für ein Gesundheitsproblem darstellt
- *Mittler des Wandels.* Einzelpersonen, Organisationen oder Zusammenschlüsse, die versuchen, Denken, Verhalten zu bewirken
- *Zielgruppe.* Einzelne Personen, Gruppen oder ganze Betriebe bzw. die Gesellschaft, die angesprochen wird.
- *Kanäle.* Kommunikations- und Verteilungswege, über die Einflussnahme und Reaktion ausgetauscht und zwischen Mittler und Zielgruppe hin- und rückübertragen werden.
- *Änderungsstrategie.* Vom Mittler des Wandels vorgegebenes Programm, in Denken, Einstellungen und Verhalten der Zielgruppe zu erreichen.

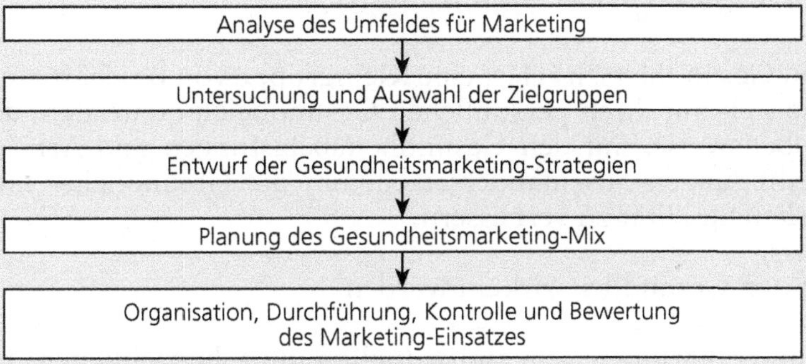

Abb. 47: Schritte des Managementprozesses im Gesundheitsmarketing

Ziele sollten so konkret und anschaulich formuliert werden wie möglich. Dazu ein Beispiel:

Allgemeine Ziele	**Dazu in Beziehung stehende Verhaltensweisen oder Manifestationen der Zielgruppe**
Verhütung von Unfällen und der damit verbundenen sozialen und wirtschaftlichen Kosten	– Tragen von Sicherheitsgurten – Einhalten des Sicherheitsabstandes – Verringerter Alkoholgenuss vor dem Autofahren – „Korrektes" Verhalten als Fußgänger
Persönliche Ziele	
Gesundheitsförderung	– Regelmäßige Bewegung – Gesunde Ernährung – Achten auf ein ökologisches Umfeld (z. B. elekromagnetische Felder) – Stress vermeiden und abbauen
Schaffen von gesunden Arbeitsverhältnissen	– Ergonomisch richtiges Sitzen – Optimale Licht-, Luftverhältnisse – Gesundheitsförderung des Führungsverhaltens, Betriebsklimas

5.4.6 *Betriebliche Gesundheitszirkel*

Ein Gesundheitszirkel ist eine Kleingruppe von Beschäftigten, die sich mit ihren persönlichen Gesundheitspotenzialen, der Lebensweise, mit den Gesundheitsbelastungen und Arbeitsbedingungen auseinandersetzen, um die Gesundheits- und Arbeitsqualität zu verbessern.

In den Gesundheitszirkeln werden

- Informationen zur individuellen und betrieblichen Bestandsaufnahme gesammelt, eine Analyse vorgenommen,
- die Erfahrungen der Mitarbeiter aus der Arbeits- und Lebenssituation zusammengetragen,
- Expertenwissen (Gesundheits- und Mentalberater, Sicherheitsexperten, Betriebsärzte, Krankenkassen u. a.) ausgewertet und
- Vorschläge zur Gesundheitsentwicklung sowie gemeinsame Lösungswege erarbeitet.

Das Aufgabengebiet der betrieblichen Gesundheitszirkel erstreckt sich also auf die Verhaltens- und Verhältnisförderung und Prävention.

Gesundheitszirkel fördern also

- sowohl die persönlichen Gesundheitsressourcen, die Selbstförderungs- und Widerstandskräfte der einzelnen Mitarbeiter, ihrer Selbstkompetenz Gesundheitsstörungen zu vermeiden und frühzeitig zu erkennen bzw. die Gefahren für Gesundheit, Vitalität und Wohlbefinden frühzeitig zu kompensieren bzw. zu regulieren,
- als auch das Erkennen bzw. den Abbau der persönlichen, betrieblichen, körperlichen, psychischen, sozialen und mentalen Belastungen (z. B. Stress, Vorgesetztenverhalten, Betriebsklima, Hektik, Angst, Ergonomie).

Den Informationsaustausch in den Gesundheitszirkeln unterstützt ein Moderator, der in der Regel kein Vorgesetzter sein sollte.

Ziele von Gesundheitszirkeln

Gesundheitszirkel sind keine Selbsthilfegruppen, die z. B. Probleme von chronischen Langzeiterkrankten bearbeiten. In den Gesundheitszirkeln werden auch keine Krankenrückkehrgespräche geführt. Vielmehr verfolgen die Gesundheitszirkel folgende Ziele:

- Erkennen und Analyse individueller gesundheitsbelastender Einstellungen, Denkmuster, Verhaltens-, Arbeits- und Lebensweise von Gesundheits-Ressourcen und -Potenzialen.
- Erkennen und Analyse gruppenspezifischer gesundheitsbelastender Einstellungen, Denkmuster, Verhaltens-, Arbeits- und Lebensweise von Gesundheitsressourcen und -Potenzialen.
- Vorbeugen von körperlichen, geistigen und seelisch-emotionalen Belastungen, Gesundheitsstörungen und Krankheiten.
- Entwickeln und Herausarbeiten von Vorschlägen zur Verbesserung von gesundheitsfördernden (individuellen und gruppenspezifischen) Einstellungen, Denkmustern, Verhaltens- und Lebensweisen, von Gesundheitsfaktoren.
- Förderung und Verbesserung von Gesundheitsbewusstsein, von Sozialhygiene einer gesundheitsfördernden Betriebs- und Führungskultur, Förderung der Motivation von gesundheitsbewusstem Verhalten.
- Erkennen und Verbessern von gesundheitsbelastenden Arbeitsbedingungen, von mentalen sowie sozialenergetischen Störungen, z. B. Mobbing, Konflikte, Führungsverhalten, Ärger, Frustration, vermeidbare Beanspruchung.

- Stärkung der Selbstkompetenz und des Verantwortungsbewusstseins der Mitarbeiter für die Gestaltung der eigenen Gesundheits-, Lebens- und Arbeitssituation.
- Entwicklung von Vorschlägen zur betrieblichen Gesundheitsentwicklung und -Organisation (z. B. Health-Room, Gesundheitsbildung, Entspannungsangebote, Gesundheits- und Mentalberatung).

Die Mitglieder der Gesundheitszirkel treffen sich regelmäßig zu ihren Arbeitssitzungen. Es sind also keine Debattierclubs bzw. Feierabend-Treffen.

Zusammensetzung der Gesundheitszirkel

Über die Zusammensetzung der Gesundheitszirkel gibt es keine einheitliche Vorstellung. Es lassen sich grob zwei Modelle unterscheiden: das traditionelle Zirkelmodell und das Düsseldorfer bzw. BKK-Modell.

Traditionelles Zirkelmodell

Geht man von den traditionellen Zirkelmodellen, z. B. Lernstatt, Qualitätszirkel aus (vgl. Decker, 1998), so bestehen die Gesundheitszirkel aus arbeitsplatznahen Mitarbeitergruppen, die von einem Moderator unterstützt werden:

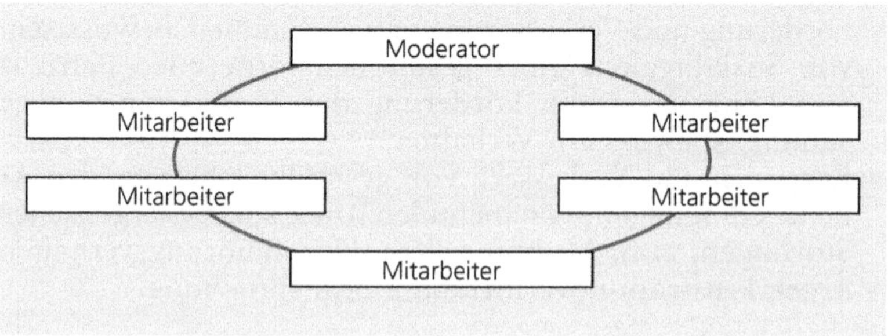

Die Arbeit des Gesundheitszirkels erstreckt sich also primär auf den eigenen Arbeits- und Erfahrungsbereich. Experten, z. B. Gesundheits- und Mentalberater, Sicherheits- und Arbeitsschutzbeauftragte können von Fall zu Fall eingeladen und gehört werden bzw. befragt werden. Die Moderatoren der einzelnen Gesundheitszirkel treffen sich zu Moderatorenzirkel auf betrieblicher Ebene, um die Ergebnisse und Prozesse abzustimmen, zu koordinieren, um Erfahrungen auszuweiten und neue Ideen in die Zirkel zu tragen.

Düsseldorfer bzw. BKK-Modell

Der Düsseldorfer Gesundheitszirkelansatz (Westermayer, Bähr, 1994, S. 24 ff.) hat noch stärker den Arbeitsschutz bzw. die arbeitsbedingten Erkrankungen sowie die traditionelle betriebliche „Gesundheits"-Organisation betrachtet. Darin geht es um die Prävention von Krankheiten und um eine beschriebene betriebliche Epidemiologie (Gesundheitsbericht) als Instrument. Untersucht werden degenerative und funktionelle Erkrankungen (Wirbelsäulen-, Herz-Kreislauf-, Magen-Darm-Erkrankungen u. a.). Dieses Düsseldorfer Modell wurde von den Betriebskrankenkassen (BKK) weiter entwickelt. Man versteht unter Gesundheitszirkel

- hierarchisch und fachlich übergreifende Kleingruppen von (Produktions)-Mitarbeitern, Meister, Sicherheits- und Arbeitsschutzbeauftragte, Betriebsarzt, Betriebsleiter, Betriebsrat.
- Man trifft sich in regelmäßigen Abständen (ca. 2–3 Wochen) für 1–1 1/2 Stunden.
- Mitarbeiter werden von Kollegen gewählt.
- Leitung: Ein geschulter externer Moderator (z. B. vom Bundesverband der Betriebskrankenkassen).
- Es sollen Arbeitsanforderungen in eigenen Arbeitsbereichen gesammelt und Vorschläge zur gesundheitsgerechten Arbeitsgestaltung erarbeitet werden.

Im Rahmen des „Berliner Ansatzes“ von Gesundheitszirkeln (vgl. Westermayer, Bähr, 1994, S. 14) wurden neben Mitarbeiter-Gesundheitszirkel auch *Gesundheitszirkel für untere und mittlere Führungskräfte* entwickelt (z. B. Industrie-Meister und Vorarbeiter), weil diese Belegschaftsgruppen ihre eigenen Belastungen (z. B. Herz-Kreislauf-Krankheiten) haben. Außerdem wird ohne die aktive Beteiligung dieser Gruppen das Gesundheitsprojekt keinen Erfolg haben.

Wandel im Aufgabenbereich der Gesundheitszirkel

„Während früher schwere körperliche Arbeit mit erheblicher Belastung der Muskulatur und des Bewegungsapparates im Vordergrund stand, sind es heute mehr und mehr Arbeitsprozesse, die in besonderer Weise mental belastend sind“. (Westermayer, Bähr, 1994, S. 37).

Die mentalen und psychosozialen Belastungen kommen also zu den mehr körperlichen Störungen hinzu. Moderne Technologien (z. B. Informationstechnologie) und die Umstrukturierung von Arbeitsabläufen und Arbeitsprozessen fordern vom Menschen

- mehr Konzentrationsvermögen
- mehr Flexibilität, Umstellungsfähigkeit
- größere Denkleistungen
- mehr Sozialkompetenz, Sozialenergie
- mehr Kreativität
- mehr persönliches Selbstmanagement
- mehr emotionale Kompetenz
- mehr Verantwortung
- mehr Selbstmotivation und Engagement
- größere Entspannungs- und Stressabbaufähigkeit
- eine kompensatorische Lebensweise

Die Arbeit der Gesundheitszirkel erstreckt sich also nicht mehr primär wie traditionell auf medizinische und sicherheitsorientierte Aspekte von Krankheit, sondern primär auf psycho-soziomentale Aspekte, bei denen Gesundheits- und Mentalberater gefragt sind. Gesundheitsförderung in der Arbeitswelt ist also ein sehr vielschichtiges Aufgabengebiet, das nicht nur von einer Disziplin (z. B. Medizin) abgedeckt wird, sondern nur interdisziplinär, durch Psychologie, Ökologie, Ernährung, Pädagogik, Gesundheitslehre und vor allem Mentalwissenschaft ermöglicht wird. Gesundheitsförderung umfasst Körper, Geist, Seele, Emotionen, Lebensweise, Ökologie und Soziales (Gruppen, Organisationen). Sie ist primär Hilfe zur Selbsthilfe.

Phasen zur Einrichtung und Durchführung von Gesundheitszirkeln

Gesundheitszirkel sind Bestandteil der Gesundheitsförderung im Betrieb. Die Umsetzung vollzieht sich in mehreren Schritten bzw. Phasen. (Siehe IG Metall, 1998, S. 57).

Es müssen zunächst die grundsätzlichen Fragen mit allen Beteiligten abgestimmt werden, die unterschiedlichen Erwartungen offen angesprochen und Missverständnisse ausgeräumt werden.

Die wichtigsten Rahmenbedingungen für Gesundheitszirkel

- Eine Bestandsaufnahme sollte vorliegen
- Bereitschaft der Beschäftigten
- Bereitschaft der Arbeitgeber
- Ausreichende organisatorische Unterstützung
- Vereinbarung von Regeln und Verfahrensweisen

Die Beschäftigten können durch die Einbeziehung einer Bestandsaufnahme über Gesundheitsstörungen und -belastungen, durch eine Belegschaftsbefragung oder auch durch Gesundheitsmarketing motiviert werden. In einer Betriebsversammlung können wichtige Informationen vermittelt werden.

Vorüberlegungen für die Einrichtung von Gesundheitszirkeln

- Wer regt die Einrichtung an?
- Wie könnte das Konzept aussehen?
- Ist das Konzept für alle konsensfähig?
- Ziele und Aufgaben von Gesundheitszirkeln
- Ist Arbeitsschutz eingebunden?
- In welchem Betrieb / Abteilung sollen Gesundheitszirkel durchgeführt werden? Wieviele Zirkel?
- Größe, Zusammensetzung der Zirkel
  Wer bestimmt darüber?
- Wie oft sollen Zirkeltreffen sein?
- Während der Arbeitszeit?
- Werden Verbesserungsvorschläge bezahlt? Prämien?
- Sind geeignete Räume vorhanden?
- Wer macht die Moderation?
- Gibt es Moderatorentreffen?
- Was geschieht mit den Ergebnissen?
- Welche Rolle spielen Experten, z. B. Gesundheits- und Mentalberater?
- Gibt es Unterstützung, z. B. durch Krankenkassen, Berufsgenossenschaften?

Sollte die Einrichtung von Gesundheitszirkeln an den Arbeitgebern scheitern, kann an die Einrichtung von Gesundheitsgruppen gedacht werden.

Planungsstadium von Gesundheitszirkeln

Alle Fragen aus den Vorüberlegungen müssen nun in Abstimmung mit den Interessenvertretern (Beschäftigte, Arbeitgeber, Betriebsrat, Krankenkassen, Berufsgenossenschaft) abgeklärt bzw. beantwortet werden. Alle Beteiligte, vor allem die Mitarbeiter müssen frühzeitig über die Ergebnisse informiert werden. Eine wichtige Frage ist die Bestellung der Moderatoren

Welches sind die Aufgaben der Moderatoren?

- Vermittlung zwischen Expertenwissen und Erfahrungswissen der Mitarbeiter
- Einordnung unterschiedlicher Sichtweisen und Interessen
- Durchführung der Moderation
- Dokumentation der Ergebnisse und der Umsetzung

Welche Anforderungen werden an Moderatoren gestellt?

- Gute Ausbildung in Moderation
- Neutralität gegenüber unterschiedlicher Sichtweisen, Interessen und Personen
- Offenheit, Einfühlungsvermögen, Gesprächsführung
- Akzeptanz bei den Zirkelteilnehmern

Soll ein Moderator ein externer oder interner sein?

	Vorteil	**Nachteil**
Interner Moderator	Gute Betriebskenntnisse, ständig erreichbar, im Betrieb bekannt	Arbeitsrechtliche Abhängigkeit von Arbeitgeber, kann bei Konflikten vielleicht nicht neutral sein.
Externer Moderator	Keine direkte Abhängigkeit von Firmenleistung, keine Betriebsblindheit	Nicht ständig erreichbar, kennt vielleicht Betriebsstruktur und Arbeitsabläufe nicht.

Weitere Hinweise zur Gestaltung und Steuerung der Moderation finden Sie in DECKER, 1998.

Arbeitsstadium des Gesundheitszirkels

In der ersten Sitzung werden die Teilnehmer in die Arbeitsweise der Gesundheitszirkel eingeführt. Entsprechende Regeln werden erläutert, z. B. Regeln zur Gruppendiskussion. Erste Methoden, z. B. die Metaplan- bzw. Kartenmethode, werden praktiziert.

In den regelmäßigen Sitzungen sprechen die Teilnehmen über gesundheitliche Förderkräfte (Potenziale), die Prävention, die Beschwerden und die Belastungen. Als Einstieg können Methoden, wie Problemanalyse, Befragungen (z. B. Fragebogen), Kartenabfrage, Fallstudien, Rollenspiel und andere Methoden verwandt werden. Denkbar ist auch Projektarbeit.

Zwischen den Sitzungen können die Teilnehmer weitere Informationen durch Gespräche mit Kollegen, durch Selbstreflexion und Beobachtung zusammentragen, Fallbeispiele lösen oder Übungen praktizieren. Das gilt auch für heikle Themen, wie Mobbing, Betriebsklima und Vorgesetztenverhalten. Es bedarf einer großen Sensibilität des Moderators, solche heiklen Themen und Konfliktfelder zu besprechen und den Betroffenen den Rücken zu stärken.

Besprochene Themen, Problemfelder, Gesundheitspotenziale werden dann bewertet, gewichtet (z. B. mit Klebepunkten), um eine Priorität in der Bearbeitung, Schwerpunkte zu erhalten. Zu den so gewichteten Themenberichten werden dann konkrete Lösungsvorschläge, Lösungswege, Verhaltens- und Denkhinweise aufbereitet, Probleme mental aufbereitet (vgl. DECKER, 1999b).

Gesundheitszirkel sind immer *lösungsorientiert.* Sie dürfen nicht zu „Meckerzirkeln" werden. Nur Dampf ablassen ist zu wenig. Neue Wege suchen und gehen, Verhalten und Verhältnisse ändern ist das Ziel. Lösungen werden umgesetzt. Dazu müssen Vorgesetzte, Geschäftsführung, Betriebsrat und

Kollegen informiert werden. Deshalb sollten Protokolle durch den Moderator angefertigt werden. Von entscheidender Bedeutung für die Gesundheitsentwicklung ist deshalb der Informationsfluss in dem Betrieb und die Kommunikation über die Ergebnisse im Gesundheitszirkel.

Das kann geschehen durch:

- Protokolle
- Abteilungsversammlungen
  in denen die Ergebnisse der Zirkelarbeit mitgeteilt und diskutiert werden.
- Diskussionen am Arbeitsplatz
  Zirkelmitglieder diskutieren und erproben die Lösungsvorschläge vor Ort, am Arbeitsplatz mit den betroffenen Kollegen.
- Wandzeitungen, Collagen, Schwarzes Brett
  Die Ergebnisse bzw. der Lösungsverlauf wird grafisch dargestellt.

Die Umsetzung der Ergebnisse

Aus den Ideen, Diskussionen und Problemanalyse werden:
- Lösungen
- Konkrete Verbesserungsvorschläge
- Neue Verhaltensziele und -programme
- Mentale Konzepte und Glaubenssätze sowie Denkmuster

Diese Ergebnisse müssen umgesetzt werden
- in neue Lebensweisen
- durch Mentaltraining, Mindcoaching in neue Denk- und Verhaltensmuster
- in konkrete Verbesserungen am Arbeitsplatz
- in ein neues Bewusstsein, ein neues Betriebsklima und eine neue Qualität des Miteinanders

Deshalb ist die Umsetzungsphase von entscheidender Bedeutung. Die Teilnehmer und ihre Kollegen brauchen dazu Zeit und Übung. Gesundheits- und Mentalberatung kann dabei sehr hilfreich sein. Die Beschäftigten sind an der Umsetzung aktiv beteiligt bzw. bei Verhaltens- und Denkveränderungen selbst verantwortlich. Deshalb sollte in der Endphase der Zirkelarbeit ein Umsetzungs-, Beratungs- und Übungsplan aufgestellt werden (wer macht was bis wann?). Jeder arbeitet aktiv an seinen Mind- und Verhaltensproblemen, geht in die Gesundheits- und Mentalberatung und erprobt die arbeitsbezogenen Verbesserungsvorschläge (Verhältnislösungen) an seinem Arbeitsplatz.

Nicht alle Vorschläge und Ergebnisse können von den Zirkeln in kürzester Zeit selbst umgesetzt werden. Kosten- und Zeitaufwand sowie strukturelle Veränderungen führen die Zirkelarbeit zwangsläufig an Grenzen. Andere betriebliche Gremien, wie die Personalabteilung, der Arbeitsschutzausschuss, der Arbeitskreis Gesundheit, Projektgruppen sowie Betriebsvereinbarungen können Umsetzungshilfen leisten. Oft braucht man einen langen Atem: Bei Verhaltens- und Mindveränderungen sind Übungszeit und bei Verhältnisänderungen sind Durchsetzungskraft und kommunikatives Geschick gefordert. Gesundheitszirkel werden dadurch zu einem Instrument persönlichen Wachstums, der Personal- und Organisationsentwicklung.

6. Betriebliches Antistress-Programm

Stress entwickelt sich immer stärker zum Gesundheits- und Leistungskiller Nr. 1. Ärger, Sorgen, Stress gehen auf Dauer an keinem spurlos vorüber. Sie beeinträchtigen nicht nur das Wohlbefinden und die Leistungsfähigkeit, sondern können auch zur Entstehung ernsthafter Krankheiten beitragen: Herzbeschwerden, Magenbeschwerden, Depression, Neurodermitis, Ohrgeräusche. Forscher belegen den Zusammenhang zwischen Stress und Erkrankungen für immer mehr Krankheitsbilder. Doch die wenigsten Betroffenen gestehen sich ein, dass sie unter Stressbedingungen leben.

Stress wirkt sich aber nicht nur körperlich aus, sondern auch auf Psyche, Geist, Leistung und soziale Beziehungen. Nur wenige Lebenssituationen, Ereignisse sind von sich aus „stressig". Stressforscher betonen immer wieder die Bedeutung der persönlichen Bewertung von Alltagsbelastungen und die Art der Stressverarbeitung.

Was negativer Stress auf Dauer anrichtet ... (mod. aus: „Fit for fun" 4/97)

Auswirkungen	*kurzfristig*	*langfristig*
... auf den Körper	☐ Puls ☐ RR ☐ Adrenalin-ausschüttung	☐ Kopfschmerzen ☐ Magenschmerzen ☐ Gefahr koronarer Herzerkrankungen
... auf die Psyche	☐ starke Anspannung ☐ oft frustriert ☐ schnell verärgert ☐ immer müde	☐ Unzufriedenheit ☐ Depressionsrisiko ☐ Zerschlagenheit ☐ Selbstwertgefühl
... auf die Leistung	☐ große Schwankungen ☐ mangelnde Konzentration ☐ verstärkte Vergesslichkeit, Fehlerhäufigkeit	☐ Gefahr: Arbeitssucht ☐ Alkoholkonsum ☐ Nikotinabhängigkeit ☐ Beruhigungsmittelkonsum ☐ Schmerzmittelgebrauch
... auf Kontakte	☐ Aggressivität ☐ Verschlossenheit	☐ Konflikte ☐ resignativer Rückzug

6.1 Arbeits- und Berufsstress

Arbeits- und Berufsstress ist allgegenwärtig. Bereits 1992 bezeichneten die Vereinten Nationen Stress als die Krankheit des 20. Jahrhunderts . Das hat sich im 21. Jahrhundert noch verstärkt.

- 75 Prozent aller Amerikaner beschreiben ihre Arbeit als „stressig".
- Mehr als ein Viertel aller Arbeitnehmer berichten über erhöhten Stresspegel „fast jeden Tag".
- Man schätzt, dass 60 Prozent aller Fehlzeiten, die sich jährlich auf 500.000 Arbeitstage summieren, auf stressbedingte Beschwerden zurückzuführen sind (Institute of Heart Math (Hg.), 2000, S. 28)
- Amerikanische Unternehmen zahlen für den berufsbedingten Stress jährlich mehr als 200 Mill. Dollar, und zwar aufgrund von Fehlzeiten, Unpünktlichkeit, Burnout, Produktivitätsverlust, häufigen Arbeitsplatzwechsel u. a. Diese Summe liegt zehn mal höher als die Kosten für Streik oder die Höhe der Profite, die die 500 erfolgreichen Unternehmen in den USA erzielen.
- Stress durch täglichen Ärger, durch Druck, Mobbing, Lebensschicksale und Ängste sind zentrale Gründe für das Krankheitsbild der Stress-Depression (Vgl. Otto Benkert, Stress Depression, München 2009).

6.2 Stress, Gesundheit und Leistung

Der Arbeits- und Berufsstress wirkt sich immer stärker auf die Gesundheit aus. Das American Institute of Stress berichtet, dass 75 bis 90 Prozent aller Arztbesuche auf stressbezogene Störungen zurückgehen. Langzeituntersuchungen zeigen, dass Menschen, die spüren, dass ihre Arbeitsplätze in Gefahr sind, mit einer deutlich höheren Wahrscheinlichkeit

Herzerkrankungen entwickeln. Dabei sind die traditionellen Risikofaktoren, wie Rauchen und hoher Cholesterinspiegel nicht berücksichtigt.

Der Zusammenhang zwischen Stress, geistiger und emotionaler Haltung, physiologischer Gesundheit und umfassenden Wohlbefinden vieler Menschen ist schon länger festgestellt worden. Heute wissen wir, dass Wut, Angst und Sorgen Gesundheitsstörungen zur Folge haben und das Risiko einer Herzerkrankung und eines plötzlichen Herztodes deutlich erhöhen. Aus einer Studie der Universität London wissen wir, dass unkontrollierte Stressreaktionen einen größeren Risikofaktor darstellen als Zigarettenrauchen und cholesterinhaltige Nahrungsmittel (Institute of Heart Math (Hg.), 2000, S. 11). Stress wirkt sich auch auf die Leistung im Betrieb aus. Die Leistungspotenziale sind bei Menschen unterschiedlich, doch fallen bei allen die Leistungen ab, wenn Anstrengung und Stress ihre Toleranzgrenze überschritten haben.

Das erste Erschöpfungsstadium

Ist mit Hyperreaktionen, mit Schlafstörungen, kardiovaskulären Fehlreaktionen, Aufgedrehtsein, Konzentrationsmangel u. a. verbunden.

Wirken die Stressoren im zweiten Stadium weiter

Erschöpfen sich Energie, Ausdauer und Leistungsreserven. Der Mensch fällt auf ein niedrigeres Leistungsniveau ab. Die Symptome dieses Stadiums sind emotionale Erschöpfung, chronische Müdigkeit, Ausgebrannt-Sein, fehlende Bereitschaft zur Veränderung, zu neuen Aufgaben. Bis zu einem gewissen Grad kann man sich durch Ruhe und Entspannung wieder erholen. Ab einer gewissen Belastung geht das jedoch nicht mehr.

Wenn sich in Arbeit und Beruf der Graben zwischen der tatsächlich vorhandenen Leistungsfähigkeit eines Menschen und der geforderten im Betrieb vergrößert, dann ignorieren viele Menschen das Bedürfnis nach Ruhe und Entspannung und neigen zu vermehrter geistiger und emotionaler Unruhe. Diese treibt sie dann weiter in Richtung Zusammenbruch, Erschöpfung und gesundheitliche Probleme. Die können ausgelöst werden durch:

- Intrinsische Faktoren, wie Wut, Angst, Spannung, mangelnde Selbstmanagement-Fähigkeit, Rastlosigkeit, Schuldgefühle, Einsamkeit und die Unfähigkeit, mit dem Erreichten zufrieden zu sein, Unzufriedenheit, z. B. mit der Arbeit
- Extrinsische, umweltbedingte Faktoren, wie der immer schnellere gesellschaftliche Wandel, die Arbeitsbedingungen, aber auch ökologische Belastungen (z. B. elektromagnetische Felder), Lebens-Unordnung (Konflikte, Beziehungsstörungen, Arbeitsplatzverlust u. a.).

6.3 Stress als Kostenfaktor

Nach einer Studie des World Labor Report soll vor allem der Faktor „Stress am Arbeitsplatz“ die Volkswirtschaft jährlich bis zu 10 Prozent des Bruttosozialprodukts kosten. Moderne Formen des Stresses in Unternehmen wie Mobbing und Burn-out-Syndrom erhöhen diesen Kostenanteil noch erheblich. Nach Angaben der Berufsgenossenschaft fühlten

- sich 63,7 Prozent der Arbeitnehmer überfordert
- 39,4 Prozent fürchten die Konkurrenz durch Kollegen
- 92,8 Prozent bangen um ihren Arbeitsplatz
- und mehr als 1,4 Millionen Angestellte sehen sich als Opfer von Mobbingattacken.

Die indirekten Kosten für die Leistungsdefizite dieser „halbgesunden“ Mitarbeiter gehen mit dem Stress ständig in die Höhe. Allein die direkten und indirekten Kosten für Mobbing werden auf 50.000 bis 150.000 EURO pro betroffenen Arbeitsplatz beziffert. In einer breit angelegten Studie des Instituts für Arbeits- und Sozialhygiene in Karlsruhe heißt es: „Auf der Basis von rund 6000 Untersuchungen ist jetzt eine aussagekräftige Analyse des Gesundheitsstatus von Führungskräften möglich:

- Mit 85 Prozent stehen vegetative Beschwerden oder Befindensstörungen an Herz, Kreislauf und Magen-Darm an erster Stelle.
- Es folgen Fettstoffwechselstörungen mit 75 Prozent,
- Wirbelsäulen- und Gelenkbeschwerden mit 73 Prozent.

Bei Personen mit erhöhten Blutfettwerten und Blutdruck sind stressbedingte Ausfalltage vermehrt zu beobachten.“ Die meisten untersuchten Manager leiden unter mehrfachen Befunden, die sich gegenseitig verstärken. Die Gesundheitsstörung entwickelt sich schleichend weiter, bis sie zur Krankheit wird (Personalführung 7/1998) oder andere Störungen an Körper, Geist und Seele auftreten.

6.4 Stress am Arbeitsplatz

Nach einer Repräsentationsumfrage (Sozialministerium Nordrhein-Westfalen) ergibt sich folgende subjektive Einschätzung der Belastungen am Arbeitsplatz:

- Überforderung durch komplizierte Aufgaben 6 %
- Überforderung durch Arbeitsmenge 20 %
- Hohe Verantwortung 32 %
- Hoher Zeitdruck 34 %

Dabei ist Zeitdruck bzw. Zeitmangel der häufigste Grund für die Belastungen. Gründe für den empfundenen Zeitdruck sind oft im Markt zu sehen:

- Wachsender Konkurrenzdruck am Markt
- Kampf um Marktanteile.

Es sind aber auch betriebsinterne Gründe, die den Druck verstärken, z. B.

- Rationalisierungen und Umstrukturierungen
- Lean Management, Personaleinsparungen
- Budgeterfüllung, Druck durch Kosten- und Gewinnvorgaben
- Hackordnung im Betrieb
- Mangelnde und schlechte Kommunikation
- Schlechtes Betriebsklima.

In verschiedenen Untersuchungen der letzten Jahre kristallisierte sich heraus, dass Mitarbeiter der Überzeugung sind, „den gewünschten Erfolg nicht durch organisatorische Maßnahmen, sondern nur durch eine stärkere, vielfach auch emotionale Begeisterung der Mitarbeiter und Mitarbeiterinnen für Werte und Ziele des Unternehmens erreichen zu können" (s. PETERSEN u. a., 1999, S. 40). Der organisatorische Wandel ist immer mit Belastungen, mit Ängsten und Stress verbunden und führt zu verringerter Mitarbeiterloyalität, geringerer Leistungsbereitschaft, schlechtem Betriebsklima u. a.

Wir sehen also, dass Stress als komplexes Ursachen- und Wirkungssyndrom größere Auswirkungen auf die Leistungsfähigkeit und den Erfolg von Unternehmen hat als bisher angenommen (Abb. 48, vgl. PETERSEN u. a., 1999, S. 42).

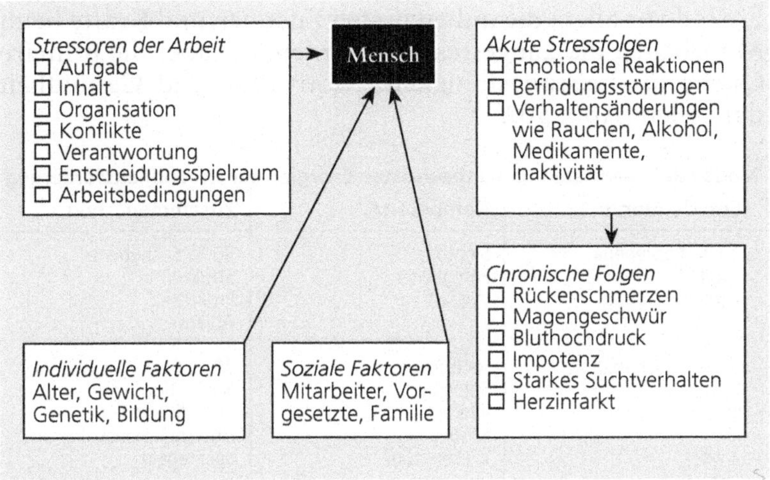

Abb. 48: Arbeitsbedingter Stress

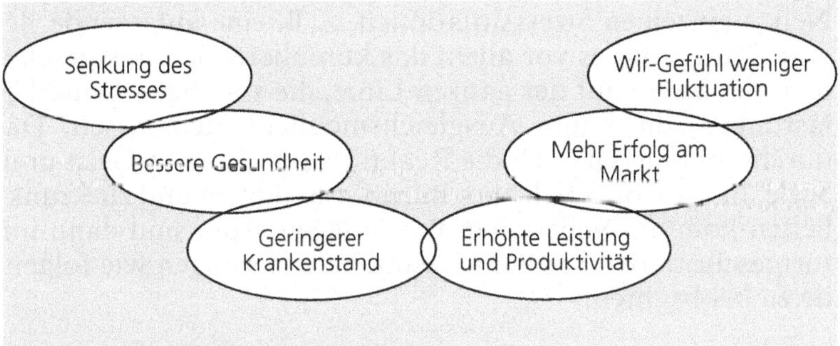

Abb. 49: Positive Wirkungskette gegen Stress

Es sind vor allem die unbewussten Energien und Kräfte beim Mitarbeiter, die „angefressen“ werden, die aber die primäre Quelle für Leistungsfähigkeit, Motivation und Gesundheit darstellen (Abb. 50).

Modell der bewussten und unbewussten Energien zur Gesundheitsförderung

Entscheidung	Kompetenz	Zusammenarbeit
10 % Kopfebene Logik Verstand	Sichtbar Fähigkeiten Wissen	30 % Sachebene Struktur Prozesse Abläufe
90 % Bauchebene Gefühl Intuition	Verborgen Selbstbild Werte Motive Wesenszüge	70 % Beziehungsebene Motivation Identifikation Unternehmenskultur Spielregeln

Abb. 50: Eisbergmodelle

Neben einzelnen Stresssituationen, z. B. eine aufregende Besprechung, sind es vor allem das kumulierende Stressgeschehen, der Stress auf der ganzen Linie, die ständigen Dauerbelastungen, die kaum Ausgleichsmöglichkeiten lassen. Dadurch kumulieren auch die Reaktionen in Körper, Geist und Seele, bis es schließlich zum Burnout-Syndrom und zu Krankheiten kommt. Neben dem Burnout-Syndrom sind dann im fortgeschrittenen Stadium Gesundheitsstörungen wie folgende zu beobachten:

- Erschöpfung, chronische Müdigkeit
- Chronische Kopfschmerzen
- Schlafstörungen u. a.

Aber auch psychomentale Störungen, wie

- Nervosität, Reizbarkeit
- Pessimismus, negatives Nachdenken
- Motivationslosigkeit
- Selbstzweifel

- Depression
- Isolierung
- Aggression

Alkohol, Drogen, Tabletten sind oft mit im Spiel. Der Ausstieg aus dem Teufelskreis ist oft nur schwer möglich.

6.5 Stress als Leistungs-, Produktivitäts- und Wettbewerbskiller

Gerade in Zeiten des zunehmenden Marktdrucks, der Notwendigkeit von Qualitätswettbewerb und Kundenorientierung wird es für die Betriebe wichtiger als je zuvor, sich auf die Gesundheit, den Stressabbau, um körperliches, geistiges und emotionales Wohlbefinden, und damit auf die Leistungs- und Qualitätsfähigkeit der Mitarbeiter zu konzentrieren. Betrieblicher Stressabbau bzw. Gesundheitsförderung will nicht warten, bis Mitarbeiter krank sind, sondern fördert und stabilisiert ihre Vitalität, ihr Engagement, ihre Kommunikationsfähigkeit, ihr Wohlbefinden. Gerade diese „weichen" Qualitäts- und Leistungsfaktoren garantieren den Erfolg des Betriebsergebnisses. Nur gesunde, vitale, einsatzfreudige Führungskräfte und Mitarbeiter garantieren das Überleben in einem immer härter umkämpften Markt. Betriebliche Gesundheitsförderung, eine energiefördernde und motivierende Unternehmenskultur, ein Katalog von Kennzahlen zur Früherkennung macht Betriebe fit für Qualität und Wandel. Fehlzeiten sind nur Symptome. Es wird höchste Zeit, sich um die Gesundheit und Leistungsbereitschaft der Mitarbeiter und Führungskräfte zu kümmern, aktiv zu werden.

Umstrukturierungen, erhöhter Leistungs- und Zeitdruck, ein ausgebautes Controlling und Qualitätsmanagement sowie ein fein gesponnenes hierarchisches Netz bewirken noch keine Produktivitätssteigerung und Kostensenkung. Der Stress frisst die Leistungskraft von Mitarbeitern und Betrieben und hebt damit alle Rationalisierungen und Umstrukturierungen auf.

Was nützt das Arbeitstempo, die Anzahl der betreuten Kunden, die Quantität der durchgeführten Buchungen, wenn die Qualität nicht stimmt, die Zahl der Fehler und auch der Fehltage immer größer wird, die Kunden sich vernachlässigt und von einem gestressten Mitarbeiter schlecht behandelt fühlen?

Was nützt ein dynamischer, aggressiv vorgehender Manager, bei dem zwar kurzfristig die Kosten heruntergehen, der aber

Abb. 51: Betrieblicher Nutzen von Antistress-Management

den Stress der Mitarbeiter ignoriert, für den die Anwesenheitsquote wichtiger ist als die Leistung? Die quantitative Aufgabenerfüllung ist nur die eine Seite. Qualität, Kundenzufriedenheit, Leistung und Produktivität die andere, wichtigere. Diese ist auch stärker stressabhängig. Die positiven Wirkungen von Antistress-Management auf die betrieblichen Prozesse sind vielfältig (Abb. 51).

Die oft vorhandenen geringen Entfaltungs- und Entscheidungsmöglichkeiten der Mitarbeiter sowie das Controlling- und Kontrollsystem wirken nicht nur als Stressauslöser für die betroffenen Mitarbeiter, sondern sind auch die Ursache für zahlreiche Fehler.

6.6 Innerbetriebliche Stressfaktoren

Es gibt eine Vielzahl von Stressursachen im Betrieb, die führungs-, organisations- und klimabedingt sind (Abb. 52).

Arbeitsorganisation, Einsatz- und Dienstpläne, die Hierarchie sowie die Ablaufprozesse haben einen wesentlichen Einfluss auf Belastungen und Stress. Tempo und Rationalisierung nehmen zu, die Prozesse werden standardisiert bzw. reglementiert und verdichtet. Es bleibt im modernen Dienstleistungs- und Produktionsprozess wenig Gelegenheit für Entlastungs- und Erholungsphasen. Das ist Ursache für Stress. Überforderung wird zum Dauer-Zustand.

Der Stress der Arbeitsorganisation wirkt sich vielfältig sowohl auf die Mitarbeiter wie auf die Betriebsprozesse und das Betriebsergebnis aus. Alles das führt zu Leistungsabfall und geringerer Produktivität und Wettbewerbsfähigkeit in den Betrieben. Irgendwann ist da für Mensch und Organisation eine Grenze erreicht.

Die Folgen dieser energiezehrenden Lebens- und Arbeitsweise sind vielfältig: Zerfahrenheit, fehlende Konzentration und Leistungsfähigkeit, Stimmungsschwankungen, Müdigkeit, Rücken- und Magenbeschwerden, Schlaflosigkeit, vegetative Störungen, depressive Verstimmungen u. a. Weder Wohlbefinden, Freude an der Arbeit, gute Laune, Kreativität, Lebensfreude und Power können aufkommen.

Längst spüren wir, dass der alltägliche Druck und das hohe Tempo, alles in immer kürzerer Zeit, zu erledigen, dem Lebensgefühl, der Leistung und Gesundheit abträglich sind.

Nie zuvor hatten wir so wenig Zeit,
und so viel zu tun.

Franklin D. Roosevelt

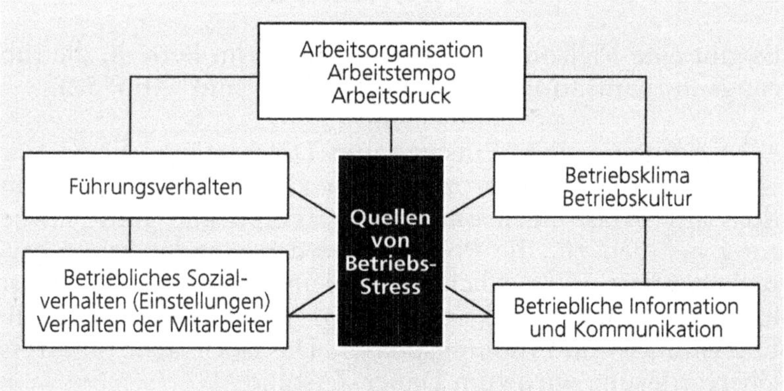

Abb. 52: *Betriebs- und organisationsbedingte Stressfaktoren*

Unsere Zeitnot wächst mit zunehmender Zeit. Wir wollen bzw. sollen in kürzerer Zeit immer mehr erledigen. Es fragt sich jedoch wie und zu welchem Preis. Wir werden zum „Tempoholiker"(Abb. 53).

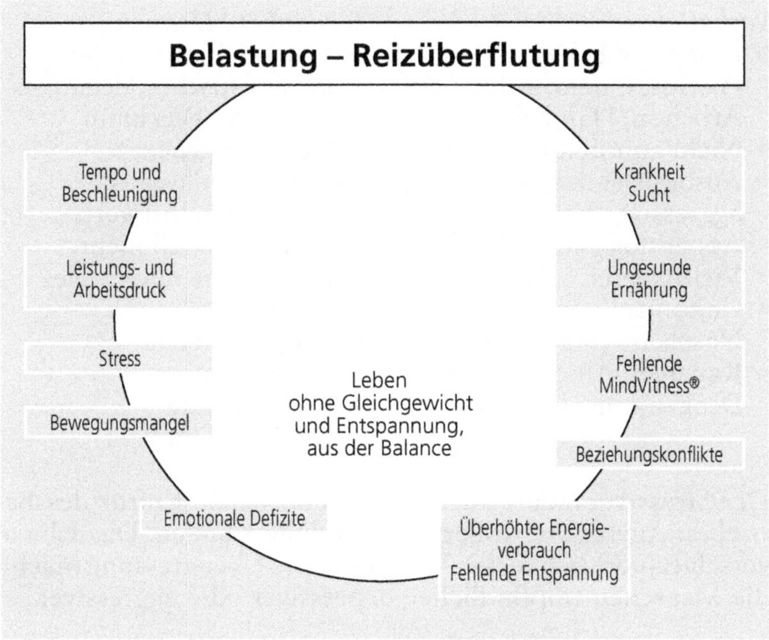

***Abb. 53:** Teufelskreis Belastung und Reizüberflutung*

Wie äußert sich Stress, wie erleben wir ihn?

Körper
- Innere Anspannung
- Schlafstörungen
- Kopfschmerzen
- Magen-Druck
- Kalte Hände/Füße
- Schwitzen
- Muskelverspannungen
- Herzklopfen
- Müdigkeit

Gefühle, Psyche
- Reizbarkeit
- Ärger, Wut
- Innere Unruhe, Sorge
- Angst
- Nervosität
- Niedergeschlagenheit
- Geringere Belastbarkeit

Verhalten

- Häufigere Fehler
- Planloses, unkoordiniertes Arbeiten, Handeln
- Nicht zuhören können
- Aufbrausendes, gereiztes, aggressives Verhalten
- Appetitlosigkeit bzw. Vielfresserei
- Unkontrolliertes Essen, Naschen
- Rauchen, Alkohol-, Drogenkonsum

Gedanken, Denken

- Werde ich es schaffen?
- Pessimistisches, negatives Denken: „Das kann nicht gut gehen.“ „Jetzt ist alles aus.“
- Geringer Selbstwert: „Das kann ich nicht.“ „Ich mache noch vieles falsch.“
- Vergesslichkeit, Konzentration
- Abnehmende Leistungsfähigkeit

Der Stress verändert auch die psychosoziale Kultur des Betriebes: Aggressive Kollegen, nörgelnde Kunden. Das Klima verschlechtert sich in den Betrieben. Die Überstressung macht die Menschen empfindlicher, depressiver oder aggressiver.

Der wirtschaftliche Druck, die Arbeitsorganisation, aber auch die Belastung der Menschen im Betrieb führt zu einer „Sprachlosigkeit“. Oft hört man: „Was im Betrieb passiert, muss ich als Mitarbeiter der Tagespresse entnehmen.“ Eine restriktive Information und Kommunikation bewirkt Stress, Ärger, Frustration und Anteillosigkeit bei Mitarbeitern. Mangelnde Informiertheit und ein Verlust an vertrauensvoller Kommunikation – absichtlich oder unabsichtlich – erzeugt immer Stress und verringert die Arbeitsmotivation, vergiftet das Klima im Betrieb und blockiert die Zusammenarbeit

In den größeren Belastungssituationen im Rahmen des Betriebsprozesses wäre eine motivierende, aufbauende energetische Führung notwendig, um den Stress zu komprimieren. Stattdessen stellt das Führungsverhalten oft selbst eine Stressquelle dar (Abb. 54).

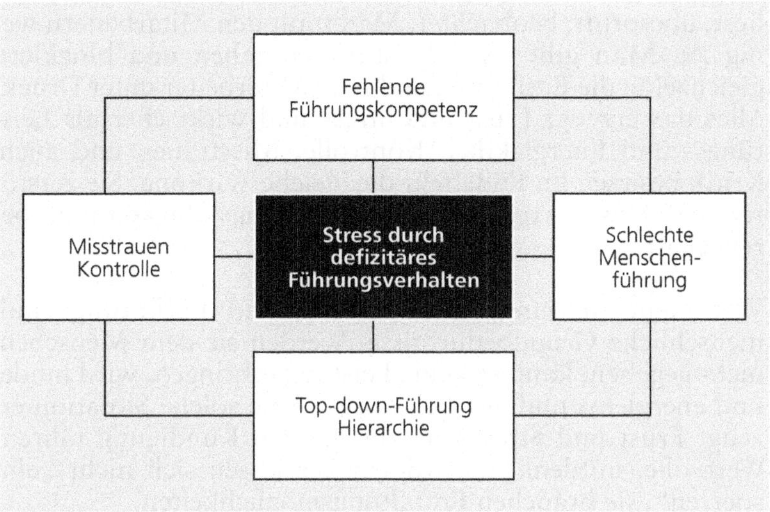

Abb. 54: Stress durch defizitäres Führungsverhalten

Fehlende Führungskompetenz

Auch viele Führungskräfte befinden sich im Stress, sind mit ihrer Sachgestaltungsaufgabe oft überfordert, haben ihre Führungsaufgabe selten gelernt. Die Belastung verhindert oft eine wirkungsvolle Menschenführung. Viele Führungskräfte sind so stark mit sich selbst beschäftigt, dass nur wenig Energie für die Mitarbeiterführung übrig bleibt. Oft zehren auch die völlig nutzlosen Grabenkriege an der Kraft. Würde die Energie sinnvoll genutzt, so könnte sehr viel für den Betrieb bewirkt werden. Wirkungsvolle Führung verlangt viel Energie, Einfühlungsvermögen, soziale und emotionale Intelligenz. Selbst wenn diese Fähigkeiten vorhanden sind, werden diese oft durch Stress blockiert.

Durch den Druck, unter dem auch die Führungskräfte stehen, aber auch durch ein falsches Top-down-Führungssystem wird eine Hierarchie und eine Kontroll- und Misstrauenskultur aufgebaut, die Stress erzeugt. Es wird zu stark kontrolliert, überprüft, beobachtet. Man traut den Mitarbeitern wenig zu. Man gibt zwar Leistungsvorgaben und blockiert gleichzeitig die Entfaltung und setzt Mitarbeiter unter Druck. Alles das erzeugt Frust und Stress und wirkt eher als Leistungs- und Energiekiller. Kontrolle, Misstrauen und auch Kritik besitzen im Endeffekt die gleiche Wirkung. Sie zerstören das Selbstwertgefühl und die Leistungsfähigkeit und -bereitschaft.

Vertrauen, Achtung, Anerkennung und Entfaltung sind menschliche Grundbedürfnisse. Werden sie dem Menschen nicht gegeben, kann er keine Leistung erbringen, wird müde und energielos und letztlich krank. Eine solche Situation erzeugt Frust und Stress, die zur inneren Kündigung führen. Wertvolle, mitdenkende Mitarbeiter lassen sich nicht „einsperren", sie brauchen Entfaltungsmöglichkeiten.

6.7 Betriebliches Antistress-Management

Um mit dem durch Einzelne (Führungskräfte und Kollegen) sowie durch das System Betrieb (z. B. die Arbeitsorganisation) erzeugten Stress fertig zu werden, brauchen wir ein betriebliches Antistress-Management. Nur so ist es möglich, die Wettbewerbs- und Zukunftsfähigkeit der Betriebe zu sichern.

Es sind vor allem drei Strategien, die das Antistress-Management fördern sollte. Im Einzelnen handelt es sich um folgende Maßnahmen:

1. *Stressprävention*
   - Ursachenanalyse vornehmen
   - Arbeit optimal strukturieren
   - Klare Antistress-Ziele

- Arbeitsbedingungen optimieren
- Antistress-Management etablieren
- Für gutes Betriebsklima sorgen
- Soziales Miteinander fördern
- Antistress-Qualifizierung ausbauen
- Gesundheitszirkel gründen
- Gesundheits- und Mentalberater ausbilden

2. *Stressbewältigung in der Situation*
   - Entspannungspausen ermöglichen
   - Bewältigungsfähigkeiten für den Umgang mit Stress, Ärger, u. a. anwenden
   - Lösen von Konflikten mit Kollegen und Vorgesetzten
   - Unterstützung durch Führungskräfte, Gesundheits- und Mentalberater anbieten
   - Möglichkeiten zum Aufsuchen eines „Health-Rooms“, eines Entspannungs- bzw. Rückzugsortes
   - Gelegenheit für kurze Situationsanalyse

3. *Stressabbau nach der Belastung*
   - Angebot an Stress-Ausgleichsaktivitäten (z. B. Supervision, Sport u. a.)
   - Förderung des privaten Stressabbaus und einer gesunden Lebensweise

Den Stress im Griff

Der Erfolgsfaktor des 21. Jahrhunderts besteht darin, die Epidemie Stress und die vielfältigen betrieblichen Gesundheitsstörungen aktiv anzugehen. Wir müssen die Potenziale der Mitarbeiter und Führungskräfte aktiv entfalten und fördern. In früherer Zeit erzielten wir primär mit optimalen Produktionsmethoden und Prozessoptimierung, mit einer guten Arbeitsorganisation ein optimales Betriebsergebnis. Deshalb wurden der Mensch und die Organisation am Produkt, an der Dienstleistung ausgerichtet.

Das Erfolgsrezept der Zukunft
ist Mitarbeiter- und Kundenorientierung. Die Potenziale der Mitarbeiter, ihre Energien, ihre Vitalität, ihre Fitness und Emotionalität, ihr Wohlbefinden, ihre ganze Gesundheit bedarf der Förderung und Entfaltung.

Erst wenn wir die Unternehmen an den Mitarbeitern ausrichten, ihre Potenziale und Energien zur Entfaltung bringen, systematisch fördern, werden die Human Resources zum Erfolgsfaktor. Gesundheitsförderung und ein Antistress-Management sind der Weg.

In dem Maße, wie der Stresspegel weltweit steigt,

- Nehmen immer mehr Menschen den Stress bewusst wahr und versuchen, ihn zu reduzieren
- Sie erkennen auch die Gefahren, die unkontrollierte Emotionen und geistige Einstellungen auf die Lebens- und Arbeitsqualität ausüben, wenn z. B. die geistige Klarheit, die Produktivität, die Anpassungsfähigkeit an die Herausforderungen des Lebens eingeschränkt sind
- Immer mehr Menschen erleben im Gegensatz dazu, dass positive Gefühle wie Lob und Anerkennung sowie Freude und Fürsorglichkeit dem Leben Schwung verleihen und es im Fluss halten. Immer mehr Menschen sorgen auch für mehr körperliche Fitness (z. B. Sport und Bewegung), geistige Fitness, eine ausgewogene und gesunde Lebensweise. Dadurch verbessert sich auch Leistungsfähigkeit und Effektivität deutlich.

Geistige Einstellungen, Konzentration, Entspannung und auch Emotionen sind nicht nur „so da", sondern müssen trainiert, eingeübt werden. So lassen sich Stress, Gesundheits- und Leistungsstörungen regulieren.

Mit einer Vielzahl von privaten und betriebsinternen Maßnahmen lässt sich der Stress bekämpfen. Einen Überblick, vor allem über neue Methoden von Entspannung und Stressabbau gibt das Buch des Autors (DECKER, 2000a). Die folgende Abbildung 55 gibt einen Überblick über den Abbau und Ausgleich von arbeitsbedingtem Stress.

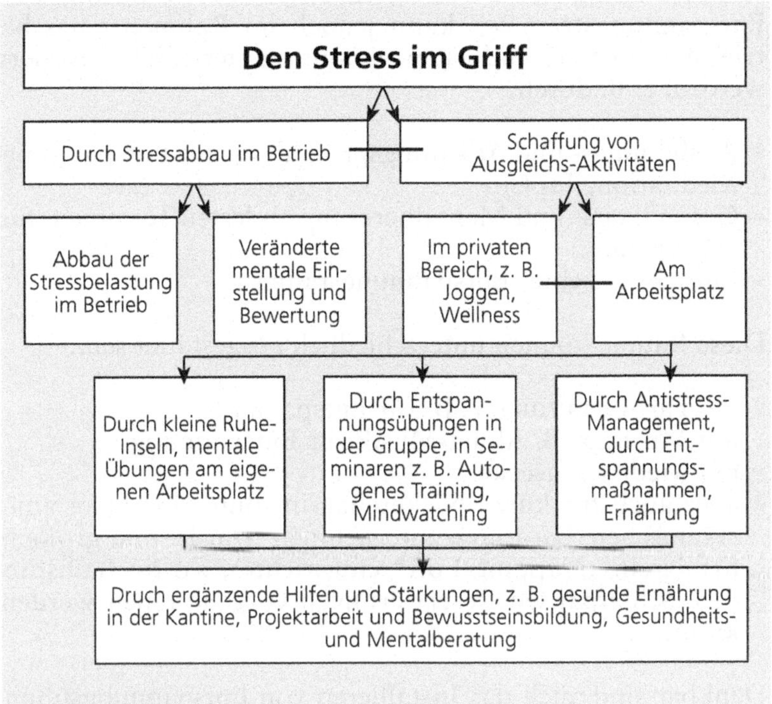

Abb. 55: Den Stress im Griff

Das Gesundheitsmanagement fährt auf betrieblicher Ebene Maßnahmen zum Abbau bzw. zur Reduzierung von Stress durch, z. B. eine Anti-Mobbing-Kampagne. Es führt eine regelmäßige Gesundheits- und Mentalberatung durch, richtet Entspannungsräume ein, die von Mitarbeitern aufgesucht werden können, verbessert das Betriebsklima, führt eine stressreduzierende Ernährung in der Kantine ein oder führt Projektwochen zum Stressabbau durch.

Zu solchen Managementmaßnahmen auf betrieblicher Ebene zählen auch unterstützende Maßnahmen im Unternehmen. Die Durchführung des Entspannungstrainings liegt wie die der gesamten Gesundheitsentwicklung primär in der Eigenverantwortung der Mitarbeiter. Diese Durchführung von Entspannungstrainings kann jedoch im Rahmen eines betriebsinternen Gesundheitsprogramms unterstützt, gefördert werden, z. B. durch

- Ausbildungs- und Anleitungsprogramme für Entspannung, Meditation, Tai Chi
- Gesundheits- und Mentalberatung an festen Terminen, für Mitarbeiter
- Einrichtung eines Entspannungsraumes

Diese Räume können unterschiedlich ausgestattet sein:

- mit Farbgestaltung, z. B. zur Entspannung
- mit Musik, z. B. Alpha-Musik zur Entspannung
- mit Meditationsecke
- aber auch für kurze Nickerchen im Büro. In einem amerikanischen Beratungsunternehmen wurde mit großem Erfolg ein „Napping Loft" eingerichtet, wo für halbstündige Schlafpausen Reservierungen vorgenommen werden können.

Denkbar sind auch das Installieren von Entspannungsübungen per Computer, Internet, Intranet, das Mitarbeiter während der Arbeitszeit nutzen können.

Was stressstabile Menschen auszeichnet

Wissensdurst
Stressstabile Menschen lernen gerne. Denn sie wollen möglichst viel über ihre Umwelt und ihre Mitmenschen wissen. Neue Erfahrungen sind ihnen wichtiger als Erfolge.

Gelassenheit
Sie regen sich nicht ständig auf, weil sie das als Energieverschwendung ansehen. Stressresistente Menschen können sich innerlich distanzieren, wenn die Emotionen hochkochen.

Freundschaften
Um den Stress gut zu verkraften, haben sie enge Vertraute, auf die sie sich stets verlassen können. Einzelkämpfer brechen unter Druck viel schneller zusammen.

Selbstwertgefühl
Alle Stressstabilen sind stolz auf ihre Fähigkeiten und ihr Können. Sie haben ein hohes Selbstwertgefühl und deshalb auch eine stabile Psyche. Außerdem haben sie fast immer eine gute körperliche Kondition.

Selbstbestimmung
Wer sich nicht als Opfer der Umstände, sondern als alleiniger Gestalter und Bestimmer seines Lebens fühlt, dem kann Stress auch nichts anhaben.

7. Energiemanagement

7.1 Energiekrise im Betrieb

Es gibt eine Vielzahl von Methoden, den betrieblichen Erfolg zu optimieren. Mit verschiedenen Management-Konzepten hat man versucht, die Effektivität der Organisation, die Kostensituation und die Wettbewerbsfähigkeit von Betrieben zu verbessern. Die Ergebnisse all dieser Bemühungen sind jedoch überwiegend ernüchternd oder gar enttäuschend. Bei all diesen Bemühungen fehlt noch irgendetwas, die treibende Kraft, ein starkes Energiefeld, welches Tatkraft, Motivation, Begeisterung und Kreativität auslöst, welches ein Lern- und Entwicklungsklima, eine wirkungsvolle Vision schafft.

Es fehlt eine *energetische Kraft,* die das Unternehmen zielgerichtet vorwärts bringt. Energie ist der alles bewegende Erfolgsfaktor für Unternehmen genauso wie für einzelne Mitarbeiter.

Energie als persönlicher Erfolgs- und Vitalitätsfaktor

Menschen, die über viel Energie verfügen, sind gesund, vital und in der Lage, Außergewöhnliches zu leisten. Ihre Energiebalance stimmt, denn sie verfügen über mehr positive Energie.

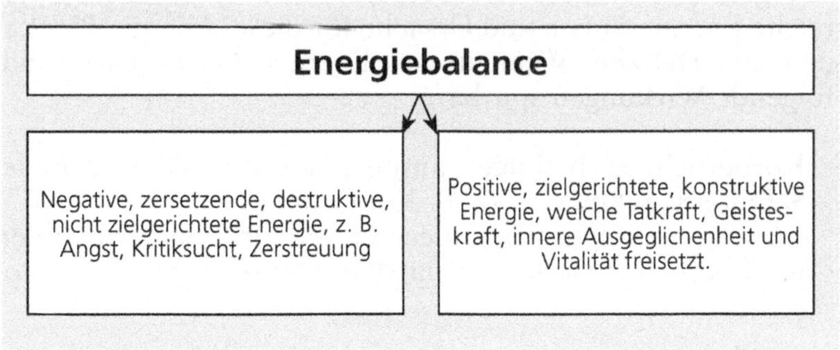

Dort wo sich die Energiebalance zum Positiven wendet, werden Kräfte freigesetzt, die zu Erfolgen führen, z. B. bei Sportlern, bei tatkräftigen Menschen. Die positive Energie setzt dem Gedanken an ein Aufgeben, ein Aussteigen, ein Krankwerden kraftvolle Zielbilder entgegen. Ist keine oder wenig Energie vorhanden, herrschen Müdigkeit und Kraftlosigkeit vor.

Wenn die Energie nur noch spärlich durch unseren Körper fließt, kann das unterschiedliche Wirkungen haben. Kopfschmerzen sind z. B. oft Anzeichen einer Regulationsstörung, die verschiedene Ursachen im körperlichen, seelischen und geistigen Bereich haben und dann auch zu Müdigkeit und Abgespanntheit, zu Antriebslosigkeit führen.

Energieblockaden stehen im Zusammenhang mit Über- und Unterenergie. Eine zu hohe Ansammlung von Energie in einem Organ, einer Muskelpartie oder einem Meridian kann ebenso zu Störungen führen wie ein zu geringes Energiepotenzial. Erst das Energiegleichgewicht, die ausgeglichene, gleichmäßige Versorgung unseres gesamten Körpers, sorgt für Vitalität, Lernengagement und Gesundheit. Dies lässt sich vergleichen mit einem Bach, der ruhig und kraftvoll dahinfließt (wie Energie im Meridian). Wird der Bach gestaut (wie bei Energieblockaden), kann das Wasser nicht mehr gleichmäßig fließen, Teile werden über-, andere unterversorgt. Der Energiekreislauf (in unserem Körper) ist unterbrochen. Zahlreiche Energieräuber sind Ursache für dieses Energie-Blockaden und Defizite. Wenn unsere Energie blockiert ist, sind folgende Wirkungen spürbar:

- Körperlich: z. B. angespannte Nackenmuskeln, schiefe Schultern, Schmerzen (z. B. Kopfschmerzen)
- Ich reagiere langsamer, schlechter und fühle mich unwohler
- Ich bin nicht besonders belastbar, mir fehlt die nötige Power

- Ich bin im Gehirn ganz „einseitig“, weil meine Gehirnhälften nicht zusammenarbeiten
- Zum Lernen fehlen mir Kraft, Sammlung und Lust

Besitzen die Mitarbeiter in einem Betrieb viel Energie, wird der Energiefluss der Mitarbeiter durch Management und Führung ständig positiv gefördert und werden die zersetzenden Energiefelder minimiert, dann besitzt auch der Betrieb über starke energetische Potenziale.

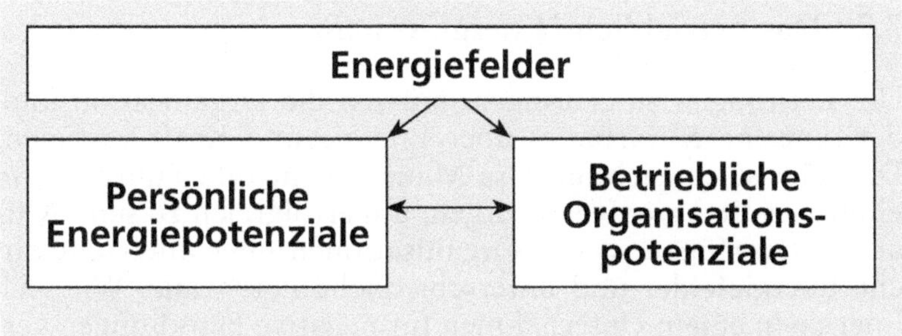

Es wird immer deutlicher, dass betrieblicher Erfolg, Wettbewerbsfähigkeit und Leistungsfähigkeit von der persönlichen und sozialen Energie im Unternehmen abhängen. Wenn es Mitarbeitern gelingt, ihre Energie zu mobilisieren, der Führung die Bedingungen für einen optimalen Energieverbrauch und Energiefluss zu schaffen, dann verfügt auch die Organisation über genügend Vitalität und Wettbewerbsfähigkeit. Gesunde, vitale Unternehmen brauchen Energie-Förderprogramme und eine energetische Führung (siehe Kap. 4.3.2). Eine solche Führung vermeidet auch die Energiekiller im Betrieb:

- Mobbing, Burnout, Angst
- Konflikte, Streitkultur, gestörtes Betriebsklima
- Negative Führung und Rahmenbedingungen, z. B. Fehlen von Lob und Anerkennung, Führung von oben herab, keine Wertschätzung und Förderung

- Emotionalität wird missachtet
- Schlechtes Kommunikationsklima – Ideen und Vorschläge werden missachtet
- Es besteht keine partnerschaftliche Wertschätzung – der Mitarbeiter ist nur Kostenfaktor
- Fundamentale Ziele, Vision und Werte werden von oben verordnet

7.2 Das betriebliche Energiesystem

Um Leistungen zu erbringen, müssen die Organisation und der einzelne Mitarbeiter über Energie und Kraft verfügen. Deshalb ist es wichtig, dass Management und Führung für ein hohes Energieniveau sorgen, um erfolgreich zu sein. Mitarbeiter verfügen so wie Organisationen über unterschiedliche Energiefelder und unterschiedliche Potenziale. Wie viel Energie in einem Unternehmen für negative Handlungen verbraucht wird bzw. wie viel Energie Mitarbeiter einbringen in ihre Arbeit, ist individuell verschieden. Die Aufgabe des Energiemanagements besteht also darin:

- Blockierte Energie zu lösen bzw. Energieblockaden (z. B. durch Stress) zu vermeiden
- Freie Energien, Interessen, Willenskräfte, geistige Potenziale positiv und systematisch z. B. für betriebliche Ziele zu nutzen
- Positive Energiepotenziale aufzubauen, z. B. durch Sinnstiften, soziale Harmonie u. a.

Unterschiedliche Energiefelder

Da die Menschen und auch Organisationen keine reinen Sachgebilde bzw. Maschinen sind, muss das Energiemanagement vor allem die weichen Energiefelder berücksichtigen.

Auf der Ebene der Organisation lassen sich vor allem fünf Energiefelder unterscheiden (Abb. 56) Es geht hier nicht um die Sachstruktur einer Organisation, z. B. Aufbau- und Ablaufstruktur, um die Hierarchie, sondern um die fließenden Kräfte, Motivationen, um das emotionale und soziale Engagement, um die mentalen Kräfte. Diese fünf Kraftfelder gilt es zu nutzen, zu fördern, zu regulieren, weil der Erfolg primär von diesen Energien abhängt.

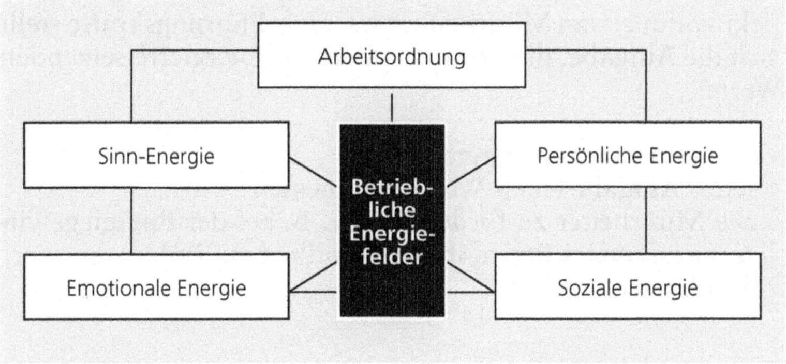

Abb. 56: Betriebliche Energiefelder

7.2.1 *Förderung der betrieblichen Energiefelder*

Energiefeld: Sinn

Wofür stehe ich morgens auf und gehe zur Arbeit? Wofür tritt mein Unternehmen ein? Welche Ziele verfolgt es? Welches sind seine Werte, welcher Geist, welche Kultur herrscht hier vor? Wie sieht die Firmenphilosophie aus? Menschen haben ein grundlegendes Bedürfnis nach Wert und Sinn. Sie wollen Zeit und Energie einer sinnvollen Tätigkeit widmen. Sinn-Energie steht also für Identifikation, für Engagement und Leistung. Um diese Sinn-Energie freizusetzen, braucht es Ziele, Werte und eine Kultur, die dem einzelnen Mitarbeiter etwas bedeuten und die ihn begeistern. Führungskräfte, die

Sinn-Energien freisetzen wollen, sollten für sich und andere Situationen schaffen, in denen Verbundenheit und Identifikation mit der Organisation möglich wird. So bekennt sich das englische Unternehmen Body Shop dazu

- einen Betrag zum Umweltschutz zu leisten
- ein Förderer sozialer Veränderungen zu sein.

Andere Unternehmen kennen als sinnstiftende Werte „Respekt vor unserem Mitarbeiter“ u. a. Für Führungskräfte stellt sich die Aufgabe, die sinnstiftenden und energiefreisetzenden Werte

- glaubwürdig zu vertreten
- jeder Aufgabe einen Wert beizumessen
- die Mitarbeiter zu fördern, die z. B. bei der Energiegewinnung zu unterstützen, ihre Gesundheit zu fördern, sie wertzuschätzen.

Emotionales Energiefeld

Häufig wird Emotionalität in Organisationen ausgeschlossen, der Mensch auf eine funktionierende Maschine reduziert. Der Organisation wird damit der Zufluss wertvoller Energien verwehrt. Stattdessen entsteht häufig negative emotionale Energie durch Konflikte, Streit, Mobbing, sodass die Energiebalance eindeutig negativ ist. Emotionale, positive Energie ist jedoch der Treibstoff, den wir für unsere Arbeit brauchen. Wenn Gefühle unterdrückt werden, entsteht oft ein Klima von Langeweile, Alltagstrott, Bürokratie. Andererseits können Überlastung, Hoffnungslosigkeit, Angst und Resignation sich entwickeln.

Die Reaktionen des Körpers auf Emotionen können sehr unterschiedlich im Ausmaß sein. *Physiologische Veränderungen* sind beispielsweise:

- Schweißnasse Hände
- verstärktes Herzklopfen
- Erröten
- Erblassen
- weit aufgerissene Augen
- Pupillenerweiterung oder -verengung
- veränderter Gesichtsausdruck
- Zittern
- Verhärtung der Muskulatur

Der Gefühlszustand kann sich ändern in:

- Entspannung
- Ruhe
- Zugänglichkeit
- Gelassenheit
- Heiterkeit
- Zufriedenheit
- Ausgeglichenheit
- Ängstlichkeit
- Unruhe
- Depression

Handlungsimpulse/Handlungen sind:

- Weinen
- Lachen
- Davonlaufen
- Schreien
- Verstummen
- Schlagen
- Umarmung usw.

Emotionen machen das Leben erst lebenswert. Negative, falsch verstandene Gefühle verursachen Leistungs- und Gesundheitsstörungen. Gefühle können von einem Menschen, z. B. einem Kollegen oder Chef auf einen anderen „überspringen" und beiden die Energie rauben. Daher ist emotionale Kompetenz unverzichtbar im Betrieb. Statt sich gegenseitig mit Vorwürfen, mit Kritik und Missachtung zu „strafen", können auch vorsichtig oder vernünftig heikle, schmerzliche Themen angesprochen werden. Emotionale Kompetenz erfordert ein Zusammenwirken von Gefühl und Verstand. Keine Seite darf vernachlässigt werden. Führung sollte also beide Aspekte berücksichtigen.

Soziales Energiefeld

Von dem sozialen Miteinander, dem Teamworking (vgl. DECKER, 1998) geht eine große Sozialenergie aus, wenn es harmonisch zugeht. Das Gegeneinander statt Miteinander kann aber auch die Quelle destruktiver Energie sein.

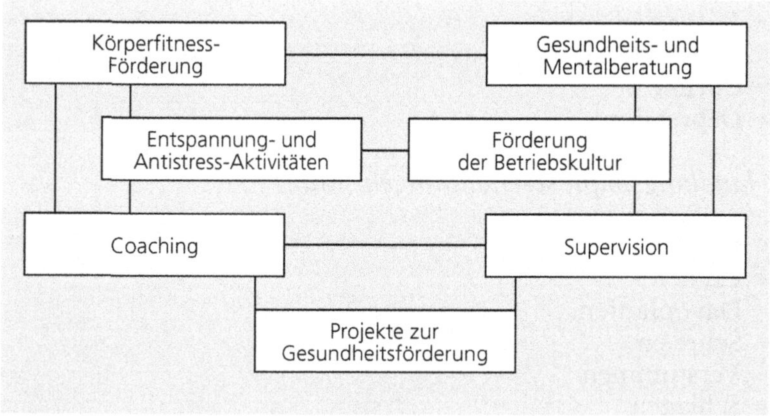

Abb. 57: *Förderung betrieblicher Energie*

Menschen sind soziale Wesen. Sie definieren sich durch das soziale Umfeld, durch Sozialisation. Wird diese Beziehung positiv, kann soziale Energie wirksam werden. Man fühlt sich zugehörig, identifiziert sich mit der Gruppe, wird u. U. zu einer verschworenen Gemeinschaft. Dieses Zugehörigkeitsgefühl muss jedoch – gerade in einer Zeit des Individualismus – besonders gepflegt werden, z. B. durch Teamworking, durch Projektarbeit, durch gemeinsame Erfolgserlebnisse, durch sozialenergetische Führung. Es gibt also ein Bündel von Möglichkeiten, das betriebliche Energieniveau zu fördern (Abb. 57).

Persönliches Energiefeld in der Balance halten

Jeder Mensch ist primär für seine persönliche Energiebalance verantwortlich, hat Sorge dafür zu tragen, dass er energetisch nicht über seine Verhältnisse lebt. Jeder Mensch verfügt über ein individuelles Energiepotenzial. Aber er lebt auch unterschiedlich, verbraucht unterschiedlich Energie und baut sie wieder auf, z. B. durch Entspannung und Ernährung. Andere Energiequellen können seine Körperfitness, aber auch sein Denken, seine mentalen Fähigkeiten sein (Abb. 58).

Die chinesische Fünf-Elemente-Lehre zeigt, wie die Energie strömt und welche Emotionen mit welchen Elementen in

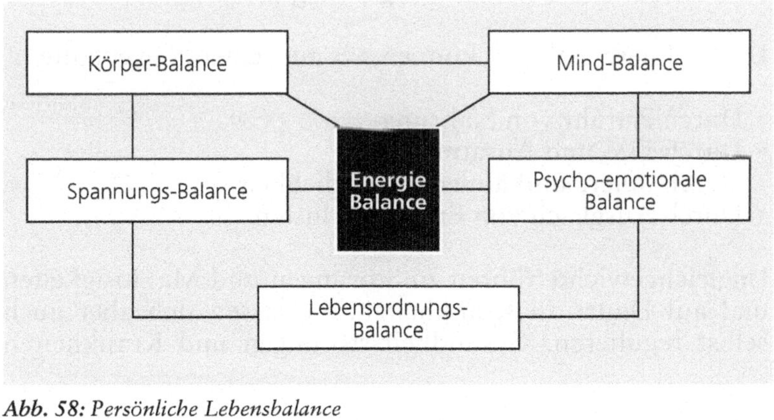

***Abb. 58:** Persönliche Lebensbalance*

Verbindung gebracht werden. Ziel dieses Energie- bzw. Emotionsflusses ist das Gleichgewicht. Es bedeutet schon Ungleichgewicht, wenn wir zu viel oder zu wenig Energie in einem Element haben. Ungleichgewichte führen dann zu Gesundheitsstörungen (z. B. Stimmungsschwankungen, unterdrückte Wut, Kopfschmerzen) und schließlich zu Krankheiten.

Die Darstellung aus der Fünf-Elemente-Lehre eignet sich auch zur Diagnostik. Durch die Verbindung von Emotionen und Organen bzw. Meridianen lässt sich bestimmen, an welchen Stellen ein energisches Ungleichgewicht besteht, und was das für die Körpervorgänge bedeutet. Bei Menschen mit Magenproblemen liegt oft ein zu großes Verständnis für andere vor. Bei Herzstörungen fehlt es oft an Freude im Leben. Bei Leberstörungen sind zu viele Läuse (Wut) über die Leber gelaufen. Das sind natürlich grobe Verallgemeinerungen. Sie machen allerdings deutlich, dass jeder von uns sich um seine Energiebalance kümmern kann, indem er seine Emotionen im Gleichgewicht hält, z. B. mit Übungen zur Förderung der inneren und äußeren Beweglichkeit (aus dem Yoga).

Nach der chinesischen Tradition wird jeder von uns mit einem Potenzial an Energie geboren. Diese angeborene Energie lässt sich mit einem Vorratslager vergleichen.

Diesen Energie-Vorrat können wir auf seinem Level halten:

- Durch Zufuhr von Nahrung
- Durch Ein- und Ausatmen
- Durch innere und äußere Beweglichkeit
- Durch Ausgleich von Energieverlusten

Ungleichgewichte führen zu Störungen und Maßlosigkeiten und auf Dauer zu Krankheiten. Sie lassen sich aber auch selbst regulieren. Gesundheitsstörungen und Krankheiten

(z. B. Migräne) zwingen uns zur Ruhe und bieten Gelegenheit, unsere Energiedepots wieder aufzufüllen. Auch Entspannungsübungen tragen dazu bei.

Durch Entspannung

- verlangsamt sich der Stoffwechsel,
- Herzschlag und Pulsfrequenz,
- der Blutdruck sinkt und
- die Muskelspannung lässt nach.

Damit wird Energie zur Regenerierung frei.

Der Schlaf ist eine der besten Entspannungsmethoden. Menschen, die zu wenig oder sehr schlecht schlafen, sind energielos, reizbar und unkonzentriert.

Energie ist der Treibstoff für unser Denken, Verhalten, Handeln, für unsere Erfahrungen, für Gesundheit und Krankheit, also im Positiven wie Negativen. (Zum Thema Energiebalance vgl. auch DECKER, 1997)

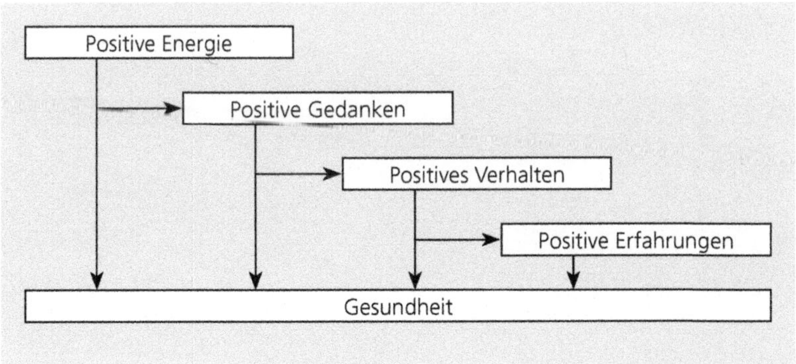

Abb. 59: Die Wirkung positiver Energie

8. Körper-Vital-Programm für Arbeitsplatz und Betrieb

8.1 Wandel im Körperbewusstsein

Einerseits sitzen wir tagelang vor dem Monitor und bewegen uns virtuell per Internet durch die ganze Welt. Am Ende sitzen wir da mit kribbelnden, tauben Gliedmaßen, mit Durchblutungsstörungen nicht nur in den Beinen, mit Übergewicht und Kreislaufstörungen. Andererseits gehen immer mehr Menschen ins Fitnessstudio. Während die einen Bewegungslosigkeit pflegen, suchen andere den „absoluten Kick" im Extremsport. Viele betreiben verbissen Fitness. Was fehlt, sind Bewegungsmaßnahmen, die zur heilsamen Regulierung der körperlichen und auch der seelisch-geistigen Lebensprobleme beitragen.

Körperfitness ist kein einseitiger Trimmvorgang des Körpers, sondern ein *ganzheitlicher Prozess*. Deshalb sprechen wir hier lieber von *Körper-Wellness,* weil Körpertraining zugleich auch der geistigen Leistungsfähigkeit und auch der psychoemotionalen Stabilität dienen soll. Wellness bedeutet das Gegenteil von „Illness" (Krankheit). Unter Wellness versteht man den idealen Körper-, Geist- und Seelenzustand eines Menschen. Alle drei befinden sich in einem harmonischen Einklang. Das trifft nicht zu, wenn ich z. B. nach einem hektischen Arbeitstag mit Verbissenheit und unter Druck mich noch zum Joggen zwinge.

Wellness ist keine Medizin, sondern eine Lebensweise. Körper-Wellness will den Körper in der Balance halten, auf unterschiedlichen Wegen für einen Ausgleich von Körper, aber auch Geist und Seele sorgen, nicht nur Muskeln, Kraft und Ausdauer allein fördern. Zur Körper-Wellness gehören Bewegung, aber auch Regulierungs- und Ausgleichsysteme wie Fußreflexzonenmassagen, Akupressur, Yoga, Tai Chi bzw.

Qigong, die über den Körper den ganzen Menschen fördern und in der Balance halten.

Tue deinem Leib Gutes,
dass deine Seele Lust bekommt
bei dir zu wohnen.

Teresa von Avila

Klassische Berufskrankheiten sind seltener geworden, dafür treten „Halbgesundheits"-Störungen, wie Müdigkeit, Ängste, aber auch Stimmungsschwankungen und Rückenschmerzen, sogenannte Zivilisationssyndrome öfter auf. „Die Menschen des 21. Jahrhunderts werden empfindlicher sein gegenüber körperlichen Gebrechen, Schmerzen und Alterungsprozessen. Sie entwickeln neue Krankheiten in den Zwischenräumen von Körper und Seele" (Mathias Horx, 1999, S. 109). Es gilt über Körpertraining und Körperwellness auch Ausgleich zu finden für Belastungen, Stress, Konflikte, Ärger u. a.

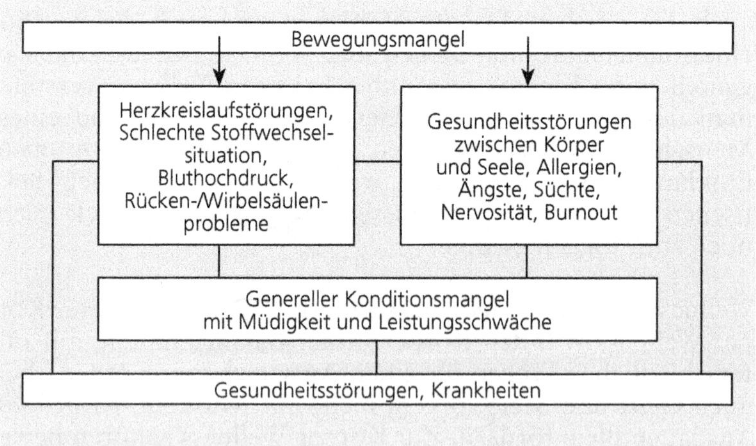

Abb. 60: Bewegungsmangel

8.2 Fehlende Fitness als Risikofaktor

Die Ursachen für die fehlende Körperfitness und Körper-Wellness liegen in unserer Arbeits- und Lebensweise. Wir bewegen uns zu wenig, sitzen zu viel, essen falsch, arbeiten oft einseitig, nur mit dem Kopf, sind zu bequem geworden. Es genügt heute nicht mehr nur den traditionellen Arbeitsschutz zu fördern. Wir brauchen in den Betrieben Körperwellness-Programme, in deren Zentrum sicherlich die *Bewegungsförderung* steht, denn

- Bewegungsmangel ist sowohl Risikofaktor für Erkrankungen, z. B. des Herzkreislaufsystems und des Bewegungsapparates als auch betrieblicher Kostenfaktor.
- In Deutschland klagt jeder dritte Erwachsene über Rückenbeschwerden.
- Muskel- und Skeletterkrankungen machen ca. 30 Prozent aller Arbeitsunfähigkeitstage aus.

Bewegungsmangel ist das Resultat einer in wenigen Jahrzehnten vollzogenen Technisierung und Automation. Die Wandlung unseres Lebensstils hat zwar die Umwelt verändert, aber nicht unser Erbgut.

PROF. DR. WILDOR HOLLMANN

In den USA bieten bereits 70 Prozent der Großunternehmen ihren Mitarbeitern spezielle Wellness-Programme an. „Jeder in die Gesundheit investierte Dollar zahlt sich dreifach aus, das beweist eine Studie der PepsiCompany (LÖHR u. a., 1999, S. 180). LÖHR nennt insgesamt 15 Vorteile der Körperfitness bzw. -Wellness für den Beruf (S. 181).

Körperfitness – 15 Vorteile für den Job

- Sie fühlen sich ausgeruhter, die Arbeit macht mehr Spaß.
- Sie sind belastbarer und können besser mit Stress umgehen.
- Sie sind dynamischer und kreativer.
- Sie sehen besser aus, wirken jünger (besseres Image).
- Sie strahlen mehr Energie aus.
- Sie gewinnen Selbstvertrauen.
- Sie werden geduldiger.
- Sie werden kontaktfreudiger.
- Sie werden seltener krank.
- Sie sind weniger anfällig für typische Büroleiden (z. B. Rücken- und Kopfschmerzen).
- Sie trauen sich mehr zu.
- Sie übernehmen lieber Verantwortung.
- Sie treffen leichter Entscheidungen.
- Sie werden als Kollege mehr geschätzt, weil sich mit Ihrem Wohlbefinden auch Ihre Laune bessert.
- Sie werden ausgeglichen und gelassener.

8.3 Richtiges Sitzen

Zu viel und falsches Sitzen führen häufig – nicht nur für Mitarbeiter im Büro, sondern für alle „zivilisierten" Menschen – zu Gesundheits- und Vitalitätsstörungen.

8.3.1 Die Entwicklung zum Bürositzen

Geistige, meist sitzende Arbeit und Lebensweise, im Beruf, Schule, Weiterbildung und Freizeit haben das Bewegungsbedürfnis in den Hintergrund gebracht. In den uns zugemessenen durchschnittlichen 675.000 Lebensstunden arbeiten wir noch zwischen 38.000 und 48.000 Stunden. Die gewonnene Freizeit wird häufig mit Sitzen verbracht. Das Sitzen am Arbeitsplatz setzt sich in der Freizeit fort. Unser Tagesablauf ist oft ein sitzender. Die Deutschen sitzen durchschnittlich neun Stunden täglich.

Das Tempo in Arbeitsleben und Freizeit, die zunehmende Verdichtung bzw. Intensivierung unserer Tätigkeiten lässt uns träge werden. Die Leerlaufzeiten sind systematisch reduziert worden und damit die entspannenden und bewegungsaktiven Pausen. Die Mehrheit der Menschen empfindet körperliche Arbeit eher als zusätzliche Belastung, denn als gesundheitsförderlich. Wir werden körperlich und geistig verwöhnt.

Körperlicher und geistiger Bewegungsmangel stehen in einem engen Zusammenhang oder: Mindfitness und Körperfitness bedingen sich gegenseitig. Zahlreiche psychische und mentale Probleme stehen in einer Wechselwirkung mit der körperlichen Vernachlässigung. Umgekehrt kann Bewegung eine Therapie für Stimmungsschwankungen, Trauer, Angst u. a. sein. Es fehlt uns oft der gesunde Ausgleich zwischen Körper, Geist und Psyche. Die durchweg sitzende Lebensweise besitzt große Auswirkungen auf unsere Gesundheit:

- Die Belastung der Bandscheiben vergrößert sich beim Sitzen, z. B. im Bereich der unteren Lendenwirbel um 40 Prozent gegenüber stehender Haltung.
- Verdauungsstörungen werden einfach mit Tabletten statt mit Bewegung und Vollkornbrot behandelt. Die Anzahl der Menschen, die täglich Abführmittel nehmen, ist hoch.
- Kopfschmerzen werden oft durch Schmerztabletten beseitigt statt durch einen zügigen Spaziergang an der frischen Luft.
- Stimmungsschwankungen behandelt man lieber mit Kaffee, Essen und Tabletten, statt mit aktiver Bewegung.

Sicher ist wichtig zu sagen: Man kann nicht alles mit Bewegung gutmachen. Sie ist nur ein Teilbereich, aber ein sehr wichtiger.

In Anbetracht dieses Bewegungsmangels ist es unsere Aufgabe, Zeitlücken in unserem Tagesablauf herauszufinden, die uns zusätzliche Bewegung bringen. Bewegung lässt sich allerdings auch ohne großen Zeitaufwand in den Alltag integrieren, z. B. beim Treppensteigen statt Aufzugfahren, beim Anstehen morgens, beim Einkaufen, bei der Arbeit, beim Fernsehen, bei der Bildungsarbeit und in der Freizeit. Wir könnten die Zeit besser nutzen mit Alltags-Bewegungsübungen und Gymnastik. In früheren Zeiten hat man sich automatisch im Alltag mehr bewegt (ohne Auto, Maschinen). Man legte viele Strecken zu Fuß zurück, z. B. den Weg zur Arbeit. So wandelte man nervliche Müdigkeit auf ganz natürliche Weise in körperliche Müdigkeit um.

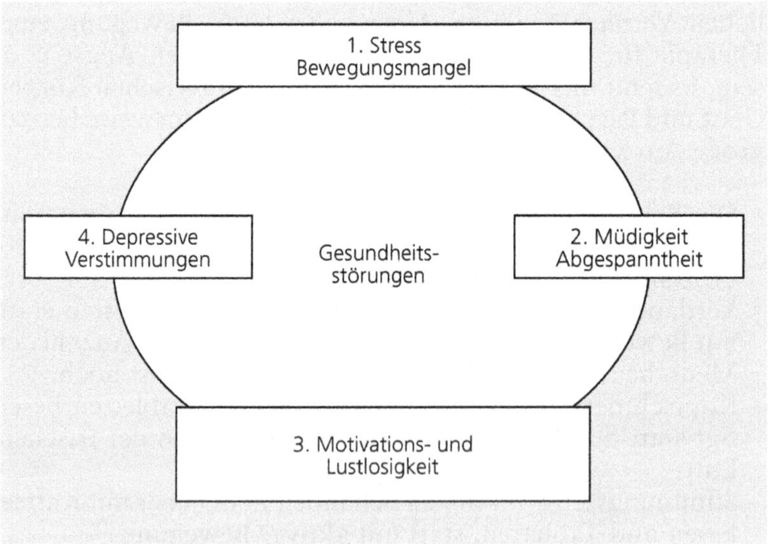

Abb. 61: Teufelskreis Stress und Bewegungsmangel

„Manchmal tut es meiner Seele besser, wenn ich mich bewege, als wenn ich mich in meine seelischen Probleme vertiefe und nach anderweitigen Lösungen suche; denn durch körperliche Aktivität wird manche seelische Belastung abgebaut.“ (KLAUS SIEGENTHALER)

Das ist deshalb so wichtig, weil immer mehr Menschen unter innerer Spannung, Melancholie oder gar depressiven Verstimmungen leiden. Auch hier hilft Bewegung oft, denn:

Hätten die Menschen mehr Sauerstoff im Kopf, so würde es ihnen in ihrem Herzen oft besser gehen.

C. H. SPURGEON

Wenn wir den Teufelskreis von Stress, Belastungen, Lustlosigkeit und depressiven Verstimmungen durchbrechen, ihm vorbeugen wollen, so geht das oft durch regelmäßige Bewegung (siehe Abb. 61, 62).

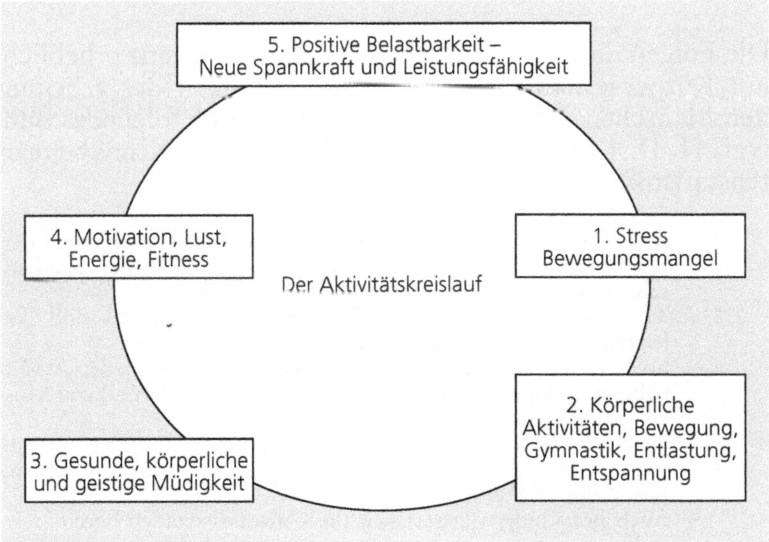

***Abb. 62:** Der Aktivitätskreislauf*

Sitzen und auch das Bürositzen als solches entwickelte sich im Verlaufe der Zivilisation und der Industrialisierung. Bis in die Frühindustrialisierung wurde Bürotätigkeit an Stehpulten abgewickelt. Dann begann der Siegeszug des Sitzens überall in der Gesellschaft. Heute verbringen fast drei Viertel aller Menschen die meiste Zeit des Tages auf der „Po-Ebene".

Um 1800 haben noch ca. 80 Prozent der Menschen vorwiegend körperlich aktiv gearbeitet, v. a. in der Landwirtschaft. 200 Jahre später arbeiteten nur noch 8–10 Prozent körperlich aktiv, sich bewegend. Von den 1997 rund 38 Millionen Erwerbstätigen arbeiten allein 14 Millionen im Büro, zumeist sitzend vor dem Computer und am Schreibtisch, an oft ergonomisch wenig geeigneten Büromöbeln. Büro-Arbeiter sitzen bis zur Pensionierung rund 70 000 Stunden, oft auch ohne Bewegungsausgleich in ihrer Freizeit. So lässt sich die Entwicklung des Menschen vom „Affen" über den Homo erectus (den aufrecht gehenden Menschen) zum Homo sedens (dem sitzenden Menschen) darstellen.

Die Folgen des „Sitzmarathons" wirken sich ganz erheblich auf Körpergesundheit und Leistungsfähigkeit der arbeitenden Menschen aus. Aus Statistiken ergibt sich folgendes Bild (vgl. H. D. KEMPF, Focus 9/95, BKK (Hrsg.), Krankheitsartenstatistik 1995, Essen 1997).

- Rückenschmerzen wurden Volkskrankheit Nr. 1. 80 Prozent der Bevölkerung leiden im Verlauf ihres Lebens unter Rückenschmerzen.
- 31 Prozent aller Fehlzeiten im Beruf sind auf Muskel- und Skeletterkrankungen zurückzuführen.
- Im Verwaltungs- und Dienstleistungsbereich fehlt jeder Arbeitnehmer im Durchschnitt etwa 7 Tage jährlich aufgrund von Muskel- und Skeletterkrankungen.
- Bei Büroangestellten machen die körperlichen Beschwerden am Rücken den größten Anteil der Skelettstörungen aus, gefolgt von Knien und Füßen sowie Nacken.
- Auch bei Kindern lassen sich die Haltungsschäden bereits feststellen, schon in Kindergarten und Grundschule.

Sitzen hat sicherlich als Ruhe- und Arbeitshaltung auch Vorteile, z. B. die Entlastung von Hüftgelenk, Beinen und unteren Wirbelsäulensegmenten nach längerem Stehen. Das monotone, statische Sitzen in vorwiegend ungesunder Körperhaltung stellt jedoch auf Dauer eine hohe Belastung dar. (Abb. 63).

Abb. 63: Das Bürositzen

Das unverhältnismäßige Sitzen führt im Einzelnen zu zahlreichen Gesundheitsstörungen und Erkrankungen. (Vgl. H. D. KEMPF, 1997, S. 15).

- Verspannung und Verhärtung der Muskulatur an Nacken, Schultergürtel und Rücken.
- Erschlaffung bzw. Verkürzung der Hüftbeuge-, Bauch-, Brust- und Rückenmuskulatur
- Einseitige und statische Belastungen vor allem der Bandscheiben sind nachteilig
- Der Stoffwechsel von Bandscheiben und Muskulatur wird beeinträchtigt
- Innere Organe wie Atmungs- und Verdauungsorgane werden beengt

- Behinderung der Durchblutung in den Beinen
- Bei vornüber geneigter Arbeits-, Schreib- und Lesetätigkeit treten oft Kopfschmerzen auf, ebenso
- Müdigkeit und Konzentrationsschwäche, weil man sich nicht bewegt.

Solche Gesundheitsstörungen mindern natürlich auch die Leistungsfähigkeit des Arbeitnehmers, die Produktivität seiner Arbeit, so dass es ein wichtiges Ziel wäre,

- die Belastungen durch richtiges Sitzen und
- einen ergonomisch gestalteten Arbeitsplatz (z. B. gute Stühle und Bürotische) zu verringern sowie
- die Belastbarkeit bzw. die Leistungsfähigkeit des „Bürositzers", z. B. durch ein Sitz- und Bewegungstraining zu erhöhen.

Es geht also darum, Risikofaktoren zu vermeiden und Schutzfaktoren aufzubauen, um so die Ursachen der Rückenschmerzen zu beeinflussen.

Sicher lassen sich Rückenschmerzen nicht nur auf falsches Sitzen zurückführen, die Ursachen sind vielfältig (KEMPF, 1997a, S. 11). Falsches Sitzen und Rückenschmerzen setzen eine Entwicklungsspirale mit vielfältigen Folgen in Gang.

8.3.2 Tipps für ein Bewegungsprogramm im Betrieb

Um seinen Rücken und seine Gesundheit zu schonen, lassen sich folgende Regeln für das Sitzen nennen (vgl. KEMPF, 1997b, S. 30).

Tipp für das Sitzen im Alltag

- Beobachten und überprüfen Sie Ihr Sitzen
- Verringern Sie Ihr Sitzen. Sitzen Sie entlastend
- Wechseln Sie ab: zwischen Sitzen, Stehen und Gehen
- Bewegen Sie sich viel in Ihrem (Arbeits-) Leben
- Sitzen Sie dynamisch
- Prüfen und benutzen Sie alternative Sitzgelegenheiten
- Entspannen Sie sich
- Machen Sie Aktivpausen mit Ausgleichsübungen
- Gestalten Sie Ihren Arbeitsplatz ergonomisch
- Beginnen Sie sofort mit der Realisierung Ihres Sitz- und Bewegungsprogramms.

Beobachten und überprüfen Sie Ihr Sitzen

„Ein jeder bewegt sich, empfindet, denkt, spricht auf die ihm ganz eigentümliche Weise, dem Bild entsprechend, das er im Laufe seines Lebens von sich gebildet hat. Um die Art und Weise seines Tuns zu ändern, muss er das Bild von sich ändern, das er in sich trägt [...] Das Ich-Bild besteht aus vier Teilen, die an jedem Tun beteiligt sind: Bewegung, Sinnesempfindung, Gefühl und Denken.“ (FELDENKRAIS, 1978, 1995, S. 31).

Sein Sitzen zu beobachten, seine Körperhaltung wahrzunehmen ist der erste Schritt zur Veränderung. Wie sitzen Sie? Was empfinden Sie? Spüren Sie in dieser Sitzhaltung Ihren Körper? Was denken Sie dabei? Haben Sie schon ein Bewusstsein für „gesundes“ Sitzen? Oder schon Fehlhaltungen bemerkt?

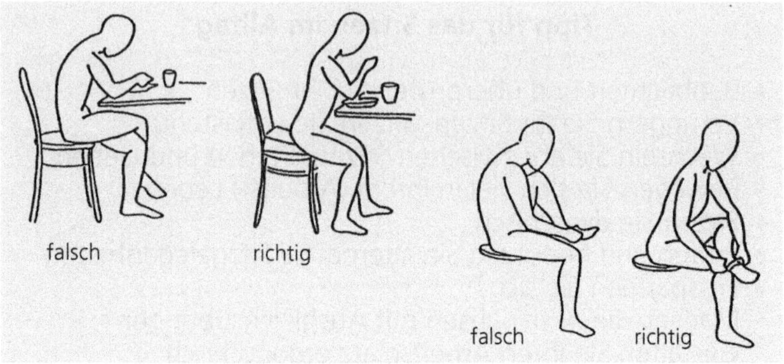

Abb. 64: Richtig sitzen im Alltag (Quelle: KEMPF, 1997a, S. 115)

Je weniger Sie sitzen, je gesünder ist es. Gesundheitliche Probleme entstehen in der Regel, wenn wir zu lange und falsch sitzen. Beim krummen Sitzen werden die Bänder belastet. Sie sind auf Dauer der Beanspruchung nicht gewachsen. Die Muskulatur wird überstreckt und schwindet, die Bandscheiben werden unphysiologisch beansprucht. Das führt oft zu Verschleiß.

Versuchen Sie also, so wenig wie möglich am Stück und so entlastend wie möglich zu sitzen.

Der Wechsel von Anspannung und Entspannung ist sowohl für Körper, Geist und Seele sinnvoll. Körper-Entspannung erreicht man z. B., indem man sich beim Lesen und Schreiben mit den Armen auf dem Tisch aufstützt. Man gibt dann einen Teil des Oberkörpergewichtes an den Schreibtisch ab und entlastet damit Muskulatur und Bandscheiben. Ähnliches geschieht, wenn man sich auf den Stuhl mit dem Rücken zurücklehnt. „Eine Rückneigung des Oberkörpers von ca. 120 Grad (gegen die Horizontale) verbunden mit der Benutzung eines Lendenkissens stellt für den Bandscheibeninnendruck die günstigste Bedingung dar.

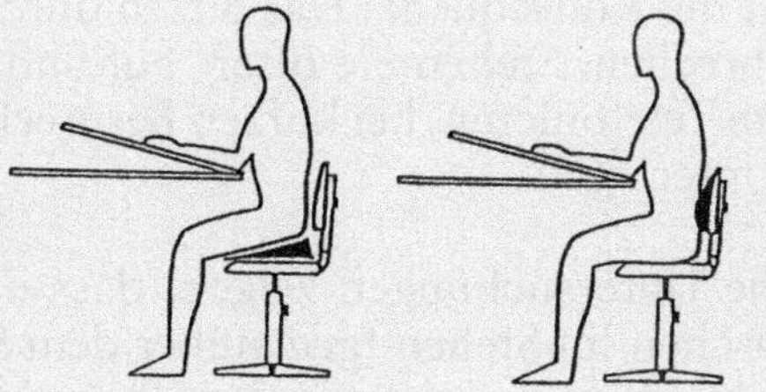

Abb. 65: Entlastendes Sitzen (Quelle: KEMPF, 1997b, S. 117)

Fragen Sie sich:

- Wie viele Stunden täglich sitze ich?
- Wie lange sitze ich am Stück?
- Auf welchen Stühlen und Sitzmöbeln sitze ich? Sind sie entlastend?

Wechseln Sie ab: Zwischen Sitzen, Stehen und Gehen

Für den Körper bzw. den Rücken ist vor allem die einseitige Belastung bzw. das Fehlen des Wechselns der Haltung und Sitzposition ein Problem. Die Ernährung (Durchsaftung) der Bandscheiben ist nur durch den häufigen Wechsel zwischen Be- und Entlastung möglich. Entspannung und Anspannung im Wechsel ermöglicht erst die Durchblutung der Muskulatur und dadurch den Stoffwechselaustausch.

Der Wechsel der Arbeits- und Sitzhaltung hat also für den Körper eine Reihe von Vorteilen:

- Die Muskulatur wird besser durchblutet
- Die Bandscheiben werden besser versorgt
- Atmung und Stoffwechsel verbessern sich
- Der venöse Blutrückfluss aus den Beinen zum Herzen bessert sich durch die Aktivierung der Muskelpumpe

Deshalb heißt die Konsequenz: Das Sitzen durch Gehen und Stehen unterbrechen. Stehen Sie öfters auf und bewegen Sie sich, z. B. beim Telefonieren, bei kurzen Besprechungen, beim Suchen von Unterlagen.

Amerikanische Untersuchungen zeigen, dass die Reaktionszeit von Menschen im Stehen (gegenüber dem Sitzen) bis zu 20 Prozent schneller ist und außerdem lässt sich Ermüdung verringern. Deshalb führen japanische Großunternehmen immer häufiger Stehkonferenzen durch. In Studentenverbindungen pflegte man Steh-Konvente.

Nutzen Sie jede Gelegenheit, sich zu bewegen, z. B.

- beim Weg zum Arbeitsplatz,
- beim Treppensteigen, bei Fahrradfahrten und Wanderungen in der Freizeit.

Auch am Arbeitsplatz gibt es zahlreiche Bewegungsmöglichkeiten:

- Kleine Botengänge
- Statt zu telefonieren, zum Kollegen persönlich hingehen
- Gehen Sie von Etage zu Etage die Treppen
- Nutzen Sie die Wartephasen, z. B. am Kopierer für einfache Spannungs-Aktivübungen, z. B. auf die Zehen stellen, die Rumpfmuskulatur ausspannen
- Machen sie zwischendurch bei geöffnetem Fenster Atemübungen und Bewegungsübungen
- Nutzen sie die Mittagspause für Bewegung an frischer Luft.

9. Mind Management für Gesundheit und Unternehmensentwicklung

9.1 Eine neue Zeit verlangt eine neue Denkweise

Sowohl in Unternehmen wie auch bei den einzelnen Mitarbeitern geraten überkommene Vorstellungen ins Wanken. Die Dinge waren in der Vergangenheit anders als sie sein sollten. Wer versucht gesund, vital und leistungsfähig zu bleiben, während sich das persönliche Umfeld und das System Betrieb im Umbruch befindet, der braucht ein Höchstmaß an Mindfitness, um Möglichkeiten außerhalb des bisher Gewohnten und Üblichen zu erkennen und Handlungspfade, Gesundheitsstörungen und Erschütterungen frühzeitig zu erkennen.

„Wem die mentale Flexibilität und Vorstellungskraft fehlt, wird es zunehmend schwer haben, seine Felle zu halten oder zu vermehren."

(Chowdhury, 2000, S. 32f)

Immer schneller und umfangreicher erfolgen neue Veränderungen in Gesellschaft, Wirtschaft und Technik. Betriebe, Organisationen sowie alle Lebensbereiche, besonders die Menschen in ihrem Privat- und Berufsleben, sind davon betroffen. Der betriebliche und persönliche Erfolg hängt in Zukunft mehr denn je von der Entwicklung und Entfaltung geistig-immaterieller Ressourcen ab, von Wissen und Schlüsselfähigkeiten wie Innovationskraft, Flexibilität, geistige Umstellungsfähigkeit, Sozialenergie, Know-how, Kommunikation, Teamworking. Die meisten erfolgreichen Organisationen sind schon heute intelligente und flexible Betriebe, die solche Schlüsselfähigkeiten in Dienstleistungen umsetzen. Führungskräfte und Mitarbeiter brauchen für ihre zukunftssichere Entwicklung energetische Fähigkeiten. Statt in Gebäude, Betriebsmittel und Maschinen zu investieren, sind künftig Brain-Kapital, geistige Ressourcen und Mindfitness nötig.

9.1.1 Organisationspathologie als Zeiterscheinung

Die Dynamik in Wirtschaft und Gesellschaft führt bei Mitarbeitenden und Führungskräften in den Organisationen sowohl zu mentalen Störungen und Belastungen wie Stress, Ärger, Burnout, fehlende Flexibilität, Kreativität, veraltete Denkmuster und Glaubenssätze, Motivations- und Sinndefizite, Multiphrenien, Paradoxien und Depressionen als auch zu Sozialstörungen in Form von Beziehungs- und Teamworking-Konflikten, Mobbing, Führungsfehlern und -defiziten sowie zu anderen Badness-Syndromen. Aus dem Roman „Momo" von Michael Ende ist das Grauer-Alltag-Syndrom bekannt (Ende, 1973, S. 76):

> „Momo starrte Meister Hora fassungslos an. Leise fragte sie: ‚Und was ist das für eine Krankheit?' ‚Am Anfang merkt man noch nicht viel davon. Man hat eines Tages keine Lust mehr, irgend etwas zu tun. Nichts interessiert einen, man ödet sich an. Aber diese Unlust verschwindet nicht wieder, sondern sie bleibt und nimmt langsam immer mehr zu. Sie wird schlimmer von Tag zu Tag, von Woche zu Woche. Man fühlt sich immer missmutiger, immer leerer im Innern, immer unzufriedener mit sich und der Welt. Dann hört nach und nach sogar dieses Gefühl auf, man fühlt gar nichts mehr. Man wird ganz gleichgültig und grau, die ganze Welt kommt einem fremd vor und geht einen nichts mehr an. Es gibt keinen Zorn mehr und keine Begeisterung, man kann sich nicht mehr freuen und nicht mehr trauern, man verlernt das Lachen und das Weinen. Dann ist es kalt geworden in einem, und man kann nichts und niemand mehr lieb haben. Wenn es einmal so weit gekommen ist, dann ist die Krankheit unheilbar. Es gibt keine Rückkehr mehr. Man hastet mit leeren, grauem Gesicht umher, man ist genauso geworden wie die grauen Herren selbst. Ja, dann ist man einer der ihren. Diese Krankheit heißt: Die tödliche Langeweile.' Momo überlief ein Schauder."

Wir sprechen ferner von Organisationspathologie, wenn es im Betrieb zu einer Streit- und Frostkultur kommt, wenn einzelne Mitarbeitende innerlich kündigen, wenn ein Hierarchiedruck besteht oder gar Managementkonzepte falsch praktiziert werden.

9.1.2 Notwendige Mindintelligenz

Viele dieser Defizite sind mental bedingt. Es fehlt an Bewusstsein, Umstellungsfähigkeit und Selbstkompetenz sowie an Entwicklungs- und Entfaltungsfähigkeit. Hier setzt Mind Management als eine Form der energetisch-mentalen Führung an. Mind Management ist ein Führungskonzept, das auf der *Ganzheitlichkeit von Geist-, Körper- und Psychopflege* beruht und die geistig-intellektuelle Fitness von Mitarbeiterinnen und Mitarbeitern, Gruppen und Organisationen fördert sowie ihrer persönlichen und betrieblichen produktiven Gestaltung und Entwicklung dient.

Die Schwerpunkte der Managementtätigkeit verschieben sich von der Sachgestaltung, Organisation und Betriebsgestaltung immer mehr in Richtung Mind Management. Durch den Wandel in Gesellschaft und Arbeit wird die Initiierung und Steuerung mentaler Prozesse, die Förderung von Mindfitness für Management und Mitarbeiter immer wichtiger. Sie brauchen persönliche geistige Lern-, und Umstellungsfähigkeit, mentale Selbstgestaltung und Selbstmotivation. Was für einzelne Mitarbeitende und Führungskräfte gilt, wird auch für das Team, die Organisation und den Betrieb zur existenziellen Grundlage.

Was Astronauten zum Mondflug und Spitzensportlern zum Sieg hilft, wird zunehmend sowohl für die eigene Lebensgestaltung als auch für die betriebliche Arbeit und Bildung wichtiger: nämlich mentale Gestaltung und Steuerung zur Steigerung von Erfolg, geistiger Fitness und betrieblicher Leistung. Auch geistige Kräfte und Energien müssen gemanagt werden, denn jedes Ziel, jede Veränderung, jeder Erfolg, muss zuerst im Kopf konzipiert und initiiert werden. Mind Management hat solche mentalen Prozesse zu fördern. Mind Management bedeutet, dass wir in Zukunft keine Bürokraten und Verwalter mehr brauchen, sondern Menschen und Betriebe, die ein klares lebens- und lernfähiges Konzept von sich, ihrer Arbeit und ihrem Erfolg haben; die interne und soziale Energien mobilisieren und sich auf die Kernaktivitäten konzentrieren können und die Methoden der mentalen Gestaltung – z. B. Entspannung und Kreativität – beherrschen, um so zu produktiven persönlichen und betrieblichen Leistungen und Wertschöpfungen zu kommen.

9.1.3 Die neue Intelligenz und Denkweise

Die Veränderungen in der Betriebswelt und im persönlichen Bereich verlangen eine neue Denkweise. Unsere Denkweise hat Einfluss darauf, wie wir Probleme einschätzen, analysieren, interpretieren und lösen, ob wir unsere Gesundheit stärken oder unbeachtet lassen, wie wir leistungsfähig und kreativ werden, den Stress im Griff halten können. Das Problem des Jahrtausends besteht eher darin, unsere Denkweisen zu verändern, eine neue mentale Stärke zu entwickeln. Wir brauchen eine neue Intelligenz – außer der rein kognitiven.

Die entscheidende Quelle für Wohlstand, Gesundheit und Sicherheit für die Menschen liegt nicht in Immobilien, sondern in ihren Gehirnen.

CHARLES HANDY

Eine solche Intelligenz bedeutet im Grunde Lebensklugheit und geht weit über alte Intelligenzkonzepte und ihre „Schulweisheiten" hinaus. Sie ist nach dem führenden Intelligenzforscher ROBERT STERNBERG nicht mehr nur linkshirnig (vgl. Psychologie heute Compakt, Heft 5, 2000).

Denkweisen sind ein Produkt
- unserer vergangenen Erfahrungen,
- Werte, Grundsätze,
- Glaubenssätze.

Wir müssen lernen, unsere Denkweisen zu erkennen, zu verstehen, zu verändern und weiter zu entwickeln, um mit den Herausforderungen des Lebens fertig zu werden.

Die neue Intelligenz geht davon aus, dass wir bei der Lösung von Problemen und der Verwirklichung von Zielen das ganze Gehirn einsetzen. Im Laufe der Entwicklung haben sich z. B. die linke und die rechte Gehirnhälfte unterschiedlich spezialisiert.

Linke Hemisphäre	**Rechte Hemisphäre**
Sprache	Orientierung im Raum
Zeitabfolge	Bildliches Erfassen
Analytische Prozesse	Intuition
Logik	Ganzheitliches Verarbeiten
Vernunft	Musikalität
Rechte Hand	Linke Hand
Corpus callosum	

Beide Gehirnhälften sind durch das Corpus callosum miteinander verbunden. Doch geht jede Gehirnhälfte bei der Lösung von Problemen und der Verwirklichung von Zielen eigene Wege. Eine Verneinung bzw. die abgeleiteten Wörter „nie“, „kein“, „nicht“, „nirgends“ wird als sprachliche Aussage nur in der linken Gehirnhälfte bearbeitet. Die rechte Gehirnhälfte versteht keine Negation. Ihr geht es nur primär um das bildhafte Erfassen.

Um eine neue Denkweise zu entwickeln, kreativ eine Aufgabe anzugehen, neue Erfahrungen zu machen, alte Gewohnheiten abzulegen, ist

- es notwendig, sich bewusst zu machen, ob man ungewollte Bilder entwickelt,
- die als einflussreiche Leit-Bilder den wirklichen Zielen und Absichten zuwiderlaufen.

Erfolgreich sind wir nur, wenn linke und rechte Gehirn-Hemisphäre synchron arbeiten.

Bevor sich ein Ziel erreichen lässt, brauchen wir die geistige Grundlage. Diese kann eine Vorstellung, ein Bild, ein Muster des bereits vollendeten Gegenstandes, Prozesses bzw. Gesundheitszustandes sein. Dadurch werden Energien freigesetzt und ein Zielrahmen entwickelt, in dem sich die gewünschte Zukunftsvorstellung umsetzen kann. Diese mentale, geistige Phase geht der Handlung voraus.

Nichts geschieht, ohne dass ein Traum vorausgeht.

CARL SANDBURG

Von dem, was man heute denkt, hängt das ab, was morgen auf den Straßen und Plätzen gelebt wird.

J. O. GASSET

Entscheidend für die neue Denkweise ist

- die Fähigkeit von Mitarbeitern, Führungskräften und damit der Organisation zu einem offenen, unkonventionellen Denken, zu Kreativität, zu Veränderung und Wachstum,
- die Fähigkeit zu positiven Einstellungen, zukunftsorientiert zu denken, neue Ziele und Wege zu erfinden, auch den Glauben an die Zukunft, an Heilung nicht zu verlieren, wenn Gesundheit und Vitalität gestört sind.

CHOWDHURY (2000, S. 157) nennt vier Denkweisen für das 21. Jahrhundert.

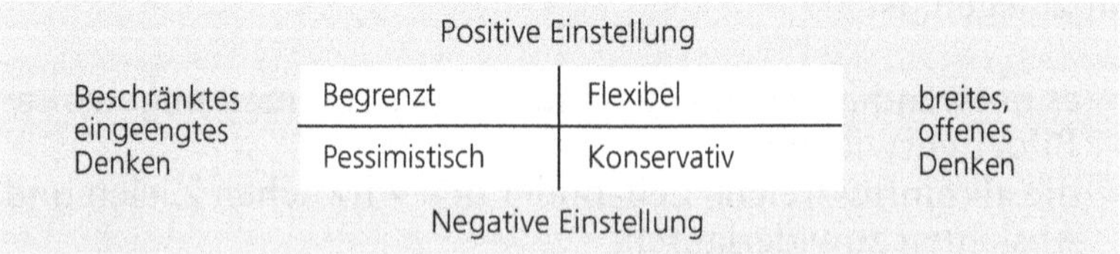

Abb. 66: Denkweisen für das 21. Jahrhundert (nach CHOWDHURY*)*

Die pessimistische Denkweise

Sie liegt dann vor, wenn jemand eine negative Einstellung und eine eingeengte Zukunftsvorstellung hat. Vertreter einer solchen Denkweise haben die Einstellung: „So sind die Dinge halt“, „daran können wir ja doch nichts ändern“. Eine solche engstirnige, pessimistische Einstellung trägt weder zur Gesundheits- noch zur Unternehmensentwicklung bei.

Die konservative Denkweise

Ein solcher Mensch hat zwar Breite, sieht Zusammenhänge und berücksichtigt ein breites Spektrum an Informationen. Emotional und mental ist er jedoch eher negativ, ängstlich, wenig mutig und entscheidungsfreudig. Er sieht eher die Hindernisse und Schwierigkeiten, die bestehenden Gewohnheiten und Glaubenssätze, die er nicht in Frage stellt. Ein solcher Mensch ist eher Kritiker als Innovator bzw. Neugestalter.

Die begrenzte Denkweise

Ein solcher Mensch demonstriert eher Zuversicht und eine positive Denkeinstellung, hat aber eine enge Sicht der Dinge. Eine solche Einstellung bewährt sich dort, wo die Richtung für das Handeln vorgegeben wird, wo der Chef sagt, wo es lang geht und die Verantwortung für die eigene Gesundheit anderen, z. B. einem Arzt übertragen wird. Der eingeschlagene Weg wird von diesem Personenkreis nicht weiter hinterfragt oder analysiert. Die Selbstmanagement-Fähigkeit und -bereitschaft fehlt in der Regel.

Die flexible Denkweise

Hier herrschen eine positive mentale Einstellung und eine breite Perspektive vor. Diese Menschen sind geistig beweglich, positiv gestimmt, Neuerungen gegenüber aufgeschlossen, aber auch bereit, neue Informationen, Möglichkeiten und Zusammenhänge zu akzeptieren. Sie suchen nach weiterführenden Wegen, wollen z. B. Gesundheit ständig verbessern, erhalten und ihre Lebens- und Arbeitsweise an neue Ziele anpassen.

Wer seine Gesundheit erhalten und in den „Organisationen von morgen Erfolg haben will, tut gut daran, sich an dieser Denkweise zu orientieren. So wird er feststellen, dass er geistig wacher und in seinen Reaktionen flexibler und kreativer ist. Wir behaupten sogar, dass diese Denkweise in vielen Organisationen entscheidend sein wird für die Entwicklung neuer Richtungen" (CHOWDHURY, 2000, S. 158).

9.2 Aufgabenfelder des Mind Managements

Für eine wirkungsvolle Gesundheits- und Unternehmensentwicklung brauchen wir also ein betriebliches Mind Management.

Betriebliches Mind Management	
Persönliches Selbstmanagement	**Systemisches Betriebs- und Organisationsmanagement**

Mind Management fördert also das

- Selbstmanagement der einzelnen Mitarbeiter und Führungskräfte,
- die systemischen Prozesse im Betrieb, die Unternehmenskultur und ein Klima der energetisch-mentalen Entwicklung,
- die persönliche Vitalität und Leistungsfähigkeit von Mitarbeitern und Führungskräften, insbesondere ihre mentalen Schlüsselqualifikationen wie Kreativität, Umstellungs- und Veränderungsfähigkeit sowie ihre Stressbewältigungsfähigkeiten. Zudem unterstützt es sowohl die Sozial- und Team-

working-Fitness, die Kommunikations- und Konfliktfähigkeit, den Teamgeist, die Sozialenergie und Kulturfähigkeit als auch die produktive Arbeit im Team, die Organisationsentwicklung und die Organisationskultur.

Im Einzelnen lassen sich folgende Aufgabenfelder des betrieblichen Mind Managements nennen. (Abb. 67).

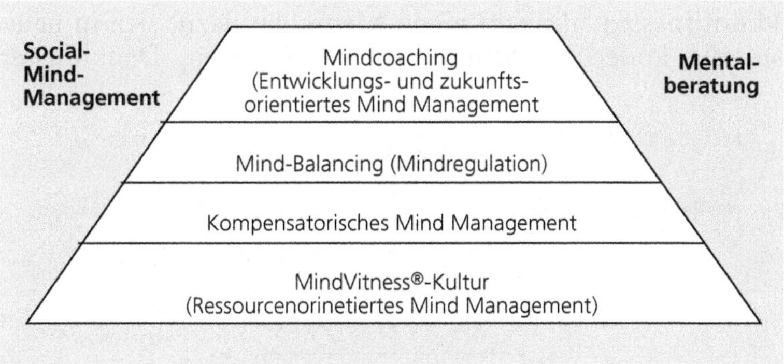

Abb. 67: Aufgabenfelder des Mind Managements

9.3 MindVitness®-Kultur

Mentale Fitness als Schlüsselqualifikation

Die Dynamik unserer Zeit und die zunehmende Komplexität und Pluralität des Lebens, der sozialen und ökonomischen Vorgänge erfordern für die Alltagsbewältigung, und erst recht für Spitzenleistungen, eine neue zentrale Fähigkeit: Mindfitness. Der Umgang mit komplexen Problemen, mit der Vielfalt von Meinungen, mit Chaos und Widersprüchen, mit unterschiedlichen Rahmenbedingungen, bedingt mentale Fitness, geistige Flexibilität, die jeder Mensch lernen kann.

Mentale Fitness besteht darin, diejenigen Unterschiedlichkeiten – wie Mind Cards – im Gehirn aufzubauen, die nötig sind, um für die neue komplexere Wirklichkeit offen zu sein, sie wahrnehmen und gestalten zu können. Mindfitness bedeutet dann die Fähigkeit zur mentalen Selbstprogrammierung, zum multiplen Denken, zur „Multiphrenie“ (KENNETH J. GERGEN), zu „Multi-Mind“ (ROBERT ORNSTEIN) und zur „multiplen Intelligenz“ (HOWARD GARDNER).

Mindfitness qualifiziert einen Menschen dazu, sich in neue, ständig änderbare Situationen, Meinungen, Denkmuster,

Abb. 68: MindVitness®-Training

Problemlösungen einzustimmen, sich schneller zurechtzufinden, lernfähiger zu sein. Diese mentale Kompetenz wird durch unser Gehirn geschaffen. Wir werden von bloßen Nutzern des Gehirns zu dessen Gestaltern.

Eine wichtige Aufgabe von Mindfitness ist auch das Vermeiden und Abbauen von Stress. Vor allem mentaler Stress wirkt ungünstig auf die mentale Fitness. Er blockiert mentales Wachstum und damit die persönliche Entfaltung. Das führt oft zum Burnout, einer Energie-Erschöpfung, die durch permanente Überforderung und mentale Spannungen bzw. Konflikte entsteht. Mindfitness sorgt für Mind, d. h. für „Bewusstseinsordnung". Das Verständnis von Mindfitness lässt sich wie folgt zusammenfassen.

Die neue Fitness

An die Stelle von Körperfitness tritt Gehirn-, Denk-, Lern- und Bewusstseinsfitness, die zu mehr Flexibilität, Erfolg, aber auch Gesundheit führen.

Fitness in diesem Verständnis ist also nicht nur das Gegenteil von Krankheit. Sie deckt sich auch nicht mit Gesundheit, denn jeder Gesunde ist noch lange nicht fit. Fitness setzt zwar Gesundheit voraus. Sie ist eine Fähigkeit der Selbstkompetenz für Körper, Geist und Seele.

Der Wandel unserer Zeit verlangt Veränderung und Entwicklung nicht nur beim Einzelnen, sondern auch in sozialen Gruppen, in Organisationen bzw. im Betrieb. Dafür brauchen wir eine mentale Fitness-Kultur (Abb. 69).

Zur Sicherung der Arbeitsplätze, der Erfüllung ihrer gesetzten Ziele und Aufgaben, müssen Betriebe einen mentalen Wandel einleiten, ein neues Denken fördern (Abb. 70).

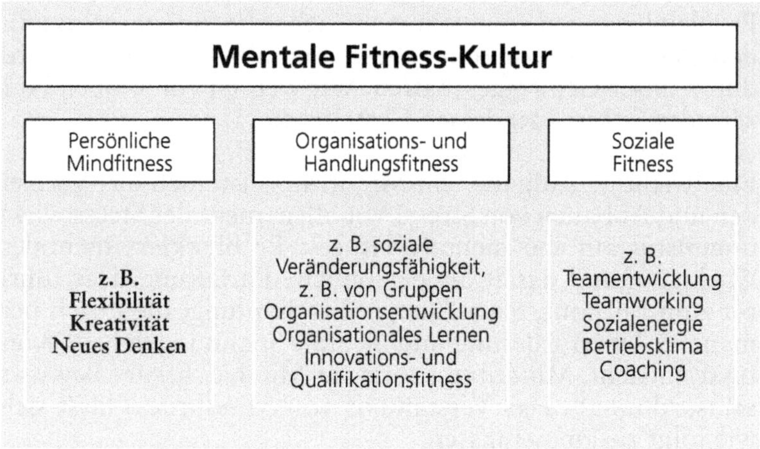

Abb. 69: Mentale Fitness-Kultur

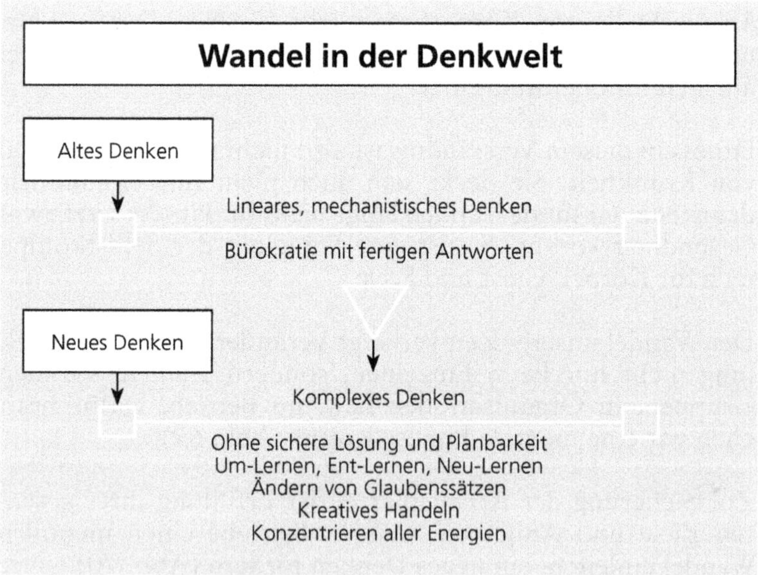

Abb. 70: Wandel in der Denkwelt

Führungskräfte müssen in Zukunft ihren Mitarbeitern die Möglichkeit bieten, sich in ihrer Persönlichkeit, in ihren Möglichkeiten weiterzuentwickeln; ihnen Verantwortung und Selbstständigkeit zu übertragen. Ein neues Führungscredo entsteht:

	Credo der Führung im Wandel
Früher	Der Chef bin ich.
Heute	Führung ist unsere gemeinsame Aufgabe.
Zukunft	Durch Selbstorganisation, Selbstmotivation, Selbstverantwortung, Selbstständigkeit vieler Einzelner und Gruppen führt sich der Betrieb.

9.4 Mind-Balancing (Mindregulation)

Hierbei handelt es sich um ein kompensatorisches Mind Management. Aufgabe des Managements ist es

- die mentalen betrieblichen Prozesse positiv zu beeinflussen, z. B. ein Klima der produktiven Zusammenarbeit, eine Wohlfühlorganisation zu entwickeln und entsprechende Störungen zu regulieren, zu intervenieren.
- Mentale Störungen wie Stress, Burnout, Denkblockaden, mentale Konflikte oder gar Mobbing zu regulieren, positive Visionen entgegenzusetzen.
- Mitarbeitern ein Mentaltraining anzubieten, bzw. eine Gesundheits- und Mentalberatung im Betrieb zu etablieren.
- Durch Schulungsmaßnahmen, wie z. B. Entspannungsseminare, Stress im Betrieb zu regulieren.

Mindcoaching: entwicklungs- und zukunftsorientiertes Mind Management

Betriebliche Zukünfte werden nicht frühzeitig genug erfunden, vorausgedacht, sozialverträglich gemacht. Sich beizeiten auf Veränderungen einzustellen und erwartete Probleme aufzuarbeiten, sind Aufgaben eines präventiv-energetischen Mind Managements. Betriebe brauchen ein Programm der Kraftentfaltung und der geistigen Vorwegnahme neuer Zukünfte und Lebensweisen. Führungskräfte müssen rechtzeitig Trends erkennen, Visionen entwickeln und eine kollektives Bewusstsein für Veränderungen fördern. Dazu ist es notwendig, versteckte und brachliegende Ressourcen und Energien von Mitarbeitenden bzw. Führungskräften durch entsprechende Methoden zu mobilisieren.

Die Pflege von Sozialkultur, Teamgeist und -produktivität, das Denken in sozialen Erfolgen und die herrschaftsfreie Kommunikation gehören zu den zentralen Aufgaben des Mind Managements. Zur Konfliktvermeidung bieten sich verschiedene Methoden an (Kommunikation im Sinne von NLP, Coaching, Subliminal-Methode, Supervision).

Ein breit angelegtes Personalentwicklungsprogramm kann helfen, eine Energiebalance beim Einzelnen bzw. im Betrieb anzustreben, um so eine optimale Produktivität und ein angemessenes Wohlbefinden zu erreichen. Raum und Zeit für körperliche und mentale Entspannung, entsprechende Medien wie Biofeedbackgeräte und Mindmachines, aber auch mentale Programmangebote in Seminaren und am Arbeitsplatz können genauso wie arbeitsorganisatorische Maßnahmen, z. B. Arbeitszeitgestaltung, zu einer Energiebalance und somit zu einer neuen Produktivität im Betrieb beitragen.

Wir brauchen in Zukunft kraftvolle und stabile Führungspersönlichkeiten, die ihr energetisch-mentales Selbstmanagement beherrschen. In solch turbulenten Zeiten wie dem Jahrtausendwechsel müssen sie flexibel reagieren und Mitarbeitende zu Mindfitness führen. Diese Haltungen und Fähigkeiten lassen sich durch folgende Fabeln bzw. Märchen versinnbildlichen.

> Zwei Frösche fallen nebeneinander in ein Fass mit Milch. Der eine weiß genau, dass er nicht schwimmen kann. Er hat Angst, weil er sicher ist, dass die Zeit nicht reicht, um jetzt noch schwimmen zu lernen. Deshalb gibt er schließlich auf. Der andere Frosch, der ebenfalls nicht schwimmen kann, strampelt und strampelt so lange, bis die Milch unter ihm zu Butter geworden ist. Dann sitzt er oben drauf – gerettet.

Wir alle haben also keine Patentrezepte und können doch nicht aufgeben. Das ist die Strategie des zweiten Frosches. In unsicheren Zeiten hilft also nur die Strategie des selbstbewussten zweiten Frosches. Neue Wirklichkeiten, Problemlösungen lassen sich oft nur durch mentale Entwicklungsarbeit, erst durch das Hineingehen in offene Problem bzw. durch das Erfinden von Zukünften gestalten. Mindfitness hilft dabei. Führen und managen gestalten sich immer häufiger mental. Hier entsteht eine neue Führungs- und Managementkultur, ein Mind Management auf der Basis von gegenseitigem Vertrauen und Selbstbewusstsein.

Im Märchen der Gebrüder Grimm war der jungen Königin von einem Zwerg ihr Kind geraubt worden. Alle waren beunruhigt. Erst als die Königin den Namen des Rumpelstilzchens aussprach, war der Zauber gebannt.

Der Beunruhigung in Situationen, die Angst auslösen, kann man nur dann Herr werden, wenn man offen über die Ursachen und Störfaktoren spricht, sie mental auflöst bzw. vorausdenkt. Unbekanntes erzeugt Angst. Der Kobold im eigenen Inneren sowie in der Organisation treibt nur so lange sein Unwesen, bis man ihn beim Namen nennt. Im offenen, vertrauensvollen Gespräch, in einer Mentalberatung über Organisationsentwicklung lassen sich viele Probleme und Krisen leichter angehen und lösen. Unter den Teppich kehren ist keine geeignete Methode.

Ein Instrument, um Mitarbeiter mental fit zu machen, sind das Verbreiten von Ideen, Visionen, Mythen, Erzählungen, Fabeln durch die Führung. Es geht darum:

- Mitarbeit für Zukünfte, für neue Entwicklungen zu interessieren,
- sie in ihrem Denken und Handeln für eine Vision zu gewinnen,
- sie auf einen gemeinsamen Geist einzustimmen.

Solche Visionen und Ideen können bei Mitarbeitern Veränderungen bewirken. Visionsarbeit ist also mentale Führung. Die inneren Bilder und geistigen Vorstellungen in den Köpfen von Führung und Mitarbeitern schaffen eine neue Realität. Diese innere Vorstellungskraft hilft uns, die eigene und betriebliche Zukunft aktiv zu formen.

Übung: Von der Vorstellung zur Realität

Wenn es Veränderungen im Betrieb (oder im eigenen Leben) geben soll:
- Entwickeln Sie eine Vision, ein Wunschbild,
- sorgen Sie für einen entspannten Zustand,
- malen Sie die Zukunft überzeugend mit allen Sinnen als geistiges Bild, als Vorstellung aus.
  - Wie sieht die neue Zukunft aus?
  - Welches sind meine Ziele und Aufgaben?
  - Wie überwinde ich Schwierigkeiten?
  - Welche Gefühle verbinde ich mit den Veränderungen?

Wichtige Grundsätze für die mentale Visions- und Veränderungsarbeit:

- Bringen Sie die Vorstellungen zu Papier, auch bisher Unmögliches, auch als Zeichnung
- Schreiben Sie alle Bedenken, Ängste und Blockaden auf und formulieren Sie dazu Auswege, Lösungen, neue Wege und Entwicklungen
- Formulieren Sie Affirmationen und lesen Sie diese immer wieder oder hängen Sie diese an das „Schwarze Brett". Beispiele: „Ich schaffe alles", „Ich bin flexibel und stark", „Ich bin ein kreativer Mensch", „Es gibt für alles eine Lösung". Je mehr Sie von solchen Affirmationen überzeugt sind, daran glauben, emotional dahinter stehen, je eher werden sie zu festen Glaubenssätzen und helfen, eine neue Realität zu schaffen.

Der amerikanische Management-Guru, Tom Peters, glaubt, dass wir für ein mobiles Leben in Zukunft Berater, Coaches brauchen, welche uns helfen, neue Wege zu gehen. Manager und Mitarbeiter werden in Zukunft mit einem Coach solche Veränderungsprozesse reflektieren, und nach Zielen und Wegen suchen, sie mental verändern. Voraussetzungen für eine solche wirkungsvolle Visionsentwicklung und Veränderungsarbeit ist allerdings

- Altes, Gewohntes, Bestehendes loszulassen,
- den Geist zu beruhigen und den Körper zu regenerieren,
- sich zu entspannen bzw. für Entspannung bei Mitarbeitern zu sorgen.

9.5 MindVitness®: Auch Gesundheit beginnt im Kopf

9.5.1 Die Macht der Gedanken und Erwartungen

Die Gedanken und Erwartungen besitzen einen großen Einfluss auf die Gesundheit, auf Vitalität und Wohlbefinden. Das bestätigen viele Forschungsergebnisse (vgl. DECKER, 1999a).

Mentales und damit auch emotionales und psychisches Wohlbefinden hängen eng mit körperlichem Gesundsein zusammen. Das mentale Programm, ein Bild von der eigenen Gesundheit und dem Leben, das Selbstwertgefühl, die mentale Stärke und Widerstandskraft und die Überzeugung, mit den Widrigkeiten und Lebenskrisen fertig zu werden: All dies sind Fähigkeiten, die zum Ausgangspunkt für Gesundheitsentwicklung und Gesundheitsstrategien werden können.

Die Gesunden und die Kranken
haben ungleiche Gedanken.

Deutsches Sprichwort

In uns wirkt ein bio-mentales Programm, das uns befähigt, Stimmungen, Energien, Gefühle, Motivationen, Kräfte und letztlich Gesundheit zu steuern. Von diesem Gedanken- und Erwartungsprogramm in unserem Kopf hängt es aber auch ab, ob wir krank werden, Unlust empfinden, schlecht gelaunt sind, Müdigkeit und Antriebslosigkeit uns plagen. Durch unsere MindVitness®, die geistige Vitalität und Trainiertheit können wir Gesundheit erhalten oder wieder erlangen.

Die Mindprozesse laufen bewusst, aber auch unbewusst ab. Durch Entspannung und Visualisierung, der bildhaften Vorstellung von der Erwartung, vom Zukunftszustand lassen sich aber auch die unbewussten Energien – die positiven wie negativen – mobilisieren.

Überall – bei der Arbeit, beim Umgang mit anderen, bei unserer inneren Entwicklung und äußeren Lebensgestaltung, beim Ändern von Gewohnheiten und Zielen, spielen diese Erwartungen, die mentalen Bewertungen von äußeren Vorgängen, von Ereignissen eine zentrale Rolle. Menschen, die immer nur über verpasste Gelegenheiten statt über Zukunftschancen nachzudenken, die es nicht vermögen, ihre negativen Stimmungen zu regulieren, umzuwandeln, die ihre Energien nicht in der Balance zu halten, schaffen den Nährboden für Krankheiten.

9.5.2 Ein neues Geist-Körper-Modell

Obwohl die Vorstellung von Körper, Geist und Seele ihre Wurzeln in der Antike hat, hat man erst in jüngster Zeit begonnen, ihr Wechselspiel wissenschaftlich zu erforschen, und zwar in der interdisziplinären Wissenschaft der Psychoneuroimmunologie (PNI). Man fand erste Antworten auf die Fragen:

- Wie spricht der Geist mit dem Körper, wie steuert er ihn?
- Wie können wir die Fähigkeiten des Gehirns zu Heilzwecken einsetzen?

Es sind vor allem drei Kommunikationssysteme des Körpers bekannt:

- das autonome Nervensystem
- das Zentralnervensystem und
- das System neuropeptider chemischer Botenstoffe.

Aus der chinesischen Tradition kennen wir das Meridiansystem der Akupunktur, das ähnliche Aufgaben übernimmt, die jedoch noch nicht wissenschaftlich erwiesen sind. Die drei Systeme der PNI ermöglichen eine direkte und unmittelbare Kommunikation zwischen Geist und Körper (Abb. 71).

> „Das Gehirn scheint die organisatorische Hauptrolle zu spielen, wenn es darum geht, geistige Inhalte, innere Einstellungen und Wahrnehmungen in nervliche Impulse und biochemische Prozesse zu übersetzen. Dann kommuniziert es mit dem Körper mit Hilfe des Nervensystems, das aus Nerven besteht, die das Gehirn mit dem übrigen Körper verbinden und aus biochemischen Substanzen, die sich durch den Körper bewegen". (DACHER, 1997, S. 35)

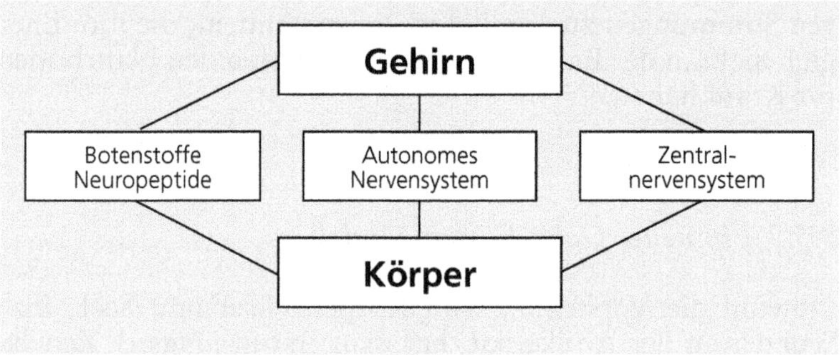

Abb. 71: Kommunikation zwischen Geist und Körper

Das autonome Nervensystem

Besteht aus zwei verschiedenen Arten von Nerven, die entgegengesetzte Aufgaben haben:

- Die einen erhöhen Pulsschlag und Blutdruck, kühlen die Haut, verursachen Schweiß und kurbeln die Zuckerproduktion an (sympathisches Nervensystem). Dieses mobilisierende Nervensystem schaltet sich vor allem bei Stress ein.
- Das andere System (parasympathische Nervensystem) bewirkt das Gegenteil und aktiviert den Magen-Darm-Trakt. Sind wir entspannt, übernimmt dieser beruhigende Teil des Systems das Ruder.

Das Zentralnervensystem (ZNS)

besteht aus Nervenverbindungen, die vom Gehirn zum Körper gehen. Sie übersetzen die Absicht, einen Muskel zu bewegen. Durch elektrische Nervenimpulse erfolgt dann die Bewegung der Arme und Beine. Auf dieses Kommunikationssystem gehen

- die Fähigkeit zu gehen
- zu sprechen und alle
- grob- und feinmotorischen Muskelbewegungen

zurück. Dieses System ist durch Nerven mit der Thymusdrüse, der Milz und anderen Lymphgeweben verbunden und spielt eine zentrale Rolle bei der Regulierung des Immunsystems.

Das System der neuropeptiden, chemischen Botenstoffe

Ist ein weiteres Vermittlungssystem zwischen Geist und Körper. Man entdeckte nach und nach verschiedene chemische Substanzen, die der Körper selbst herstellt und dort aktiv sind. Man nennt sie Neuropeptide: *Neuro,* weil sie vom Gehirn kommen, *Peptide,* weil sie sich aus einem Strang basischer Aminosäuren zusammensetzen, den Peptiden. Diese Neuropeptide fließen im Blutkreislauf mit und bewirken so größere körperliche Veränderungen in den Zellen des Körpers, z. B. bei Hormonzellen und bei Abwehrzellen des Immunsystems. Diese Neuropeptide werden sowohl von Gehirnzellen als auch von anderen Körperzellen hergestellt.

Das Gehirn kann also mit Hilfe der Neuropeptide

- direkt mit dem Körper kommunizieren
- und das Immunsystem und das Hormonsystem aktivieren.

Aber auch der Körper kann

- durch die Herstellung dieser chemischen Substanzen
- mit dem Gehirn kommunizieren und Gehirnzellen aktivieren (Abb. 72) (nach DACHER, 1997, S. 37).

Gehirn und Körper sind also ein dynamisches, interaktives Netzwerk, welches ständig bemüht ist, ein Gleichgewicht, Balance zu erzeugen und zwar durch die Neuropeptide.

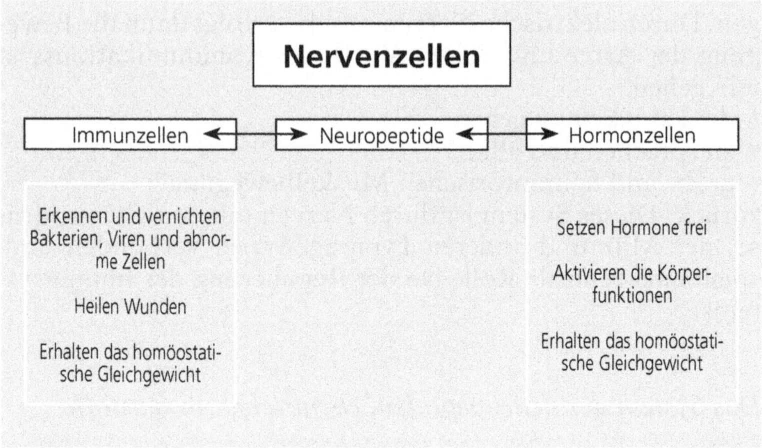

***Abb. 72:** Das System der Neuropeptide*

Die Herstellung dieser chemischen Substanzen im Gehirn wird durch den geistigen Bewusstseinszustand in Gang gesetzt oder eingestellt (Abb. 73).

Gedanken, Gefühle und Bilder, die von Stress, Hilflosigkeit, Depression, Wut und Feindseligkeit handeln, wirken sich auf die Herstellung dieser Neuropeptide aus. Das Gleiche gilt für entgegengesetzte Gedanken und Gefühle.

Neuropeptide können auch durch Schlaf, Bewegung u. a. beeinflusst werden. Das bedeutet also: Unsere Gedanken, Gefühle, innere Einstellungen, geistige Bilder existieren also nicht nur in unserem Kopf, sondern spiegeln sich auch in der Physiologie des Körpers, in Gesundheit bzw. Krankheit wider.

Die PNI-Forschungen sind also bahnbrechend: „Wir bestätigen hiermit die Fähigkeit eines jeden Menschen, durch seine Einstellung oder seine Handlungen jeden kleinsten biochemischen oder physiologischen Vorgang im Körper und im Geist selbst steuern zu können.“ (Dacher, 1997, S. 38)

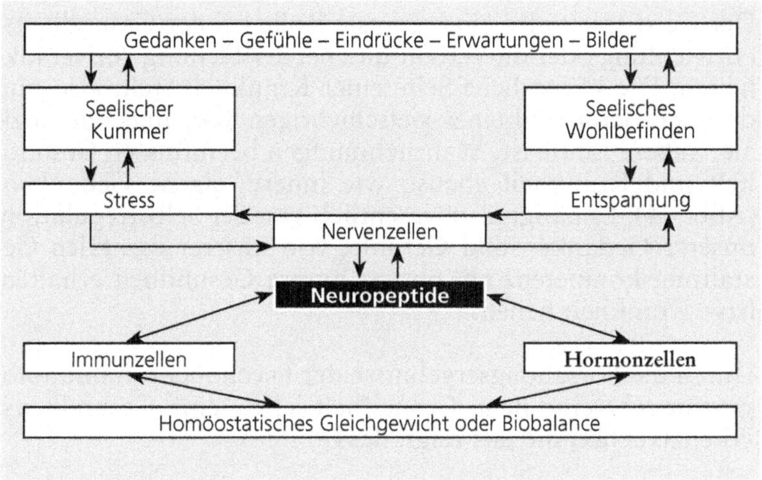

Abb. 73: Wechselwirkung von Gehirn, Geist, Seele und Körper

Aber auch andere Menschen können unsere geistigen und körperlichen Funktionen beeinflussen. Wenn wir aufgrund unseres Zusammenseins mit anderen Gedanken und Gefühle (Wut, Stress, Freude oder Liebe) erfahren, dann reagiert unsere Physiologie darauf.

Jeder von uns kann also die kleinsten biochemischen Reaktionen im Körper eines anderen Menschen hervorrufen. Wir sagen ja auch: Du machst mich krank. Wir könnten natürlich auch sagen: Du machst mich gesund.

Yogis ermahnen deshalb ihre Schüler, anderen Menschen gegenüber, die ihnen Schaden zufügen könnten, eine wohlwollende Gleichgültigkeit an den Tag zu legen. Gegenüber zufriedenen, positiven Menschen könnten wir offener und wohlgesonnener sein. Es gibt zahlreiche mentale Strategien, innere Distanz oder Nähe herzustellen (z. B. Assoziieren oder Dissoziieren). Vielleicht lässt sich später einmal nachweisen: Alles ist miteinander verbunden, beeinflusst sich gegenseitig.

Der Geist spielt also eine zentrale Rolle bei der Gesundheitsentwicklung oder im Verlauf und bei der Heilung von Krankheiten. Die körperliche Seite einer Krankheit stellt also nur den sichtbaren Teil eines vielschichtigen Vorgangs dar. Soziale, äußere Einflüsse, Wahrnehmungen beeinflussen Gesundheit und Krankheit ebenso wie innere, eigene Gedanken. (Abb. 74). Es hängt also wesentlich von der Selbstregulation unserer Gedanken und Gefühle, von unserer mentalen Gestaltungskompetenz ab, ob wir unsere Gesundheit erhalten bzw. Krankheit heilen.

Durch die Forschungsergebnisse der Psychoneuroimmunologie entsteht eine neue Gesundheitslehre, eine Gesundheits-Potenziallehre, die uns zeigt, dass

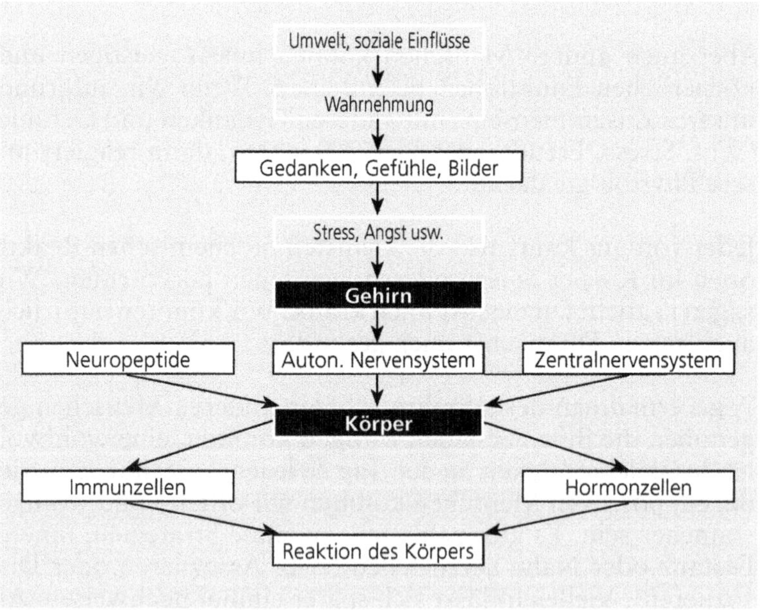

Abb. 74: *Wie Krankheit entsteht*

- wir Kontrolle über unser Leben übernehmen können (z. B. über unsere Achtsamkeit) aber auch, dass
- wir unsere inneren Zustände und unsere Verhaltensweisen selber regulieren, ändern können, z. B. unsere Denkmuster, Glaubenssätze, Gewohnheiten, Lebensweise (Selbstregulation)
- wir durch das Schaffen von Balance, eines inneren Gleichgewichts und einer ausbalancierten Lebensweise, einen großen Einfluss auf Gesundheit und Krankheit haben (Lebensordnung und Balance).

Schlüsselworte des neuen Ansatzes sind also: Achtsamkeit, Selbstregulation und Balance bzw. Lebensordnung.

9.5.3 Illusionen machen gesund

Wir sollten also unser Gehirn ständig auf Gesundheit und natürlich auch auf unsere anderen Lebensziele einstellen. Ein Weg einer solchen Gehirn-Programmierung ist, sich Illusionen zu machen. „Illusionen sind in den meisten Fällen gesund, sie sind der ‚Normalfall' – und erst ihr Verlust bedroht die psychische und körperliche Gesundheit." (Ernst, 1992, S. 66).

Wir können auf Dauer nur gesund und in Balance bleiben, wenn wir

- uns gelegentlich über die harten Fakten des Lebens hinwegtäuschen,
- unser Leben beschönigen,
- die Risiken und Bedrohungen unserer Existenz zu großen Teilen ausblenden,
- unsere Wahrnehmungen auf die eher positiven Aspekte des Lebens fokussieren,
- uns nicht zusätzliche negative Gedanken über Ereignisse machen, uns die Folgen von Krisen und Erschütterungen negativ ausmalen.

Eine solche konstruktive, positive Denkweise ist allerdings eng geknüpft an unser Selbstbild, unsere Selbsteinschätzung. Diese beeinflussen die mentale Bewertung von Ereignissen und Herausforderungen, wie Stress, Krisen und anderen Erfahrungen. Um im Alltag alles gut zu bewältigen, um gut funktionieren zu können, um Selbstzweifel, Angst und Unsicherheit zu vermeiden, sind wir mental auf Selbstüberschätzung programmiert bzw. sollten es selber tun.

9.5.4 *Glaube und Hoffnung fördern Gesundheit*

Unser psychomentale Widerstandskraft verdanken wir der Überzeugung, dem Glauben, dass wir von Krisen, Katastrophen und Ärgernissen verschont bleiben bzw. damit fertig werden. Wir spielen das herunter, was uns gefährlich werden könnte, was unsere Selbstachtung, unser Selbstwertgefühl gefährden könnte. Die mentale Selbstüberhöhung stellt auch eine mentale Strategie dar, um auf die Dauer gesund zu bleiben und wieder gesund zu werden.

Schon in der Bibel heißt es: „Dein Glaube hat Dir geholfen." Solche „positiven Illusionen", ein solcher unrealistischer Optimismus stellt eine stabilisierende und gesundheitsfördernde mentale Kraft dar. Mit einem solchen Denkschema können wir auch der Welt, dem Leben Sinn abgewinnen. „Gerade positive Illusionen sind es, die uns befähigen, auch widrige Umstände zu überwinden, Frustrationen auszuhalten und längerfristige Ziele anzustreben". (Ernst, 1992, S. 68).

Solche gesunde Illusionen und Selbstüberschätzungen
- erhöhen die Motivation,
- steigern die Leistungsbereitschaft und
- vergrößern den Mut, etwas anzugehen, zu unternehmen, sich auf etwas einzulassen.

Sie sind eine sich selbst erfüllende Prophezeiung: Wir haben die Möglichkeit, durch Mentaltraining, uns immer wieder die Selbstüberschätzung, den Glauben an den Erfolg zu gestalten, z. B. durch die Methode der Überzeugungsregulation. Wer etwas von der Zukunft erwartet, der wird auch mit ziemlicher Gewissheit dafür sorgen wollen, dass er eine positive Zukunft erlebt. Er wird also sein Denken, seinen Lebensstil, sein Gesundheitsverhalten entsprechend gestalten, sich also mental programmieren und davon überzeugt sein, dass er es schafft.

Glaube, Hoffnung, Optimismus schärfen den Blick für Lösungen, Chancen und Auswege. Anders bei Pessimismus. Hier kreist unser Denken um negative Möglichkeiten, um Ausweglosigkeit, um den schlechten Ausgang, den Misserfolg. Das äußert sich oft auch in der Wortwahl. Diese spiegelt in der Regel den mentalen Zustand wider. Menschen, die eher „düstere" Worte benutzen, waren nach Untersuchungen weitaus eher krank.

Wir sehen also, unser Denken, unser Glaube, die Überzeugung wirken sich auf unser Immunsystem, unsere Gesundheit aus. Erlernter Pessimismus schwächt diesen Optimismus, stärkt diese körpereigenen Abwehrkräfte. Martin Seligmann, ein bekannter amerikanischer Wissenschaftler, meint

> „Optimismus kann Ihre Gesundheit im Laufe Ihres Lebens beeinflussen, indem er die Entstehung von Hilflosigkeit verhindert und dadurch das Immunsystem gut in Form hält [...] Möglicherweise fördert er auch dadurch die Gesundheit, dass er zu einer gesunden Lebensweise motiviert." (Zit. nach Ernst, 1992, S. 55)

Mit Hilfe unserer Überzeugungen können wir es also schaffen, uns buchstäblich an den eigenen Haaren aus dem Sumpf zu ziehen. Dieses Selbst-Bewusstsein muss gar nicht auf realen Möglichkeiten, Fähigkeiten oder Kompetenzen beruhen. Allein der Glaube, diese Chancen zu besitzen, verleiht dann ungeahnte Kräfte. Der Glaube an die eigenen Chancen überwindet Selbstzweifel, Hoffnungslosigkeit und Angst. Überzeugungen, Gedanken, Vorstellungen, Erwartungen formen unser Welt- und Selbstbild und damit den Erfolg im Leben.

Die beste Hilfe gesund zu bleiben bzw. zu werden besteht darin, seine Selbstwahrnehmung, seine Gedanken, Vorstellungen und Überzeugungen positiv zu verändern, zu regulieren und dadurch die körperlichen Prozesse auszulösen, die Gesundheit fördern. Mentaltraining bzw. Mindcoaching (s. Kap. 5.3.5) sind also entscheidende Wege zu Gesundheit und Lebensqualität (Abb. 75).

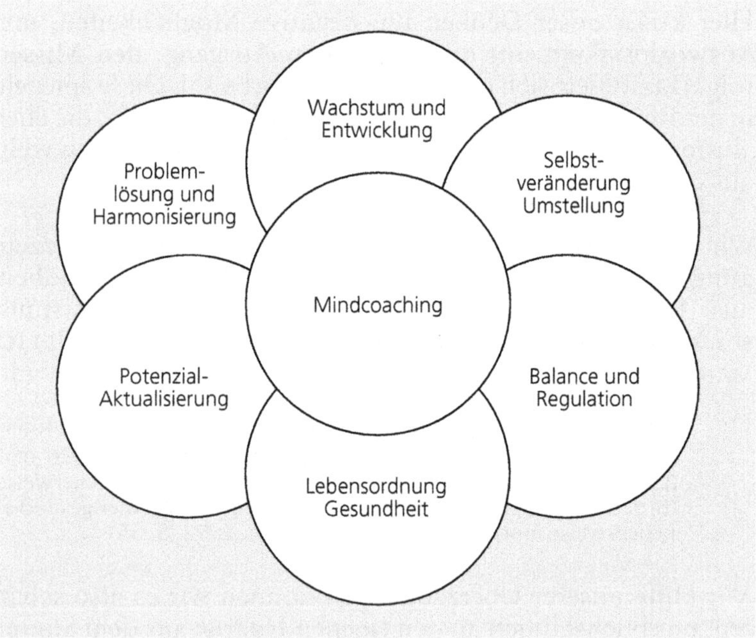

***Abb. 75:** Ziele der geistig-mentalen Arbeit*

10. Emotionale Balance im Betrieb fördern

„Die Mehrheit von uns investiert viel Lebensenergie in die Arbeit. Aber zumeist ist der daraus gezogene emotionale Gewinn mager. Welches Gesetz besagt, dass man seine Hoffnung opfern muss?" (Gary Hamel, Strategie-Vordenker und einflussreicher Unternehmensberater)

10.1 Emotionale Qualität fördert Gesundheit und Leistungsfähigkeit

Durch den amerikanischen Psychologen Daniel Goleman und sein Buch „EQ, emotionale Intelligenz", ist das Thema emotionale Qualität wieder aktuell geworden. Nach einer rein rationalen Phase finden auch die Gefühle wieder Bedeutung. Gefühle sind keine Störfaktoren, sondern sind wichtige und bedeutsame Vorgänge für das Leben, die Gesundheit, das Wohlbefinden und Leistungsfähigkeit der Menschen.

Die emotionale Balance stellt einen wichtigen Erfolgsfaktor für die Gesundheit und Vitalität, für Engagement und Motivation, aber auch für das soziale Miteinander dar. Eine solche emotionale Balance beruht auf einer Form von Intelligenz. Sie trägt auch wesentlich zur Gesundheit und Leistungsfähigkeit des gesamten Unternehmens bei.

Emotionale Balance
Wir sind emotional ausgeglichen, gut drauf, immer im Gleichgewicht. Stimmungsschwankungen werden ausgeglichen, schlechte Laune wird reguliert. Wir sind also emotional stabil und können unsere Emotionen sinnvoll einsetzen.

Emotionen sind im genauen Wortsinn „das, was uns bewegt". Gefühle entscheiden darüber, was wir anstreben, was uns motiviert und was wir meiden, nicht tun. Die Stärke einer Emotion wird von zwei Fakten bestimmt:

- von der Stärke des Eindrucks, des Reizes, den der Körper meldet;
- von dem, was die Gedanken daraus machen (Bedeutung).

Unser logisches Denken ist nur ein hilfreiches Werkzeug in diesem Prozess.

Nicht die Dinge selbst beunruhigen die Menschen, sondern die Vorstellung von den Dingen.

EPIKTET

Seelisch-emotionaler Druck

Unter dem Druck von Gefühl und Seele ist jeder dritte Patient, der in eine Arztpraxis kommt, krank geworden. Bis zu 60 Prozent der Krankenhaus-Patienten werden zwar mit körperlichen Beschwerden eingeliefert. Diese haben aber zum Teil seelisch-emotionale Ursachen. Die psycho-emotionale Last, die auf vielen Menschen liegt, drückt sie wieder, lässt sie nachts nicht mehr schlafen, tagsüber an nichts mehr anderes denken, macht sie müde, melancholisch, schlecht gelaunt und gar depressiv und letztlich körperlich krank (hoher Blutdruck, Herzinfarkt, Magengeschwüre u. a.).

Auslösefaktor für solche Störungen können große Stressereignisse sein, wie Scheitern von Lebensplänen, Arbeitslosigkeit, Isolierung und andere emotional-sozialen Belastungen. Es können aber auch kleine emotionale „Verletzungen", Ärger, Kummer, Konflikte, ungelöste Probleme, Stimmungsschwankungen sein. Unsere Gefühle und unsere Seele sind fortwährend vielfältigen Einflüssen und Prüfungen ausgesetzt. Vieles davon wollen Menschen nicht wahrhaben und verdrängen, verschweigen, unterdrücken es, anstatt diese Gefühle aufzuarbeiten, herauszulassen.

Wohlbefinden und Gesundheit (körperlich, geistig und seelisch-emotional) werden also in hohem Maße von unseren Gedanken und Gefühlen bestimmt:

- Kann ich vertrauensvoll in die Zukunft sehen oder ist mein Blick durch Misstrauen und Selbstzweifel getrübt?
- Kann ich mir selbst vertrauen oder nagen Selbstzweifel ständig an mir? Bin ich überzeugt, dass ich mit den Herausforderungen des Lebens stets fertig werde?
- Kann ich soziale Kontakte und Beziehungen pflegen oder bin ich gehemmt, abweisend, zweifelnd?

Gefühle und Gedanken beeinflussen unser Leben, unser Wohlergehen und andere Leistungen.

Wie stark uns Ereignisse, Gedanken oder emotionale Regungen belasten, hängt sehr stark von unserer Körperverfassung, unserer Fitness und unserer gedanklichen Bewertung ab (Abb. 76). Körperfitness und MindVitness® können wesentlich damit zu einer Lebens-Balance und zur Gesunderhaltung beitragen.

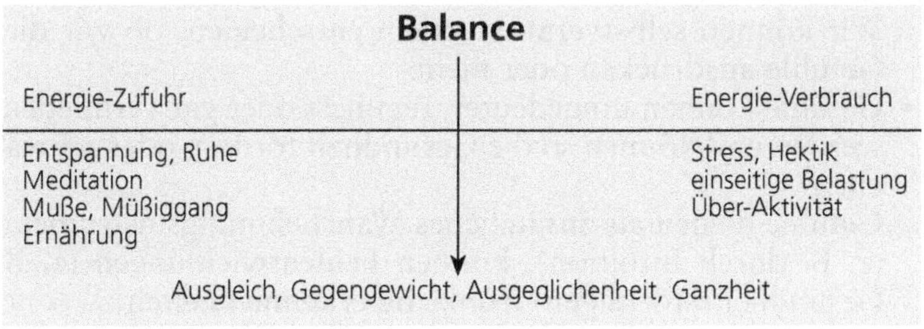

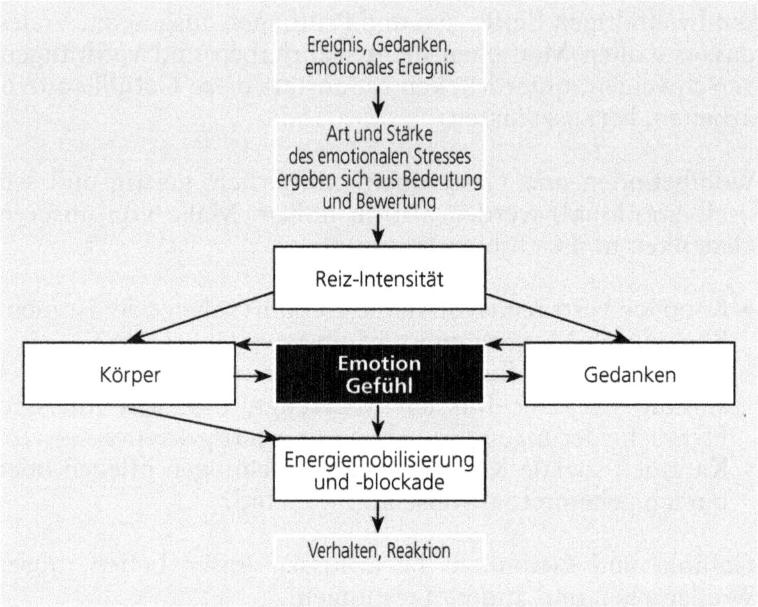

Abb. 76: Emotionale Stressreaktion

Emotionale Gesundheit bedeutet:

- Gefühle können frei fließen, werden nicht verdrängt und führen nicht zu Blockaden
- Wir können selbstverantwortlich entscheiden, ob wir die Gefühle ausdrücken oder nicht
- Gefühle können umgedeutet, reguliert oder gar vermieden werden und können so die Gesundheit fördern oder schwächen
- Gefühle dienen als zusätzliches Wahrnehmungsinstrument (z. B. durch Intuition), können Fehlentwicklungen (z. B. Gesundheitsstörungen) frühzeitig erkennen helfen.

Grundlagen emotionaler Gesundheit

1. Jeder erzeugt seine Gefühle selbst
   a) Durch Bewerten, Beurteilen und Interpretation
   b) Durch subjektive Wahrnehmung
   c) Durch Gewohnheiten und Glaubenssätze

2. Jeder trägt also Verantwortung für seine Gefühle

3. Jeder kann seine Gefühle verändern
   a) Durch die Physiologie (Haltung, Atmung)
   b) Durch die Sprache, Wortwahl
   c) Durch das Denken, durch Glaubenssätze
   d) Durch die Wahrnehmung und die Richtung der Aufmerksamkeit
   e) Durch Reframing, d. h. Umdeuten

4. Jeder sollte also bewusst mit seinen Gefühlen umgehen
   a) Seine Gefühlsblockaden auflösen, vermeiden
   b) Durch Gefühlstransformation, z. B. Angst in Mut zum Handeln
   c) Stimmungen, Niedergeschlagenheit regulieren
   d) Durch Mindcoaching und Mindcontrol

Emotionale Balance trägt also dazu bei:

- Emotionen sinnvoll einzusetzen (emotionale Intelligenz)
- Stimmungsschwankungen zu regulieren (Stimmungsmanagement)
- Für emotionale Stabilität zu sorgen.

Emotionale Balance ist also wichtig, um im Leben gesund zu bleiben, um erfolgreich zu sein, um gute zwischenmenschliche Beziehungen zu pflegen und um zielgerichtet seine Energien einzusetzen. Emotional stabile, im Gleichgewicht befindliche Mitarbeiter und Führungskräfte sind Garanten für eine optimale Leistungsfähigkeit, Produktivität und Kreativität.

Unkoordinierte und negative Emotionen zerstören nicht nur die Lust, die Motivationen einzelner Mitarbeiter, sondern sind auch eine entscheidende Ursache für Mobbing, für Konflikte und ein schlechtes Betriebsklima. Ohne emotionale Balance beim Einzelnen wie in der gesamten Organisation ist ein Unternehmen nicht voll leistungsfähig.

Emotionale Balance fördert

- Betriebsklima, soziale Harmonie, Zusammenarbeit
- Produktivität der Arbeit, Leistungsbereitschaft
- Wohlbefinden, Engagement, Motivation der Mitarbeiter
- Kundenkontakt, Kundenzufriedenheit, Kundenbindung
- Gesundheit von Mitarbeitern und Unternehmen

Wichtig ist also, auch im Betrieb die verschiedenen emotionalen Belastungsfaktoren in der Balance zu halten, positive

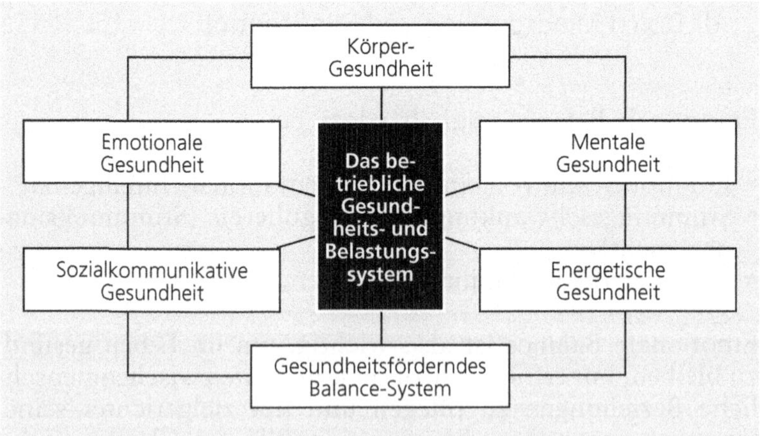

Abb. 77: Das betriebliche Gesundheits- und Belastungssystem

Emotionen und deren Voraussetzungen bzw. Ressourcen zu pflegen. Die folgende Übersicht zeigt das betriebliche Ressourcen- bzw. Belastungssystem für die Emotionen im Betrieb. (Abb. 77)

10.2 Emotionale Intelligenz

Jeder kennt die Situation: Peter Fabri kocht innerlich, als er zu seinem Abteilungsleiter rennt. „Schon wieder ein Änderungswunsch des Kunden Maier". Er steht kurz vor der „Explosion". Peter Fabri ist zwar intelligent und hat einen akademischen Abschluss, doch seine Gefühle hat er nicht im Griff. Menschen mit hoher emotionaler Intelligenz werden in ihrem Handeln nicht von ihren Gefühlen dominiert. Sie unterdrücken ihre Gefühle aber auch nicht, sondern regulieren sie, bringen sich emotional in die Balance. Sie können mit ihren Gefühlen „intelligent" umgehen, sie richtig dosieren und einsetzen.

„Emotionale Intelligenz ist die Fähigkeit, die Kraft und den Instinkt von Gefühlen als Quelle für menschliche Energie, Information, Verbundenheit und Einfluss zu spüren, zu verstehen und effektiv einzusetzen" (Cooper u. a. 1997, S. 29).

Emotional fit ist ein Mensch, wenn er die Fähigkeit besitzt,

- seine Emotionen zu erkennen und zu kennen
- Emotionen zu erleben und Gefühle zu haben
- Sich emotional zu regulieren
- Seine Gefühle zu managen, z. B. sich umzuinterpretieren
- Seine Gefühle und Stimmungen in Balance zu halten, zu verändern, mit ihnen umzugehen
- Seine Gefühle bewusst zu nutzen, einzusetzen und achtsam damit umzugehen und in Beziehungen einzusetzen.

Die emotionale Fitness stellt eine Metafähigkeit dar, die uns hilft

- Die anderen Fähigkeiten besser zu nutzen, Körper, Geist und Seele in Balance zu bringen
- Das Leben harmonisch und energievoll zu erleben und zu gestalten.

Neben das

- „Cogito ergo sum“: „Ich denke, also bin ich“ (Begreifen, verstandesmäßiges Betrachten) muss das
- „Ich fühle, also bin ich“, „Habe den Mut, Dich Deiner Gefühle zu bedienen“, das Erleben, die Gestaltung und Steuerung der Gefühle treten.

Auch im Betrieb werden zunehmend emotionale Fähigkeiten verlangt:

- Verständnis und Zuneigung für Kollegen zeigen
- Konflikte kommunikativ lösen und seine Aggressionen, Ängste, Wut zu regulieren.

Gefühle sollten nicht unterdrückt werden. Gefühle zu zeigen, hilft, die Gesundheit zu erhalten. Dabei können folgende Grundsätze helfen:

- Spontanes Dampfablassen bzw. Schimpfen erleichtert
- Tränen tun gut
- Lachen ist gesund
- Positive Gefühle mental verstärken.

Es liegt an jedem selbst, seine emotionale Intelligenz einzusetzen, emotionale Fitness zu entwickeln. MindVitness® kann dabei helfen.

Daniel Goleman entwickelte in Anlehnung an die Psychologen Peter Salovey und John D. Meyer fünf Stufen zur emotionalen Intelligenz bzw. Fitness:

1. Eigene Gefühle erkennen
2. Mit eigenen Gefühlen umgehen
3. Eigene Gefühle umsetzen
4. Beziehungen zu anderen aufbauen
5. Mit Menschen individuell umgehen

Im zweiten Schritt werden die Gefühle, z. B. Ängste, Stimmungen sinnvoll gestaltet. Soll ich z. B. meinen Ärger ausleben, zum Ausdruck bringen oder kann ich ihn verhindern. Auf der dritten Stufe nutze ich meine Gefühle positiv, z. B. setze mich emotional für etwas ein oder wandle mein schlechtes Gefühl mental um bzw. nutze es vernünftig, genieße den Erfolg, werte Positives auf. Schließlich nutze ich Emotionen im Umgang mit Anderen.

Berufliche Bedeutung der emotionalen Intelligenz

Emotional intelligentes Verhalten im Beruf bringt für den Einzelnen wie für den Betrieb zahlreiche Vorteile:

- *Positive Gefühle motivieren*
  Mitarbeiter sind mit „Leib und Seele“ bei der Arbeit, sind engagiert und erfolgreich
- *Positive Gefühle fördern die Veränderungsbereitschaft,* die Organisationsentwicklung und Zukunftsvorstellungen
- *Gefühle beeinflussen Glaubensätze und Erfolg*

Wenn jemand an seinen Erfolg oder eine Vision glaubt, dabei gute Gefühle entwickelt, sieht er viel eher Entwicklungschancen. Er ist Optimist.

- *Emotionale Intelligenz hilft Misserfolge verkraften.* Misserfolge gehen nicht so tief, werden leichter verarbeitet und genutzt
- *Geistig-emotional flexibel sein* Durch emotional intelligentes Verhalten, kann ich z. B. auch ein geplantes Ziel „loslassen", wenn ersichtlich wird, dass es sich nur mit großem Aufwand, z. B. an Energie realisieren lässt. Emotionen helfen beim „Umprogrammieren".
- *Beziehungen besser gestalten* Mit emotional intelligentem Verhalten lassen sich leichter Beziehungen, Kontakte und Vertrauen aufbauen und pflegen. Gefördert wird dadurch Teamfähigkeit und Zusammenarbeit. Vorteile für einzelne und das ganze Unternehmen.

10.3 Stimmungsschwankungen regulieren

Sie kennen alle die Aussagen von Menschen: „Das ist nicht mein Tag". „Ich habe heute keine Lust". „Ich bin schlecht drauf heute", „meine Stimmung ist im Eimer". Diese Aussagen und Gedanken beeinflussen unsere emotionale Befindlichkeit, Wohlbefinden und Leistungsbereitschaft. Wichtig ist, sich nicht in diese Gefühle hineinzusteigen, sondern diese zu meistern.

> Die gute Nachricht ist: Der einzige Ort auf dieser Welt, an dem eben diese alles entscheidenden Gefühle produziert werden, sind die 15 Zentimeter zwischen Ihren Ohren. Und im Universum Ihres Kopfes sitzt nur einer an den Schalthebeln der Macht: Sie.
>
> *Der Einzige, der unsere Stimmung designed, produziert und anschließend lebt, sind wir.*
>
> Und nun die schlechte Nachricht: So frei wir in der Wahl unserer Stimmung sind, so sehr sind wir an die Konsequenzen der Stimmung gebunden, die wir in unserem Kopf produzieren: Der Einzige, den wir garantiert bestrafen, wenn wir Schrott denken, sind wir selbst. „Garbage in, garbage out", das geflügelte Wort der Informatiker, passt auch hier:

Wer negativ denkt, negative Gedanken nachmacht oder irgendwie in den Verkehr bringt, wird mit sofortiger Wirkung mit negativen Gefühlen bestraft.

So heißt das eherne Gesetz, das in unserm Kopf regiert. Wir werden also – wie schon die Urchristen wussten – nicht für unser Denksünden, sondern von ihnen bestraft.“ (ALEXANDER CHRISTIAN, 2000, S. 184).

Mit Hilfe neuer Gedanken lassen sich auch Stimmungen und Gefühle umpolen.

Ursachen für Stimmungsschwankungen

In guter Stimmung, glücklich und ausgeglichen sein, war schon immer ein Ziel der Menschen. Besonders in der heutigen Zeit breitet sich bei vielen Menschen aber eher eine depressive Grundstimmung aus. Viele Menschen sind nervös und erschöpft. Das hat sicher viele Ursachen. Doch unsere Stimmungen, unser Fühlen und unsere Gefühle werden besonders von Botenstoffen im Gehirn getragen und geleitet. Solche Botenstoffe (Aminosäuren) werden z. T. vom Körper selber hergestellt, aber auch über die Nahrung zugeführt: Für eine harmonische Gefühlslage, für Glücksgefühle ist vor allem die Balance zwischen aktivierenden und beruhigenden Botenstoffen wichtig.

Wir können uns also durch eine „glücksbringende“ Ernährung in Stimmung bringen. Wenn wir uns gesund und zielgerichtet ernähren, können die Vitalstoffe (z. B. Botenstoffe, Vitamine, Kohlenhydrate, Eiweiße) in unserem Gehirn und Körper die anregende Stimmung auslösen und Erschöpfungen vermeiden.

Sicherlich stellt die Ernährung nur einen Baustein für ein ausgeglichenes, glückliches Leben, frei von Stimmungsschwankungen dar. Wohlbefinden und ein Glücksgefühl werden durch eine Vielzahl von Faktoren beeinflusst. Es gibt Gemütszustände, wie schwere Depressionen, die können überhaupt nicht bzw. nur flankierend von Ernährung beeinflusst werden. Hier können vielfältige Ursachen vorliegen, die nur Ärzte und Heilpraktiker klären und behandeln können.

Es gibt aber bei gesunden Menschen im Alltag wechselnde Gefühls- und Stimmungslagen, die durch Ernährung beeinflusst oder gar reguliert werden können. Ernährung stellt dabei in der Regel nur einen Faktor dar. Liebeskummer z. B., oder Trauer um den Tod eines geliebten Menschen, Lebenskrisen lösen Stimmungsschwankungen aus. Eine vitalstoff- und energiereiche Ernährung hilft uns allerdings, die großen und kleinen Krisen besser zu überstehen und etwas ausgeglichener, glücklicher und zufriedener zu werden. Richtige Ernährung macht uns psychisch und physisch stabiler und trägt zu einer ausgeglichenen Seelenlage bei.

Vergiss nicht – man benötigt nur wenig,
um ein glückliches Leben zu führen.

MARC AUREL

Die verschiedenen Arten von Glücks- und Stimmungskillern

Glücklichsein bedeutet nicht erfolgreich, reich, bekannt zu sein, auch nicht, Abwesenheit von Gesundheitsstörungen, Krankheit und Schmerzen. Glücklich und ausgeglichen, gut drauf zu sein, ist aber im Besonderen von der mentalen Verfassung abhängig. Auch eine solche Gemüts- und Stimmungslage bildet sich im Kopf, in Verbindung mit Körper und Seele.

Eine Glücks- und ausgeglichene Stimmungslage hängt auch nicht vom Lebensalter, aber viel eher von unserer Zivilisation ab. Die täglichen Horrormeldungen in Medien und Fernsehen, das Schüren der Angst durch Massenpresse und Politik, die tägliche Reizüberflutung, die Sorgen um die Zukunft, die Fast-Food-Nahrung, die eigenen Lebensprobleme bzw. Krisen, der Föhn, der Vollmond, Angst vor Arbeitsplatzverlust, aber auch Mobbing und eine Vielzahl von Konflikten verderben uns die Stimmung. Körperliche Schmerzen veranlassen zum Jammern und machen unglücklich, die Seele leidet mit. Störungen im Denken wie Grübeleien, Neid, Wut machen eine schlechte Stimmung und unglücklich. Körper und Seele geraten aus der Balance.

Durch zu vieles und falsches Essen kann die Stimmung aber auch in den Keller gehen. Erschöpfung stellt sich oft ein. Wenn wir z. B. zu viel und zu schwer verdaulich gegessen haben, leidet der Körper an Überlastung und letztlich Erschöpfung. Wir werden müde. Glücklich und ausgeglichen sein hängt auch von den verschiedenen Lebensumständen und der persönlichen Situation ab.

- Bin ich ein Mensch, der sich in einer Lebenskrise befindet, zu depressiven Verstimmungen neigt, habe ich Antriebsschwäche am Morgen?
- Bin ich ein Mensch, der sich leicht nervös überfordert, in Stress gerät bzw. noch kein Konzept dagegen gefunden hat?
- Bin ich ein Mensch, der keine Widerstandskraft hat, keine Vitalität, keinen festen Standpunkt, kein geistiges Fundament, wie den Glauben an sich, oder dessen Immunsystem zu schwach ist?
- Habe ich zu niedrigen Blutdruck mit morgendlichen Anlaufproblemen, keine Energie, um mich immer wieder in die Balance zu bringen?
- Besitze ich Hormonstörungen, z. B. eine Schilddrüsenunterfunktion oder Hormonstörungen in den Wechseljahren, die Stimmungstiefs erzeugen?
- Aber auch Leber- und damit Stoffwechselschwäche können zu Stimmungsschwankungen führen.

- Habe ich ein körperliches Erschöpfungssyndrom (z. B. eine Vergiftung und Allergie, eine chronische Erkrankung wie Diabetes oder gar das Chronische Müdigkeits-Syndrom (CFS)?

Leide ich unter Mangelernährung? Trotz Wohlstand sind immer mehr Menschen Erschöpfungszuständen und Stimmungsschwankungen aufgrund von Mangelernährung ausgesetzt. Das Fast-Food-Zeitalter und die chemisch wie genmanipulierte Nahrung sowie die industriellen Produktions- bzw. Zubereitungsmethoden der Nahrung führen zu dieser Mangel-ernährung. Das gleiche gilt für das Verkochen und lange Warmhalten der Speisen (z. B. Kantinenessen) oder die Mikrowellenkost. „Die fast ausschließliche Verwendung von Weißmehl sorgt dafür, dass wir 90 Prozent weniger Vitamine aufnehmen als im Vollkornbrot enthalten ist“ (MANNSMAN, 1997, S. 17). Es mangelt in unserer Nahrung auch an wichtigen Mineralstoffen, an hochwertigen (komplexen) Kohlenhydraten, an ungesättigten Fetten und wertvollen Proteinen (Eiweiß).

Jeder Mensch möchte gerne glücklich sein. Doch die wenigsten sind es. Der anerkannte Psychologe MIHALYI CSIKSZENTMIHALYI (1995) kam nach weltweiten Studien zu dem Schluss: „Von Grund auf glückliche Menschen gibt es nur sehr wenige, obwohl die meisten es wollen.“ (S. 78)

Wir alle wollen glücklich sein,
und wir alle werden sterben ...
Man könnte sagen, dass dies die einzigen beiden unbestreitbaren Wahrheiten sind, die auf jeden Menschen auf diesem Planeten zutreffen.

WILLIAM BOYD

Glück ist ein Zustand, den jeder für sich vorbereiten, pflegen und verteidigen muss.

MIHALYI CSIKSZENTMIHALYI

Maßnahmen gegen Stimmungsschwankungen

Es gibt für Gesunde eine Reihe von Maßnahmen, um glücklicher, ausgewogener und besser drauf zu sein. SIMON REYNOLDS (1997) nennt u. a. folgende Wege:

- Thymusdrüse aktivieren
- Atmung fördern
- Körperbewegung und -haltung
- Mentale Programmierung
- Richtig essen und trinken

Thymusdrüse aktivieren

Die Thymusdrüse spielt bei der Erzeugung der Stimmungen eine große Rolle. Wissenschaftliche Untersuchungen beweisen, dass die Stimulation der Thymusdrüse zu besseren Stimmungen und gesteigertem Glücksgefühl führt. Drüsen sondern im Körper Flüssigkeiten ab (endokrine Drüsen). Durch die Aktivierung der Thymusdrüse verändert sich die Mischung der chemischen Stoffe, die das Nervensystem beruhigt und die Gehirntätigkeit steigert. Dann entsteht ein Gefühl gesteigerten Wohlbefindens.

Die Thymusdrüse ist erst relativ spät erforscht worden. Noch 1960 war ihre Funktion gänzlich unbekannt. Der entscheidende Durchbruch in Amerika kam durch JOHN DIAMOND (Der Körper lügt nicht, 1988). Er weist nach, dass die Thymusdrüse einen entscheidenden Einfluss auf den Heilungsprozess einer Krankheit ausübt und diesen weitgehend steuert. Ebenso besitzt sie entscheidende Auswirkungen auf das Glücksempfinden und Wohlbefinden eines Menschen. Das hängt mit ihrer T-Zellen-Produktion zusammen. T-Zellen sind ein Polizeisonderkommando des Körpers. Stets sind diese „Polizisten" auf Streife und suchen nach abnormen Zellen, nach Zellen, die dem Körper Schaden zufügen können. Diese feindlichen Zellen zerstören sie rasch.

Die Arbeit der Thymusdrüse hält uns also gesund und macht uns glücklich.

Es lassen sich drei einfache Methoden zur Stimulierung der Thymusdrüse nennen:

1. Stimulation des Thymus durch Lächeln
   Wenn wir richtig herzhaft lächeln (nicht grinsen) wird die Thymusdrüse aktiviert und jedes Mal schüttet sie kleine Mengen chemischer Substanzen in unseren Körper aus, die ein besseres Fühlen, ein Wohlbefinden auslösen. Diese Tatsache ist in einer wissenschaftlichen Studie außerordentlich gut dokumentiert (Reynolds, 1997, S. 32). Es wurde festgestellt, dass Lächeln den Thymus und die Muskeln, die mit verschiedenen Lustzentren im menschlichen Gehirn verbunden sind, aktiviert und so den Effekt „spontane Freude“ hervorruft.
2. Thymus mit der Hand klopfen
   Wenn man mit zwei Fingern auf die Drüse zwanzig Mal klopft (etwa) und dabei lächelt, regt man sie an. Die Drüse liegt hinter dem Brustbein.
3. Zunge hinter die oberen Zähne legen
   Wenn Sie Ihre Zunge hinter die oberen Zähne an den Gaumen legen, werden die beiden Gehirnhälften ausgeglichener. So können Sie besser denken und sich besser fühlen.

Übung

- Setzen Sie sich bequem und entspannt hin,
- entspannen Sie Ihre Muskulatur und
- lächeln Sie, als seien Sie der glücklichste Mensch der Welt

Jetzt beginnt Ihre Thymusdrüse mit der Arbeit und stimuliert Ihren Körper positiv

- Klopfen Sie jetzt zwanzig Mal auf den Thymus und
- halten Sie Ihre Zunge mindestens eine Minute lang in der Mittelstellung hinter den oberen Zähnen

Die Atmung fördern

Auch der Atem hat eine Auswirkung auf die Stimmung, das Glücklichsein. Es spielt dabei eine wesentliche Rolle, wie tief Sie atmen. Eine Verbesserung der Atmung führt zu einer Verbesserung der Gesundheit und zur Vermeidung von Stimmungsschwankungen. Mit Hilfe der Atmung und der Muskelbewegung wird der Lymphfluss aktiviert. Wir werden entgiftet.

Die Lymphe ist der Hausmeister des Körpers. Sie transportiert im Lymphsystem alles Giftige und abgestorbene Zellen, also den „Abfall", der täglich in unserem Körper anfällt, ab. Der Atem fördert die Zirkulation der Lymphflüssigkeit, da das Lymphsystem keine eigene „Umwälzpumpe" hat, wie das Herz beim Blutkreislauf. Starkes, tiefes Atmen stärkt aber auch das Immunsystem und massiert die inneren Organe und Drüsen. Atmung beeinflusst aber nicht nur die Körpergesundheit sondern auch die Stimmung.

Was geschieht,

- wenn Sie Angst haben, sich fürchten? Die Atmung wird langsamer und flacher;
- wenn Sie freudig erregt sind? Die Atemzüge werden kürzer, aber etwas tiefer. Sie nehmen mehr Sauerstoff auf;
- Wenn Sie ruhig, glücklich und zufrieden sind? Ihre Atemzüge werden lang, tief und regelmäßig. Das ist die optimale Atmung.

Dieser Vorgang funktioniert auch umgekehrt. Wenn also unsere Stimmungen die Atmung beeinflussen, dann kann auch die Atmung die Laune verändern. Es ist wissenschaftlich bewiesen: Wenn Sie Ihre Atmung verändern, verändert sich auch Ihre Stimmung und Laune. Atmung wirkt auf den Geist.

In alten Gebetsbüchern findet man zuweilen den Satz: „Hier lasse einen Seufzer fahren“, und Sorgen sowie schlechte Laune wurden positiv beeinflusst.

Leider atmen heute viele Menschen falsch, zu flach, zu wenig tief, oft hektisch kurz, eher Brust- als Bauchatmung (Zwerchfell). Deshalb wäre ein Atemtraining notwendig, um Stimmungen und Laune zu regulieren.

Übung

- Machen Sie es sich bequem und setzen Sie sich entspannt hin, schließen Sie die Augen, lächeln Sie dabei sanft und herzhaft. Atmen Sie, als seien Sie glücklich.
- Holen Sie tief Luft und füllen Sie zuerst die Lungenspitzen statt einfach nur die Brust. Dies erreichen Sie, indem Sie sanft den Bauch vorstrecken, während Sie durch die Nase einatmen.
- Atmen Sie weiter ein, sobald die untere Hälfte der Lungen sich gefüllt haben Füllen Sie jetzt auch die obere Hälfte der Brusthöhle vollends. Halten Sie jetzt für einige Sekunden den Atem an.
- Atmen Sie dann ruhig und entspannt durch die Nase oder Mund in einem Zug aus. Atmen Sie nicht so viel Luft ein, dass Sie das Gefühl haben, zu platzen.

Körperbewegung und Körperhaltung

Auch mit Hilfe von Bewegung (Rad fahren, Jogging u. a.) können Sie Ihre miese Stimmung, schlechte Laune oder gar Trauer regulieren und sich wieder in Stimmung bringen. Von Bedeutung ist aber auch der Zusammenhang zwischen Körperhaltung und menschlichen Gefühlen bzw. Stimmungen.

Welche Körperhaltung zeigt ein

- *niedergeschlagener, deprimierter, trauriger Mensch?*
  Man sieht es ihm an und er bewegt sich wie ein trauriger Mensch. Er geht langsam, mit hängenden Schultern, atmet flach und stößt manchmal Seufzer der Enttäuschung aus. Er lächelt nicht und schaut meist auf den Boden. Seine Stimme klingt verhaltener, klanglos und schwach.
- *Glücklicher Mensch?*
  Er bewegt sich schneller, lächelt mehr, redet voller Energie und atmet tiefer.

Unsere Gefühle verändern also unsere Körperbewegungen und umgekehrt. „Wenn Du Dich bewegst, als seiest Du glücklich, beginnst Du tatsächlich, Dich glücklich zu fühlen". (Reynolds, 1997, S. 74)

Einen solchen Zusammenhang verdanken wir unserem Gehirn. Wenn wir glücklich sind, uns auf eine bestimmte Art bewegen, schließt unser Gehirn folgerichtig, dass wir glücklich sind, weil wir uns so bewegen. (psychomotorische Wechselwirkung): Glückliche Gedanken führen zu glücklichen Bewegungen und glückliche Bewegungen zu glücklichen Gedanken.

Übung

- Setzen Sie sich hin und nehmen Sie eine Körperhaltung ein, als ob Sie niedergeschlagen wären, weil Sie einen Autounfall verursacht haben
- Lassen Sie die Schultern hängen
- Atmen Sie flach
- Machen Sie ein trauriges Gesicht
- Reden Sie mit sich, als seien Sie deprimiert

Machen Sie das alles mit Überzeugung eine Minute lang.

- Wie fühlen Sie sich jetzt? Welche Auswirkungen hat eine solche gespielte Szene auf ihre Laune? Was ist für Sie die Konsequenz daraus?

Versuchen Sie jetzt das Gegenteil
- Setzen Sie sich hin, als würden sie vor Freude überschäumen, aufrecht und gerade
- Lächeln Sie aus vollem Herzen
- Atmen Sie tief durch und entspannen Sie sich
- Bringen Sie Ihren Körper in eine Haltung wie im glücklichsten Augenblick Ihres Lebens
- Genießen Sie diesen euphorischen glücklichen Zustand
- Wie fühlen Sie sich jetzt?

Der Körper hat in dieser Übung eine Botschaft über das Nervensystem an das Gehirn geschickt, z. B. dass Sie glücklich sind. Nun leitet Ihr Gehirn die notwendigen Reaktionen ein, damit Sie sich glücklich fühlen. Ihr Unterbewusstsein ist also Ihr Diener, der die Befehle entgegennimmt, die Sie ihm senden. Weisen Sie also Ihr Gehirn an, sich gut zu fühlen.

Sie können also so sein, wie Sie wollen, wenn sie nur Ihre Körperbewegungen und Gedanken entsprechend verändern.

Beispiel: Sie sind erschöpft im Büro, weil sie schon lange und intensiv gearbeitet haben. Deshalb bewegen Sie sich jetzt im Büro, als seien Sie voller Power. Ihr Gehirn verschafft Ihnen die Energie, die Sie brauchen. Sie müssen diese Energie-Rolle jedoch überzeugend spielen. Stellen Sie sich vor, Sie stünden auf einer Bühne ...

Mind Management gegen Stimmungsschwankungen

Stimmungsschwankungen lassen sich auch mental angehen, denn wir besitzen ein leistungsfähiges Gehirn, das wir sowieso nur zu 1 Prozent nutzen. Dabei ist unser Gehirn programmierbar und kann auch gute Stimmungen schaffen. Wir können unser Gehirn so programmieren, dass wir tun und fühlen können, was immer wir wollen. Wir können also auch gute

Stimmungen programmieren, indem wir unserem Unterbewusstsein den Eindruck verschaffen, wir seien gut drauf. Es ist relativ einfach, unser Gehirn dazu zu bringen, die Laune zu verbessern.

Übung

- Entspannen Sie sich, lächeln Sie tief und schließen Sie Ihre Augen.
- Stellen Sie sich vor, Sie sitzen im Kino. Doch die Leinwand ist jetzt in Ihrem Kopf.
- Stellen Sie sich vor, Sie seien auf der Leinwand. Sie sind glücklich, bestens gelaunt, lächeln und springen vor Freude umher, sind sorglos und frei wie ein Vogel. Bauen Sie sich selbst ein solches Bild auf.
- Konzentrieren Sie sich auf dieses Gute-Laune-Bild vor Ihrem inneren Auge, so dass es sich wie in der Realität anfühlt.
- Stellen Sie dieses Bild so groß und scharf wie möglich ein und lassen Sie es als Film laufen, voller Farben und mit schöner Musik unterlegt.
- Ist das Bild bzw. der Film so gestaltet, wie Sie es haben wollen – mit bester Stimmung und glücklich – dann stellen Sie es sich zwei Minuten vor. Wichtig ist, dass Sie es mit Hingabe voller Überzeugung tun und sich gefühlsmäßig damit identifizieren.

Mehr ist nicht nötig, um unserem Unterbewusstsein neue Anweisungen zu geben. Dann wird Ihr Gehirn Sie anweisen, Ihren Vorstellungen zu folgen und Sie werden bald gut drauf sein.

Wir haben also schlechte Laune, weil wir unser Gehirn angewiesen haben, sich schlecht gelaunt zu fühlen. Es war z. B. nicht der unangenehme Kollege oder der schlimme Vorgang, der schlechte Laune machte, sondern das, was Sie gedanklich daraus gemacht haben. Unsere Stimmung und Laune, ja unser Glück hängen davon ab, was wir unserem Gehirn mitteilen.

Wir wollen nicht eine Marionette unserer Lebensumstände sein und uns nur gut fühlen, wenn alles gut läuft bzw. schlecht fühlen, wenn alles schlecht läuft. Wir übernehmen jetzt die Kontrolle über unsere Stimmungen und werden unser eigener Programmdirektor. Wir nutzen die ungeheuren Kräfte unseres Gehirns, um uns in eine bessere Stimmung zu versetzen, wenn die Lebens- und Arbeitsumstände schwierig werden. In guter Stimmung bin ich viel kraftvoller und verfüge über mehr Energie, um das reale Problem anzupacken.

10.4 Gut drauf durch richtiges Essen

Bin ich heute wieder mit dem falschen Bein aus dem Bett gestiegen, mies gelaunt und schon zu spät, um pünktlich zur Arbeit zu kommen. Deshalb nur eine Tasse Kaffee und ab. – Wer kennt nicht solche (falschen) Situationen? Ob und was man isst, beeinflusst unsere Stimmung erheblich. Nahrungsmittel mit geringem Nährwert und hohem Fettanteil nehmen uns Energie und fördern schlechte Laune. Unser Gehirn ist dann, gerade am Morgen, unterversorgt und jetzt sollen wir auch noch geistig fit sein. „Deshalb müssen Menschen [...], die sich von Fast Food ernähren und das Frühstück ausfallen lassen, um Zeit zu sparen, nach einigen Jahren feststellen, dass sie ausgebrannt sind“ (REYNOLDS, 1997, S. 50). Ihr Gehirn arbeitet nicht mehr schnell und wirkungsvoll, die Konzentration und das Gedächtnis haben abgebaut. Unsere Ernährung beeinflusst natürlich nicht nur unsere geistigen Fähigkeiten, sondern auch unser körperliches Wohlbefinden.

Stimmungslagen entstehen weder im Herzen noch im Bauch, sondern primär im Kopf, im Gehirn. Hier steuert vor allem das Limbische System (seitlich im Schläfenhirn) und die Formatio reticularis ein netzartiges Nervenzellgewebe im Stammhirn unsere Emotionen und Stimmungen. Dafür braucht unser Gehirn ca. 20 Prozent der Energie, die uns unsere Nahrung liefert. Was braucht nun das Gehirn, um Emotionen und Stimmungen zu steuern?

Botenstoffe und Aminosäuren

Unser Körper produziert zwar selber Botenstoffe, aber sie müssen auch noch durch die Nahrung zugeführt werden. Botenstoffe sind Eiweiße, die aus Aminosäuren gebildet werden, sogenannte Neurotransmitter, Überträgerstoffe, die an den Nervenenden freigesetzt werden, um Nervenimpulse zu übertragen. Diese Botenstoffe beeinflussen erheblich unsere Gefühlslage, unsere geistigen Fähigkeiten, unser Tun und unsere Gesundheit.

Deshalb brauchen wir für unsere Emotionen, Energien und Stimmungen ein ausgewogenes Angebot an Aminosäuren. Dafür sorgen wir am besten, wenn wir über den Tag verteilt mehrere Mahlzeiten zu uns nehmen. So lässt sich auch eine ausgeglichene Gefühls- und Stimmungslage herstellen. Welche Botenstoffe beeinflussen nun unsere Stimmungslagen. Hier einige Beispiele.

Serotonin beruhigt

Serotonin wird auch als „Glückshormon“ bezeichnet. Es beruhigt und fördert Wohlbefinden, kann aber auch schläfrig machen. Serotonin entsteht aus Tryptophan, einer essentiellen Aminosäure (vgl. Daiber, 1997). Tryptophan kommt vor in: Fenchel, Endiviensalat, Spinat, Bohnen, Rettich, Karotten, roten Rüben u. a.

Endorphine

Hierbei handelt es sich um körpereigene Opiate, die uns in euphorische Stimmung versetzen können. Sie werden in Extremsituationen, z. B. durch sportliche Aktivitäten, große Anstrengungen, in einer durchwachten Nacht vom Körper produziert und erzeugen bessere Stimmung.

Vitalstoffreiche Ernährung für eine gute Stimmungslage

Wenn wir unsere Ernährung sorgfältig auswählen, lässt sich auch unsere Stimmungslage in der Balance halten. Dazu brauchen wir die entsprechenden Vitamine und Mineralstoffe, vor allem Vitamine aus der B-Gruppe.

Wer geistig viel arbeitet, sollte aber auch eiweiß- und kohlenhydratreiche Nahrung nicht vernachlässigen. Die eiweißhaltige Kost enthält die Aminosäure Tyrosin, welche Dopamin bildet, das ebenfalls ein Glückshormon ist.

Stimmungsausgleich durch Heilpflanzen

Pflanzen haben eine Vielzahl von Wirkungen, auch auf unsere Gesundheit und Stimmungen. Die Beeinflussung unserer Stimmungslagen, einer depressiven Verstimmung und Antriebslosigkeit durch Pflanzen kann erfolgen durch Tees, aber auch durch Tabletten und Kapseln. Im Folgenden einige Beispiele für Heilpflanzen.

Johanniskraut

Das beste Mittel gegen Stimmungsschwankungen oder gar Erschöpfungen, depressive Verstimmungen ist Johanniskraut. Es wirkt jedoch erst nach drei Wochen, schneller bei nervöser Unruhezuständen.

Kawa-Kawa

Es handelt sich um Extrakte aus dem Wurzelstock einer im Südseeraum heimischen Pfefferart. Sie helfen bei nervösen Angst-, Spannungs- und Unruhezuständen. Die Leistungsfähigkeit bleibt bei der Einnahme voll erhalten, da Kawa-Kawa nicht dämpft.

Knoblauch

Die Wirkstoffe der Knoblauchzwiebel verbessern Antriebsschwäche, aber auch Konzentrations- und Durchblutungsstörungen.

Solange ein Mensch entschlossen ist, glücklich zu sein, wird er glücklich sein und nichts kann ihn aufhalten.

ALEXANDER SOLSCHENIZYN

10.5 Für emotionale Stabilität sorgen

Emotionale Stabilität hängt wesentlich von der Balance der emotionalen Energie, die einem Menschen zur Verfügung steht, ab. Deshalb ist es eine persönliche Aufgabe eines jeden Mitarbeiters im Betrieb mit seinen emotionalen Energien zu haushalten, für eine Energiebalance zu sorgen. In vielen Betrieben und auch im Privatbereich kommt das emotionale Energieauftanken zu kurz. Lob, Anerkennung, Freude, Lachen und andere Energiebringer fehlen oft im Alltag. Niemand besitzt aber unendliche Energiereserven. Wir leben auch emotional über unsere Verhältnisse, so dass uns eine wichtige Energie fehlt. Auch die langen Arbeitszeiten und die erregenden Tätigkeiten verbrauchen heute im Betrieb viel emotionale und geistige Energien, die wieder „aufgetankt“ werden müssen. Die Aufgabe für eine emotionale Energiebalance besteht demnach darin

- Genügend emotionale Energie aufzutanken,
- und sparsam mit dem Energievorrat umzugehen, Energiekiller zu meiden, seine positiven emotionalen Energien nur sinnvoll einzusetzen. Wer nicht auf seine emotionale Balance achtet, wird bald ausbrennen.

Folgende Prinzipien können helfen, das emotionale Gleichgewicht zu halten.

Emotionales Gleichgewicht erreicht man z. B. durch

- *Keine Gefühle unterdrücken*
  Viele Menschen unterdrücken ihre Gefühle, zeigen nicht offen, was sie empfinden. Sie sind dazu erzogen, nicht zu weinen, zu schimpfen, immer cool zu bleiben, keine Miene zu verziehen und die Zähne zusammenzubeißen. Ein solches Verhalten schadet der Gesundheit. Dauernde unterdrückte Gefühle führen zu psychischen und körperlichen Störungen.
- *Spontanes Dampfablassen,*
  z. B. durch Schimpfen. Hierbei handelt es sich um ein emotionales Überdruck-Ventil, mit dem innere Spannungen abgebaut werden können. Es wird dadurch auch verhindert, dass der Überdruck sich als Aggression entlädt oder zu aufgestautem Stress sich entwickelt.
- *Weinen hilft*
  Tränen sind ein sehr gutes Mittel, um emotionalem Stress abzubauen und sich nachher wesentlich wohler zu fühlen. Durch Weinen befreien wir unseren Körper von drei Stoffen, die bei emotionalem Stress vermehrt freigesetzt und die durch Tränen ausgeschwemmt werden: Das Endorphin, Leucin-Encephalin, das Schmerzempfinden reduziert, sowie die Hormone ACTH und Prolaktin.

- *Lachen hält gesund*
  Es handelt sich hierbei um eine alte Weisheit, für die wir heute auch wissenschaftliche Beweise haben. Die Psychoneuroimmunologie hat auch nachgewiesen, dass Lachen die Gesundheit fördert, weil es direkt die Funktion des Immunsystems unterstützt und indirekt, indem Lachen gute Laune fördert. Wir können uns also weder krank- noch totlachen, wie fälschlicherweise gesagt wird, sondern vielmehr gesund lachen.
- *Richtig abreagieren*
  Es ist nicht immer möglich, den emotionalen Stress durch Weinen, Schimpfen, Dampfablassen abzubauen. Deshalb sind Entspannungsmethoden, Mentaltraining und Bewegung wichtige Wege sich abzureagieren.

Sich nicht überfordern

Emotional intelligentes Handeln schließt mit ein, dass man nicht mehr emotionale Energie verbraucht, wie man zur Verfügung hat. Positive Gefühle wie Freude, Zuneigung, Liebe, Spaß an der Arbeit dürfen nicht zu kurz kommen. Wer Höchstleistungen erbringt, braucht auch ein Höchstmaß an emotionaler Energie, z. B. auch durch Freude an der Arbeit, durch Anerkennung. Mobbing ist z. B. für manch einen nur deshalb auszuhalten, weil eine intakte Partnerschaft und Familie den notwendigen emotionalen Rückhalt bietet.

Sich im Kopf immer wieder regulieren

Auch Gefühle wie Freude, Zufriedenheit u. a. beginnen im Kopf. Sich mental „Freude“ bereiten, in Stimmung bringen, negative Emotionen, wie Wut, Ärger umzuprogrammieren in positive Gefühle sind wichtige Aufgaben des Mindcoachings. Wir schaffen mit unseren Gedanken unsere Wirklichkeit – auch Spaß, Optimismus oder Begeisterung. Wir können aber auch mit unserem Gedanken negative Emotionen, wie Furcht, Ärger, Lustlosigkeit, Antriebsschwäche, Minderwertigkeitsgefühle auslösen. Emotionale Energien werden durch Gedanken gelenkt, positiv oder negativ ausgeprägt. Ärger können wir mental negativ bewerten, dann nimmt er uns die Energie. Sehen wir Ärger mental positiv, dann hilft er uns zu Veränderungen, z. B. im Verhalten. So lässt sich in Zukunft Ärger vermeiden. Auch Wut lässt sich in positive Energie umwandeln. (Vgl. LÖHR u. a. 2000, S. 164).

Wut in positive Energie umwandeln

- Wut ist hoch dosierte Energie. Besinnen Sie sich auf Ihr eigentliches Ziel – wie Sie negative Wut-Energie in positive Jetzt-erst-recht-Energie umwandeln können.
- Legen Sie eine Pause ein. Gewinnen Sie erst mal Abstand, räumlich und zeitlich.
- Bauen Sie Spannung ab, gehen Sie eventuell spazieren.
- Gewinnen Sie wieder Kontrolle über sich.
- Bleiben Sie immer verhandlungsbereit.
- Hören Sie zu.
- Suchen Sie konstruktiv nach Gemeinsamkeiten.
- Konzentrieren Sie sich nicht länger auf die Wut, sondern auf eine Lösung.
- Fragen Sie sich selbst: „Was ist das Positive an dieser Situation?"

Auch durch eine positive Lebenseinstellung kann man sich einen Reservetank für emotionale Energien anlegen und so seine emotionale Stabilität ermöglichen. „Für Optimisten ist Misserfolg kein Beinbruch, sondern eine Krücke, die ihnen helfen wird, beim nächsten Mal zum Erfolg zu kommen." (LÖHR, 2000, S. 165)

10.6 Gefühle im Griff haben

1. Emotions- und Stress-Regulation
   - Regulieren des subjektiven Empfindens – „Ich schaffe es, ich fühle mich wohl“ – der gedanklichen Bewertung
   - Regulieren der Erregung, von Stress, Stressabbau durch emotionale Entspannung
   - Regulieren der Energien auf ein positives Ziel: Gefühle und Gedanken in Einklang bringen

2. Blockaden und Bewertungen der Vergangenheit auflösen
   Sie sind erlernt und können auch wieder verlernt werden, z. B. durch innere Selbstgespräche, durch Verarbeiten der Vergangenheit, durch Änderung der Belastung und Bewertung.

3. Situations- und Problemregulation
   Die emotional belastende Situation entweder verändern oder sich selbst an sie anpassen.

4. Selbstregulation
   Verletztes Selbstwertgefühl oder Selbstkonzept wieder herstellen. Selbstgespräche als Stimmungsmacher.

5. Bestehende Glaubenssätze und Denkmuster kreativ verändern
   Das Festhalten an alten Begrenzungen verhindert oft den Stressabbau. Also muss man mit Hilfe der Kinesiologie bisher unbewusste und störende Blockaden auflösen.

Wenn wir nicht wissen, wie wir mit unseren Gefühlen umgehen, wie wir sie in der Balance halten können, dann werden wir leicht von Gefühlen „überwältigt“. Krankheiten wie Depressionen, dauernde Stimmungsschwankungen entstehen. Wir gehen mit unseren Gefühlen entweder destruktiv oder konstruktiv um. Unterdrückte Gefühle wirken in unserem Unterbewusstsein weiter. Deshalb sind ein seelisches Gleichgewicht und Energiebalance für das Leben, die Gesundheit und den Erfolg sehr wichtig. Leider wird in der heutigen Zeit der Gefühlsbereich oft unterbewertet, unterdrückt und wenig bewusst reguliert.

Seelisch-emotionale Energie-Regulierung

Wie kann man nun Gefühle, Stimmungen regulieren? Gefühle lassen sich, wie wir gesehen haben, mental verstärken und abschwächen, also regulieren, z. B. durch die Bedeutung, die man den Reizen beimisst und durch Bewertung derselben.

Wichtig sind dabei das Beobachten der eigenen Gefühle und das Abschätzen der Energien, die mir dabei zufließen. Das kann sich beziehen auf meine grundlegenden Muster und auf situative Gefühlsreaktionen. Es kann sich dabei um leichte Gefühle, z. B. ein ungutes Gefühl, handeln, aber auch um starke Gefühle wie Wohlbehagen, Magendrücken oder gar panische Ängste. Man unterscheidet dabei angenehme und unangenehme, energiezehrende und energiebringende Gefühle.

Man muss zuerst einmal lernen,

- welche emotionalen Muster man besitzt,
- Gefühle wahrzunehmen, dann ihre Bedeutung einzuschätzen,
- sie bewerten für die eigene Person,

d. h. positive Gefühle zu verstärken und sich so mit emotionaler Energie aufzuladen.

Das seelische Gleichgewicht hängt wesentlich davon ab, wie man mit seinen Gefühlen und Stimmungen fertig wird. Die seelische Balance bezieht sich sowohl auf das eigene Gefühlsleben wie auf die emotionalen Beziehungen zu anderen Menschen (Partner, Kollegen u. a.). Die Kombination von Gefühlen, Einstellungen und Verhaltensweisen machen unsere einmalige Persönlichkeit aus.

Unsere Gefühle und Stimmungen und damit unser seelisches Gleichgewicht werden sowohl mental, körperlich und auch sozial (von Mitmenschen, von Konflikten mit anderen) beeinflusst, also sowohl von außen (unseren Sinnen) als auch von innen (unseren Gedanken und Körperreaktionen).

Durch unsere Wahrnehmung entsteht ein Reiz, der sowohl an unseren Körper als auch an das Gehirn zu unseren Gedanken weitergeben wird. Die Verarbeitung dieser Signale erfolgt im limbischen System des Zwischenhirns, zu Emotionen aus körperlichen Empfindungen und/oder als Folge von Gedanken. Damit ist aber der Gefühlsvorgang noch nicht abgeschlossen. Es kann sein, dass die entstandene Emotion zu neuen, körperlichen Empfindungen und Gedanken führt. Energien werden z. B. freigesetzt und verbraucht für Aggression, z. B. Wut, Ärger. Körper, Emotion und Gedanken werden durch Rückkopplungen immer mehr angeheizt. Wir können uns in etwas hineinsteigern. Wenn wir uns z. B. bedroht fühlen, schüttet unser Körper das „Kampf"-Hormon Adrenalin in die Blutbahn. Es gießt somit „Öl" ins Feuer. Das wirkt sich wiederum auch auf unser Denken aus. Wir „verlieren unseren Kopf", drehen durch, werden „blind vor Wut".

Dieser Vorgang verbraucht viel Energie. Diese brauchen wir aber auch, um uns wieder abzukühlen, einen klaren Kopf zu bekommen. Wir können aber auch einen Energie-Einsatz-Schub schon frühzeitig unterbrechen und verhindern, dass dieser Stimulationsprozess sich in Gang setzt. Die Entwicklung und Aufrechterhaltung des seelischen Gleichgewichts hängt also davon ab, ob wir unsere Gefühle und Stimmungen selbst beobachten können.

Balance auf der psychisch-energetischen Ebene

Es gibt im Alltag eines jeden Menschen zahlreiche Situationen, in denen wir durch unangemessenes Verhalten und Denken unsere Energiebalance stören, unsere Energien im geistig-seelischen und emotionalen Bereich falsch investieren, sozusagen „Energieräubern“ zum Opfer fallen, anstatt unsere Kräfte besser zu sparen. Beim Autokauf oder bei Anschaffung einer Heizung spielt der Energieverbrauch eine zentrale Rolle. Denken wir auch an Energieverbrauch bei Geist, Seele und Gefühlen? Auch sie können aus der Balance geraten. Dann sind wir nicht gut drauf, fühlen uns ausgepowert, sind erschöpft.

Wir sparen eher im materiellen Bereich Energien, auf unsere geistigen und seelischen Energien achten wir viel zu wenig. Wir sind uns oft ihrer gar nicht bewusst. Vielmehr vergeuden wir oft wertvolle Energien, die wir zur Entwicklung unserer Persönlichkeit und unseres sozialen Umfeldes besser hätten einsetzen können. Es gibt zahlreiche Situationen im Alltag, wo wir unsere Energie an der falschen Stelle einsetzen:

Unnötige Sorgen und Gedanken

Vielfach machen wir uns im Alltag Sorgen über Vorgänge, z. B. über unsere Gesundheit, die sich im Nachhinein als völlig unbegründet erwiesen haben. Wir grübeln, wir ängstigen uns, wir denken negativ. Lieber sollten wir diese Energie, die wir für unsere Ängste und Sorgen verwenden, für die weitere Entwicklung auf unsere eventuell notwendige Heilung konzentrieren, sonst gerät unser „mentales System“ noch mehr aus der Balance. Wir werden vielleicht dann wirklich krank, denn unsere Gedanken und die Psyche haben einen großen Einfluss auf das körperliche Befinden. Viele unserer modernen Zivilisationskrankheiten besitzen eine geistig-seelische Ursache, auch wenn es uns manchmal gar nicht bewusst ist, dass dieses mit fehlgeleiteter Energie im geistig-emotionalen Bereich zusammenhängt. So entscheidet z. B. die Art und Weise der eigenen individuellen Einschätzung darüber, „ob Überlastung (Stress) zu krankmachender Angst führt oder zu Eifer und Bereitschaft, die eigenen Fähigkeiten sich selbst zu beweisen.“ (MEICHENBAUM, 1985, S. 46)

Wir beschäftigen uns oft gedanklich mit Situationen (wie Prüfungen, Arbeitsplatzverlust, Krankheiten, einem Gerichtsprozess, dem Streit mit dem Kollegen oder finanziellen Gegebenheiten), indem wir uns diese in den dunkelsten Farben veranschaulichen, negative Entwicklungen vorausdenken, die dann nachher nicht eintreffen. Wir entziehen uns dadurch viel Energie, die wir besser für eine Lösung der Probleme hätten einsetzen sollen. Ängste, Sorgen, negatives Denken sind große Energieräuber, sie lähmen uns, anstatt uns Kraft für aktives Problemlösen und Handeln zur Verfügung zu stellen. Über „ungelegte Eier“ sollte man nicht brüten. Es sei denn mit großem Optimismus. „Statt unseren Verstand einzuspannen, lassen wir uns von trüben Gefühlen treiben. Sie haben ihre Quelle manchmal in körperlichen Regionen (nicht ausgeschlafen, überarbeitet, gesundheitlich angeschlagen), meist aber in der Psyche (bittere Enttäuschungen, nicht verarbeitete Ängste).“ (REICHE, 1995, S. 82).

Diese dumpfen Gefühle und falsch programmierten Gedanken nehmen uns wichtige Energie, bringen uns aus der Balance. Oft entsteht dann Verzweiflung, Resignation, Panik, wir fallen in ein „geistig-psychisches Loch“, so dass uns die Kontrolle über unser Denken, Fühlen und Handeln verloren geht.

Aus der Vergangenheit lernen

Es ist sicherlich für ein gutes Energieniveau nützlich, wenn wir uns vergangene Erfolgserlebnisse, angenehme Situationen, produktive Problemlösungen, wichtige Ressourcen und

Potenziale vergewissern und sie gedanklich, z. B. als „moment of excellence“ nützen, um gegenwärtige Aufgaben bzw. Probleme anzugehen. Häufig ist jedoch das Gegenteil der Fall. Wir trauern Vergangenem nach, reiben uns an ihm, konstruieren eine Misserfolgsstraße in die Zukunft. „Ich habe immer Pech.“ Das ist im höchsten Maße unproduktiv. Wichtiger wäre für unsere gegenwärtige Lebensbewältigung und die eigene, persönliche Entwicklung zu lernen, die Potenziale zu nutzen und schon begangene Fehler in Zukunft zu vermeiden. „Das passiert mir nicht mehr.“ An der Vergangenheit reifen, sie nutzen für eine bessere Zukunft. Nur so können wir eine unproduktive Lebensbewältigung gewinnen. Das gleiche gilt für gescheiterte Pläne, vielmehr hat Jean Paul mit seinen Worten recht: „Gegen das Fehlschlagen eines Planes gibt es keinen besseren Trost, als auf der Stelle einen neuen zu machen oder bereitzustellen.“

Wie sehr man die Bilder bzw. Erfahrungen der Vergangenheit energievoll nutzen kann, zeigt folgende Übung. Sie soll helfen, uns in einen energiereichen Zustand zu bringen. Wir versetzen uns deshalb in einen solchen Moment of Excellence, einen Zustand, in dem wir auch in kritischen Situationen Zugang zu all unseren Kräften und Energien haben.

Übung Moment of Excellence

1. Suchen Sie in Ihrem Leben nach Situationen, in denen alles optimal lief, wo sie erfolgreich waren, all Ihre Energie, Ihre Fähigkeiten und Fertigkeiten zur Verfügung hatten und mit der Situation bestens zurecht kamen, sich absolut wohl fühlten. Suchen Sie sich drei solcher Situationen aus Ihrem Leben aus.

2. Wählen Sie die schönste Situation aus. Entspannen Sie sich, setzen Sie sich in Ruhe hin. Gehen Sie innerlich noch

einmal in diese Situation hinein. Stellen Sie sich diese Situation in allen Einzelheiten vor, malen Sie sich ein Bild in der Vorstellung davon, nehmen Sie auch die entsprechende Körperhaltung von damals ein. Tun Sie so, als ob Sie diese Situation gerade noch einmal erleben würden. Was sehen, was hören, was spüren, was empfinden, was riechen und schmecken Sie dabei – wie früher. Gehen Sie also alle Wahrnehmungskanäle einzeln durch. Genießen Sie die schönsten Momente so intensiv wie Sie nur können, vielleicht wird alles noch intensiver, wenn Sie die Augen dabei schließen.

3. Machen Sie jetzt einen kurzen Separator, d. h. kommen Sie aus dieser Situation wieder heraus. Schauen Sie z. B. im Raum umher oder lenken Sie sich anders ab bzw. wenden Sie sich anderen äußeren Dingen zu.

4. Versuchen Sie nun, sich mental wieder in den exzellenten Zustand – wie bei 2 – zu versetzen, in Ihren Moment of Excellence. Wie kommen Sie am besten hinein? Über ein Bild, einen Ton, eine Empfindung, eine Körperhaltung? Wenn Sie wieder im Zustand drin sind, machen Sie wieder einen Separator. Kommen Sie also wieder heraus. Jetzt versuchen Sie das Hineinkommen und Aussteigen noch zwei- bis dreimal, bis es Ihnen gut gelingt.

5. Vielleicht können Sie auch, wenn Sie voll in dieser Erfolgs- bzw. energiereichen Situation sind, eine Haltung einnehmen oder einen Druckpunkt an Ihrer Hand, am Finger wählen, der Ihnen dann den Zugang zur exzellenten Situation erleichtert. Sie ankern sich also diesen Moment of Excellence, z. B. zwischen Daumen und Zeigefinger. Einen solchen Anker sollten Sie in zukünftigen Situationen, in denen Sie Ihren Moment of Excellence zur Energieverstärkung „hervorholen" wollen, ohne Aufsehen wieder auslösen können, z. B. durch Druck auf den Ankerpunkt zwischen Daumen und Zeigefinger.

6. Suchen Sie sich nun eine zukünftige Situation, in der Sie die Energie des Moment of Excellence brauchen könnten. Transferieren Sie jetzt die Energie der exzellenten Situation in diese zukünftige. Feuern Sie Ihren Anker ab, drücken Sie auf die Körperstelle, rufen Sie Ihren geistigen Zugang, Ihre Gedächtnisstütze, genießen Sie das vergangene Erfolgs- und Wohlfühlerlebnis und übertragen Sie dieses in die Zukunftssituation.

Sie coachen sich also selbst in kritischen Situationen, indem Sie eine Energieübertragung vornehmen. Vergangene Erfolge und Energieladungen helfen auch in zukünftigen Situationen. Holen Sie sich also von dort in Ihnen die Energie, wo Sie sie „gelagert“ haben und bringen Sie sie dorthin, wo Sie sie jetzt gebrauchen können.

Energieblockierende Verkrampfungen auflösen

Wir müssten stetig nach dem „Schlafsack-Prinzip“ leben. Wenn negative Einflüsse aus dem Umfeld auftreten, wenn andere Menschen uns Energien abziehen, mit Sticheleien, Vorwürfen oder Beleidigungen, dann ziehen wir den Reißverschluss des Schlafsacks höher, dass uns die Pfeile nicht erreichen und uns die Energie abziehen. Wir können uns auch vorstellen, wie diese Angriffe an uns vorüberziehen, also ins Leere gehen. Nur so können wir weiterhin Kraft aus unserem Inneren, aus unserem Selbstvertrauen bekommen. „Hüten Sie sich vor allem vor inneren Verkrampfungen oder Verhärtung. Verkrampfung macht unfrei, blockiert vorhandene Fähigkeiten und leitet Energien fehl“. (Reiche, 1995, S. 86)

Solche Verkrampfungen spüren und sehen wir körperlich, verspannter Nacken aber auch gebeugte Körperhaltung sind Symptome. Die äußere Haltung ist das Spiegelbild der inneren Verfassung. Aufrecht stehen und gehen deutet auf Selbstbewusstsein. Die Energie fließt besser. Der augenblickliche Zustand eines Menschen zeigt sich aber auch noch anders: Ist der Atem ruhig und gleichmäßig oder heftig und gepresst? Sind die Lippen offen und gelöst oder angespannt und zusammengekniffen? Ist meine Muskulatur locker oder verkrampft, meine Stirn glatt oder in Falten? Ist meine Stimme ruhig oder erregt? Schlägt mein Puls gleichmäßig oder unrhythmisch?

All diese Symptome unserer Physiologie deuten auf den inneren Zustand hin. Beobachten wir uns doch öfter selbst, auch um unsere Energieverfassung festzustellen, denn körperliche Verspannung bzw. Störungen sind Anzeichen für innere Unsicherheit, Unausgeglichenheit und fehlgeleitete Energie. Wir sind nicht mehr in der Balance, die Initiativen und vorhandenen Kräfte gelähmt. Körper, Geist und Seele gehen getrennte Wege, stimmen nicht überein, befinden sich in einer Disharmonie und stören sich dadurch gegenseitig. Es entstehen Reibungs- und Energieverluste, Konzentrationsstörungen und Leistungsminderungen. Oft kann die bewusste Verbesserung der körperlichen Haltung (z. B. aufrecht Sitzen und Stehen, Kopf hochhalten) auch schon den psychosomatischen Zustand verbessern. Das gilt besonders in stressreichen Situationen (wie Prüfungen, ein Gespräch mit dem großen Chef). Entspannen wir uns vorher und halten wir uns aufrecht. Innere Verkrampfungen kann ich auch vermeiden, indem ich mich nicht in eine Sache, ein Problem hineinsteigere, sodass es mir über den Kopf zu wachsen droht. Dann ist meine Energiebalance völlig gestört. Lieber das Problem, das Belastende loslassen und dann unbeschwert darangehen – meine Energie nur für die Lösungen und Aufgaben verwenden, nicht für die Belastungen.

Nur wenn wir Abstand gewinnen, können wir ein Problem optimal lösen, werden wir kreativ. Deshalb sagt man auch: Das werde ich einmal überschlafen. Um nicht verbohrt im wahrsten Sinne des Wortes zu sein, brauchen wir Abstand, der auch durch Entspannung (Alpha-Zustand) bzw. durch

Meditation und körperliche Bewegung erreicht werden kann. Die Emotionen klingen ab. Mit solchen Methoden können wir unsere Energie, die vorher „verzettelt" war, wieder bündeln und konzentrieren. Die Beurteilung einer kritischen Situation überlassen wir nicht mehr allein der affektiven Seite. Sie wird auf die rationale Seite gerückt. Wir sind jetzt abgekühlter, abgeklärter. Je größer der Abstand zwischen Reiz und Reaktion, je bewusster kann ich an das Problem bzw. die Aufgabe herangehen. Ruhe und Gelassenheit, wichtige Bedingungen für das Energiepotenzial der Seele, treten ein und tragen wesentlich zu einem optimalen Verhalten und Handeln bei. Deshalb sind Ruhe, Gelassenheit, Entspannung und Meditation eine zentrale Basis für Energiebalance und optimalen Energiefluss.

Nur wer mit Leichtigkeit,
mit Freude und Lust
die Welt sich zu erhalten weiß,
der hält sie fest.

Bettina von Arnim

10.7 Emotionalen Stress regulieren

Emotionen bzw. emotionaler Stress, wie innere Konflikte (traumatische) Erlebnisse, aber auch Unbehagen, Ängste und Sorgen rufen im Körper Ungleichgewichte, Energieblockaden hervor. Sie zehren an den Energien und können letztlich zu Krankheiten führen. Solcher emotionaler Stress, der durch Gedanken, Gefühle, Glaubenssätze, aber auch durch soziale und andere äußere Gegebenheiten ausgelöst wird, beeinflusst unser Leben, unsere Gesundheit und unser Wohlbefinden. Solche emotionalen Blockaden entstehen aus gegenwärtigen, vergangenen und zukünftigen Ereignissen und Situationen. Sie können eine unterschiedliche Intensität bzw. Belastung besitzen. Sie entstehen in der Regel im Kopf und führen letztlich zu Muskelungleichgewichten und Schmerzen. Sie bestimmen unser Verhalten.

Körper und Geist sind wie ein Tandem bei der Entstehung von Gefühlen. Beide beeinflussen sich wechselseitig. Wir funktionieren psycho-somatisch.

Die Wechselwirkungen z. B. zwischen Gedanken und Gefühlen lassen sich am folgenden Beispiel erläutern. Sie gehen mit zügigen Schritten auf einen Gehweg. Ihnen kommt ein Mann entgegen, den sie nicht bemerkt haben. Er rempelt Sie kräftig an. Sie rufen (Körper) „Aua“ und denken: „Was soll das?“ Sie bekommen blitzschnell einen Adrenalinstoß und Ihre Psyche meldet: „Alarm!“ Sie sind erregt, verärgert und wollen den Mann anschreien. Doch Sie bemerken plötzlich an seinem Arm die Blinden-Binde. Ihr Ärger schlägt um. Sie bekommen Mitleid. Vielleicht entsteht sogar Scham, weil Sie das nicht eher gesehen haben und den Zusammenstoß hätten vermeiden können.

Dieses „Wechselbad der Gefühle“ zeigt, dass es hauptsächlich unsere Gedanken sind, die unsere Gefühle bestimmen. Unsere Gedanken, aber auch unsere Überzeugungen und Glaubenssätze können unsere Gefühle erregen, anfeuern aber auch beruhigen. Unser Denken und unsere Glaubenssätze entscheiden, wie wir eine Situation durch Wahrnehmung bewerten, wie wir andere Menschen und Vorfälle sehen und mit welchen Emotionen und Verhaltensweisen wir durchs Leben gehen. Davon hängt es auch ab, wie viel Stress wir uns erzeugen. Unser Beziehungen, Gesundheit, beruflicher Erfolg und sogar unsere Intelligenz hängen von diesen gedanklichen Bewertungsvorgängen und Glaubensmustern ab.

Gefühle, Emotionen haben einen Einfluss auf die Gesunderhaltung und das Gesundwerden. Wissenschaftliche Untersuchungen (Psychoneuroimmunologie) (s. Kap. 9.5.2) bestätigen, dass beunruhigende Emotionen die Gesundheit negativ beeinflussen. Menschen mit chronischer Angst, lang anhaltender Melancholie, mit Panik und Angst, mit Pessimismus, mit nicht nachlassender Spannung und Aggressivität, mit Zynismus, tragen ein doppelt so großes Risiko der Erkrankung (z. B. bei Asthma, Arthritis, Kopfschmerzen, Magengeschwüren u. a.). Bedrückende Gefühle sind ebenso wie etwa das Rauchen ein Risikofaktor und eine Gefahr für die Gesundheit (vgl. GOLEMAN, 1996, S. 216).

11. Zum Abschluss: Übungen für das emotionale Gleichgewicht

Machen Sie eine Energie-Auftank-Pause

Pausen zur richtigen Zeit sind notwendig, um neue Energien zu entwickeln. Zu jeder Spannung gehört eine Entspannung, zu jedem Energieverbrauch ein Auftanken.

Die folgenden Übungen sollen Ihnen helfen, neue Energien zu finden, um dann kraftvoll weiter aktiv zu denken, zu arbeiten, zu agieren, sich wohlzufühlen. Führen Sie die Übung so gut wie möglich durch und lassen Sie sich ohne Bedenken darauf ein.

Übung 1
Wie steht es mit Ihrem seelischen Gleichgewicht?

Diese Übung gilt als Test, wie es grundsätzlich um Ihre seelisch-emotionale Balance bestellt ist. Kreuzen Sie die Aussagen an, welche Sie bzw. Ihr Denken und Verhalten am besten beschreiben.

- ☐ Ich bin grundsätzlich ein Pessimist
- ☐ Ich habe gegen andere innere Konflikte
- ☐ Ich habe gegen andere Menschen oft negative Gefühle
- ☐ In bestimmten Situationen reagiere ich aggressiv bzw. depressiv
- ☐ Ich mache oft andere für meine Probleme verantwortlich
- ☐ Mich quälen oft Sorgen, Ängste und Minderwertigkeitsgefühle, Tatsachen, die ich nicht ändern kann
- ☐ Es fällt mir schwer, ein Kompliment, Ermutigung und Unterstützung von anderen anzunehmen
- ☐ Ich kann im Alltag keine Gefühle zeigen (z. B. mitempfinden, traurig sein, mich freuen)

- ☐ Manchmal bringen mich Kleinigkeiten, aber auch Kritik von anderen aus der Fassung
- ☐ Ich fürchte mich vor Dingen, die für andere kein Problem sind bzw. über die sich andere keine Gedanken machen.

Auswertung
Haben Sie fünf und mehr Aussagen angekreuzt, sollten Sie Ihre Lebensauffassung, Ihre Denkmuster und damit Ihren Energiehaushalt einmal überdenken. Sie brauchen sehr viel Energie für wenig konstruktive Probleme, die Ihnen bei einer konstruktiven, aktiven Lebensgestaltung und Problemlösung fehlt.

Übung 2
Die eigenen Gefühle beobachten

Schauen Sie sich möglichst in allen Lebenslagen Ihre Gefühle an (z. B. im Beruf, in Partnerschaft, in schwierigen bzw. kritischen Situationen, wenn etwas schief oder gut geht):

- Unterscheiden Sie dabei zuerst angenehme und unangenehme Gefühle
- Spezifizieren Sie dann weiter in Wut, Ängste, Freude, Zuneigung, Abneigung, depressive Empfindungen u. a.
- Mit welcher Intensität treten diese Gefühle und Empfindungen auf (schwach, stark)?

Es geht hier nur um das Wahrnehmen und Beobachten. Versuchen Sie, sich nicht hineinzusteigern, d. h. zu bewerten.

Ihre Gefühle lassen sich durch folgende Fragen bewusst machen. Das ist wichtig, weil viele seelisch-emotionalen Reaktionen unbewusst ablaufen. Setzen Sie sich in Ruhe einmal hin und stellen Sie sich folgende Fragen:

- An welchen Problemen knabbere ich herum?
- Was zieht mir Energie ab? Was bringt mich aus der Fassung?
- Gegen wen habe ich negative Gefühle? Warum? Welche Menschen erzeugen in mir Ärger und Wut, welche Sympathie und Zuneigung?
- Bei wem kann ich mich emotional öffnen, kann ich Gefühle zeigen, bei wem in welchen Situationen unterdrücke ich Gefühle, gebe mich cool?
- In welchen Situationen habe ich besonders stark emotional empfunden?

Es sollte ein wichtiges Ziel sein, Gefühl auch spontan zu zeigen, z. B. dem Ärger Luft machen, ihn nicht unterdrücken, aber laut zu lachen bzw. auch weinen zu können. Das löst unterdrückte bzw. blockierte Gefühle, befreit von Druck und fördert die Energiebalance.

Übung 3
Sich mit positiven Gefühlen aufladen

Es gibt oft Tage, wo ich schlecht gelaunt bin, meine Energie sich auf ein Minimum reduziert, „ich durch die Gegend krieche", saft- und kraftlos bin. In diesen Situationen – oder noch besser, vor diesem „Absturz", wäre es hilfreich, wenn ich mich mit positiven Gefühlen bzw. Energien auflade, um wieder in Balance zu kommen. Folgende Techniken eignen sich dazu.

Auf positive Gefühle konzentrieren

Setzen Sie sich ungestört und aufrecht auf einen Stuhl. Entspannen Sie sich. Schließen Sie dabei die Augen und sagen Sie sich: „Ich bin entspannt und unbeschwert". Beobachten Sie dabei Ihren Atem. Sagen Sie sich langsam und überzeugend folgende Aussagen (Suggestion) für einige Minuten vor und entwickeln Sie sich dazu eine Vorstellung: Beginnen Sie zuerst mit einer Formel.

Es ist schön, geliebt zu werden
Ich freue mich oft und gern
Ich bin in Frieden mit mir und meiner Umwelt
Durch meinen Körper fließt die Energie harmonisch

Kombinieren Sie diese Suggestionen (oder andere) mit dem Atem. Denken bzw. sagen Sie den ersten Teil der Aussage (z. B. es ist schön) mit dem Einatmen und die Zielaussagen mit dem Ausatmen (z. B. geliebt zu werden). Wiederholen Sie diese Aussagen so lange, bis Sie das Ziel tatsächlich empfinden (z. B. Freude, Frieden, Liebe).

Stellen Sie sich dann diese positiven Gefühle als starke Energie, als Kraft vor, welche Sie „durchweht" und Ihre ganze Gedanken- und Gefühlswelt erfüllt. Bei dieser Imaginationsübung sollten Sie darauf achten, dass Sie nicht schläfrig werden.

Wenn Sie also von negativen Gefühlen, wie z. B. Angst, Nervosität und Aggression besetzt sind, kann das Konzentrieren, das innere Verstärken der positiven Gegenkräfte (z. B. Mut, Ruhe, Gelassenheit) die negativen Gefühle kontrollieren bzw. relativieren, indem Sie positive Emotionen daneben setzen (vgl. Schweppe, Schwarz, 1993, S. 50).

Übung 4
Emotionale Balance durch Musik

Musik kann uns helfen, Gefühls- und Stimmungsschwankungen auszugleichen. Sie kann positive, stärkende Gefühle und Energien in uns wachrufen. Dies gilt jedoch nur für bestimmte Musikstücke und bestimmte emotionale Situationen. Hier soll als Beispiel eine Übung dienen.

- Wählen Sie die passende Musik, um Ihre emotionale und energetische Balance wiederzufinden,
  - z. B. Marschmusik bei schlechter Laune
  - z. B. Barockmusik bei Stressverhalten
- Entspannen Sie sich und setzen Sie sich gerade auf einen Stuhl. Schließen Sie die Augen
- Lassen Sie sich nun in die Musik hineinfallen (am besten über Kopfhörer)
- Versuchen Sie, alle Gedanken, die nicht mit der Musik in Zusammenhang stehen, wie Wolken vorüberziehen zu lassen
- Beobachten Sie, wie Ihr Körper, Ihre Stimmung und Energie auf die Musik reagieren. Genießen Sie es, wie Sie in der Musik aufgehen, von Ihr Energie, Power und Aufmunterung bzw. Entspannung und Ruhe auf Sie übergehen
- Beenden Sie die Übung, indem Sie langsam aufstehen und sich recken und strecken. Dauer der Übung ca. 10 Minuten.

Übung 5
Mentales Filmstudio

Das mentale Filmstudio kann Ihnen helfen, seelisches Gleichgewicht und die Energiebalance zu erreichen, Alltagsprobleme besser zu lösen und gesund zu werden. Hier geht es uns nur um die seelisch-emotionale Ausgeglichenheit.

- Setzen Sie sich ruhig und entspannt hin. Wenden Sie eine der Entspannungsmethoden an, z. B. achten Sie auf Ihren Atem
- Stellen Sie sich im Zustand der Entspannung eine Situation vor, in der Sie etwas Aufmunterndes, Erfrischendes, Schönes erlebt haben. Sie können sich auch eine Situation ausmalen, in der Ihnen etwas Gutes, Schönes, Einmaliges geschieht oder eine tolle Urlaubslandschaft, in der Sie sich gut fühlen, etwas Positives erleben.
- Malen Sie diese Szene gedanklich voll aus. Was sehen Sie, hören Sie, riechen Sie? Alle Sinne sollen beteiligt sein. Es ist wie im Film. Lassen Sie diesen Film lange auf sich wirken. Sie sind in diesem Film selbst beteiligt, aktiv.
- Vielleicht merken Sie, wie Sie in dieser Szene selbst aufgehen. Ihre Stimmung wird immer besser. Sie werden ausgeglichener und positiver.
- Nachdem Sie diese energievollen Gefühle, das Wohlbefinden aus dieser „Kraftquelle“ spüren, können Sie wieder aussteigen aus dem Film und in die Wirklichkeit zurückkehren. Recken und strecken Sie sich und freuen Sie sich über die neue Energie.

Mein Leben war voller Missgeschicke,
die nie eingetreten sind.

MONTAIGNE

Literaturverzeichnis

ANTONOVSKY, Aaron (1979, 1987). Health, stress and coping, London.

BADURA, B. (2000). Von der Gesundheitsförderung zur betrieblichen Gesundheitspolitik, in: Schröer, Alfons (Hg.), Betriebliches Gesundheitsmanagement, Essen.

BAMBERG, EVA, DUCKI, ANTJE , METZ ANNA-M. (Hg.) (1998). Handbuch Betriebliche Gesundheitsförderung, Göttingen.

BARMER Gesundheitsreport (2009).

BARMER GEK Gesundheitsreport (2010).

BENKERT, OTTO (2009). Stress-Depression, München.

BROCKERT, SIEGFRIED (2001). Positive Psychologie, Stuttgart.

BROERS, DIETER (2011) Checkliste Energie, Berlin.

CHILDRE, DOC, CRYER, BRUCE (2000). Vom Chaos zur Kohärenz, Kirchzarten.

CHOWDHURY, SUBIR (Hg.) (2000). Management 21C, München.

CHRISTIAN, ALEXANDER (2000). Weck den Sieger in dir, Wiesbaden, 2. Aufl.

COOPER, ROBERT K. u. a. (1997). EQ. Emotionale Intelligenz für Manager, München.

CSIKSZENTMIHALYI, MIHALYI (1995). Flow. Das Geheimnis des Glücks, Stuttgart, 2. Aufl.

DACHER, ELLIOT S. (1997). Ein Kurs in Selbstheilung, Freiburg.

DAMASIO, ANTONIO (2011) Selbst ist der Mensch, München.

DAIBER, CLAUDIA (1997). Essen, das glücklich macht, o. O.

DE BONO, EDWARD (1999). Serious Creativity, Stuttgart.

DECKER, FRANZ (2008) Medizin für die Seele, Petersberg.

DECKER, FRANZ (1995). Die betriebliche Sozialordnung der Dürener Industrie im 19. Jahrhundert, Köln.

DECKER, FRANZ (1997). Energie-Balance finden, Heidelberg.

DECKER, FRANZ (1998). Teamworking, Würzburg, 3. Aufl.

DECKER, FRANZ (1999a). Alles beginnt im Kopf, Würzburg.

DECKER, FRANZ (1999b). Mindcoach, Ravensburg.

DECKER, FRANZ (1999c). Die neuen Methoden des Lernens, Würzburg. 2. Aufl.

DECKER, FRANZ (2000a). Den Stress im Griff, Würzburg.

DECKER, FRANZ (2000b). Personalmanagement und Mitarbeiterführung, Starnberg.

DECKER, FRANZ (2001). Hochspannung im Betrieb. Strategien zur Überwindung von Mobbing, Angst, Burnout, Konflikten, Kilchberg (Schweiz).

DECKER, FRANZ, BÄCKER, BRIGITTE (2001). Kinesiologie für die ganze Familie, Berlin.

DIAMOND, JOHN (1988). Der Körper lügt nicht, Freiburg.

DOUWES, FRIEDRICH R. (1986). Gesundheit, Heidelberg.

EHRENBERG, ALAIN (2004). Das erschöpfte Selbst, Frankfurt.

ENDE, MICHAEL (1973). Momo, Stuttgart.

ERLER, GISELA A. (2001). Das Work-Life-Paradox, in: gdi-impuls, Zürich.

ERNST, HEIKO (1992). Gesund ist, was Spaß macht, Stuttgart.

FELDENKRAIS, MOSHE (1978, 1995). Bewusstheit durch Bewegung. Der aufrechte Gang, Frankfurt a. M.

FRANK, GUNTER (2001). Gesundheitscheck für Führungskräfte, Frankfurt a. M.

GOLEMAN, DANIEL (1996). Emotionale Intelligenz, München.

GROSSARTH-MATICEK, RONALD (2000). Autonomietraining, Berlin.

HARTMANN, STEFAN, TRAUE, H. (1996). Gesundheitsförderung und Krankheitsprävention im betrieblichen Umfeld, Ulm.

HEMMERICH, FRITZ-HELMUT (2011). Wendepunkt Burnout, Augsburg.

HEINTEL, PETER (1999). Natürliche Gesundheit, in: Natur und heilen, Heft 6.

HORN, KLAUS-P., BRICK, REGINE (2001). Das verborgene Netzwerk der Macht, Offenbach.

HORX, MATHIAS (1999). Die acht Sphären der Zukunft, Wien.

IG Metall (Hg.) (1998). Gesundheit schützen und fördern, Frankfurt a. M.

Institute of Heart Math (Hg.) (2000). Forschungsberichte, Kirchzarten.

KEMPF, HANS-DIETER (1997a). Die Rückenschule, Reinbek.

KEMPF, HANS-DIETER (1997b). Jetzt sitzen Sie richtig, Reinbek.

KOTLER, PHILIP (1992). Marketing für Non-profit-Organisationen, Stuttgart.

KOTLER, PHILIP u. a. (2001). Social Marketing, Stuttgart.

LÖHR, JÖRG u. a. (1999). So haben Sie Erfolg, München.

LÖHR, JÖRG u. a. (2000). Mehr Energie fürs Leben, München.

MANNSMAN, VINZENZ (1997). Total erschöpft, München.

MEICHENBAUM, DONALD (1985). Stress bewältigen, München.

MÜLLER, UWE R. (1997). Machtwechsel im Management, Freiburg.

NEFIODOW, LEO A. (1996). Der sechste Kondratieff, St. Augustin.

NEFIODOW, LEO A. (1997). Auf dem Weg zum sechsten Kondratieff, in: gdi impuls 2/1997.

O'CONNOR, JOSEF, MCDERMOTT, JAN (1998). Systemisches Denken, Verstehen und Nutzen, Kirchzarten.

OESTERREICH, RAINER, VOLPERT, WALTER (Hg.) (1999). Psychologie gesundheitsgerechter Arbeitsbedingungen, Göttingen.

ORNISH, DEAN (1992). Revolution in der Herz-Therapie, Stuttgart.

ORNISH, DEAN (1999). Die revolutionäre Therapie: Heilen mit Liebe, München.

PETERS, ACHIM (2011) Das egoistische Gehirn, Berlin

PETERS, BERNHARD, SEBALD, DIRK (1998). Potential-Management, Zürich.

PETERSEN, OLE, EGGER, H. (1999). Gesundheit ist Chefsache, Kilchberg (Schweiz).

PORTER, KAY, FOSTER, JUDY (1987). Mentales Training, München.

REICHE, REINHOLD (1995). Nimm dein Glück in die Hand, Augsburg.

REYNOLDS, SIMON (1997). Gut drauf in 8 Minuten, München.

ROBERTSON, IAN (2001). Das Universum in uns, München.

SANCHEZ, VIKTOR (1996). Die Lehren des Don Carols, Essen.

SCHRÖER, ALFONS (Hg.) (2000). Betriebliches Gesundheitsmanagement, Essen.

SCHRÖER, ALFONS (Hg.) (1999). Erfolgreiche betriebliche Gesundheitsförderung in der Praxis, Essen.

SCHÜFFEL, WOLFRAM u. a. (1998). Handbuch der Salutogenese, Wiesbaden.

SCHWEPPE, R. P., SCHWARZ, A. A. (1993). Der andere Weg zum Erfolg, München.

SEIWERT, LOTHAR J. (2001). Life Leadership, Frankfurt a. M.

SENNETT, RICHARD (1998). Der flexible Mensch. Die Kultur des neuen Kapitalismus, Berlin.

SENGE, PETER M. (1996). Die fünfte Disziplin, Stuttgart.

SPITZER, MANFRED (2000). Geist im Netz. Modelle für Lernen, Denken und Handeln, Heidelberg.

STEINER, HANS (1997). Management personeller Ressourcen durch Wellness-Center, in: Human Resource Management, September 1997.

STEMMLE, DIETER (1995). Das neue Produkt Mitgefühl, in: Leif, Th. Galle, U., Marketing heute.

THOMSON, KEVIN (1998). Emotional Capital, Oxford.

VOLK, HARTMUT (1999). Der Geist des Hauses bestimmt das Betriebsklima, in: Psychologie heute, Februar 1999.

WESTERMAYER, GERHARD, BÄHR, B. (Hg.) (1994). Betriebliche Gesundheitszirkel, Göttingen.

WHO (1986). The Ottawa Charter for Health Promotion, Genf.

Stichwortverzeichnis

Zu den Autoren

Prof. Dr. rer. pol. Franz Decker, Jahrgang 1935, ist Betriebswirtschaftler, Pädagoge und Psychologe. Er ist emeritierter Professor für Wirtschafts- und Berufspädagogik an der Pädagogischen Hochschule Weingarten. Lehrauftrag für Gesundheitsbildung und -förderung, Heilpraktikerausbildung, NLP-Master und Kinesiologieausbildung.

Decker ist international erfahrener Dozent und Unternehmensberater für Personalführung, Sozial- und Gesundheitsmanagement, Organisationsentwicklung und Weiterbildung. Er hat mehrere staatlich anerkannte Fernstudien-Bildungsgänge zu Themen des modernen Managements entwickelt und führt Langzeitlehrgänge bzw. Ausbildungen zum Gesundheits- und Mentalberater durch.

Zu seinen Themenschwerpunkten hat Prof. Decker mehr als 50 Praxisbücher und zahlreiche Beiträge in Fachzeitschriften veröffentlicht.

Dr. rer. pol. Albert Decker, Jahrgang 1966, ist Dipl. Sozialwirt (Univ.) und promovierte in Wirtschaftspädagogik. Zusammen mit Prof. Dr. Franz Decker ist er Leiter und Lehrtrainer am Institut für Mental- und Zukunftsgestaltung – mindconcept. Er hat Lehraufträge für Lernen und Gesundheit.

Seine Schwerpunkte sind Gehirnforschung und Lernen, Gesundheits- und Mentalcoaching, Personal- und Organisationsentwicklung mit dem Fokus Gesundheitsmanagement, „Führung und Gesundheit“.

Decker jun. ist Autor, Dozent, Personal- und Organisationsentwickler und berät seit Jahren Unternehmen im Profit und Non-Profit-Bereich zum Thema „Gesundheits- und Führungskräfteentwicklung“.

Printed by Printforce, the Netherlands